Heidelberger Taschenbücher Band 54

Günter Fuchs

Mathematik für Mediziner und Biologen

Zweite, korrigierte Auflage

Mit 90 Abbildungen

Springer-Verlag
Berlin Heidelberg New York 1979

Prof. Dr. Dr. Günter Fuchs
Institut für Medizinische Statistik und Dokumentation
der Freien Universität Berlin

ISBN-13:978-3-540-09625-2 e-ISBN-13:978-3-642-81384-9
DOI: 10.1007/978-3-642-81384-9

CIP-Kurztitelaufnahme der Deutschen Bibliothek. Fuchs, Günter: Mathematik für Mediziner und Biologen / Günter Fuchs. – 2., korrigierte Aufl. – Berlin, Heidelberg, New York: Springer, 1979. (Heidelberger Taschenbücher; Bd. 54).

Das Werk ist urheberrechtlich geschützt. Die dadurch begründeten Rechte, insbesondere die der Übersetzung, des Nachdruckes, der Entnahme von Abbildungen, der Funksendung, der Wiedergabe auf photomechanischem oder ähnlichem Wege und der Speicherung in Datenverarbeitungsanlagen bleiben, auch bei nur auszugsweiser Verwertung, vorbehalten.

Bei Vervielfältigungen für gewerbliche Zwecke ist gemäß § 54 UrhG eine Vergütung an den Verlag zu zahlen, deren Höhe mit dem Verlag zu vereinbaren ist.

© by Springer-Verlag Berlin · Heidelberg 1969, 1979.

Die Wiedergabe von Gebrauchsnamen, Handelsnamen, Warenbezeichnungen usw. in diesem Werk berechtigt auch ohne besondere Kennzeichnung nicht zu der Annahme, daß solche Namen im Sinne der Warenzeichen- und Markenschutz-Gesetzgebung als frei zu betrachten wären und daher von jedermann benutzt werden dürften.

Herstellung: Zechnersche Buchdruckerei Speyer.

2124-3130/543210

Meiner Frau

Vorwort zur 2. Auflage

Daß eine Neuauflage erforderlich geworden ist zeigt, daß das Buch mit seiner neutralen Konzeption neben den vielen, zum neuen Pflichtfach Biomathematik inzwischen erschienenen Taschenbüchern, seinen Platz behauptet hat. Es wurde daher der inhaltliche Aufbau beibehalten, jedoch alle inzwischen entdeckten Druckfehler berichtigt sowie einige mathematische Formulierungen neu gefaßt. Bei den Ratschlägen zur Weiterbildung des Lesers wurden neu erschienene Bücher berücksichtigt.

Ich danke allen, die mir durch ausführliche Listen von entdeckten Druckfehlern sowie durch kritische Bemerkungen geholfen haben, für ihr Interesse.

Berlin, im Sommer 1979

Günter Fuchs

Vorwort zur 1. Auflage

Das vorliegende Taschenbuch ist hervorgegangen aus Vorlesungen, die ich seit mehreren Jahren an der Freien Universität Berlin für Medizinstudenten halte. Ursprünglich auf ausdrücklichen Wunsch der Studenten zustande gekommen, haben sie allmählich festere Formen angenommen und sind bereits jetzt, obwohl sämtlich freiwillig, zu einem festen Lehrangebot im vorklinischen Studienplan geworden. Sie nehmen damit die Entwürfe für die neue Bestallungsordnung hinsichtlich eines vorklinischen Unterrichts in Biomathematik und Biostatistik vorweg, so daß die in diesem Leitfaden gebotene Stoffauswahl nach Darstellungsform und Umfang gleichzeitig meine Vorstellung von diesem neuen obligatorischen Lehrgebiet darstellt.

Dem Inhalt des Taschenbuchs entsprechen diese Einzelvorlesungen wie folgt:

Mathematische Propädeutik für Mediziner
1std. für 1. Semester (Teil 1 und 2),
Statistische Methodenlehre für Vorkliniker
1std. für 2. Semester (Teil 4),

jeweils die ersten 6 bis 8 Doppelstunden der zweisemestrigen Vorlesung

Grundzüge der Physiologie I, II
nach Auswahl Gebiete von Teil 3 und 5 sowie grundlegende Abschnitte der theoretischen Physik (z.B. Maßsysteme und -einheiten, Thermodynamik usw.).

Ich bin mir bewußt, daß es stets leicht ist, neue Wissensgebiete für obligatorisch zu erklären und sie zu neuen Prüfungsfächern zu erheben. Doch sind dem Gesamtumfang einer in einer noch erträglichen Studienzeit zu erlernenden Stoffmenge bestimmte Grenzen gesetzt. Ich halte deshalb die Darstellung in Taschenbuchform, wobei der Umfang nicht von vornherein entmutigend wirkt, für geeignet. Auch glaube ich sicher, daß gerade durch die systematische Vorwegnahme allgemeingültiger Sachverhalte einzelne Fachvorlesungen wie Physiologie, Pharmakologie, Biochemie und nicht zuletzt die klinische Vorlesung über Medizinische Statistik und Dokumentation vom Stofflichen her entlastet werden können. So gebe ich mich der Hoffnung hin, für die Einbeziehung des Fachgebietes Mathematik in das Medizinstudium eine erträgliche Form gefunden zu haben. Möge dieses Taschenbuch meine Hoffnung unterstützen.

Zum Abschluß möchte ich allen, die mir bei der Abfassung dieses Buches geholfen haben, danken. Unter ihnen zunächst besonders meinem Oberassistenten, Herrn Dr. Joachim Hornung, für die kritische Durchsicht des Textes und viele fördernde

Diskussionen, Frau Ruth Charlé für das Schreiben des Manuskriptes, Frl. Hannelore Gräsing für die Herstellung der Zeichnungen, und beiden Damen gemeinsam sowie Frl. Edith Schneider für das Lesen der Korrekturen und die Anfertigung des Registers. Vor allem aber danke ich dem Springer-Verlag, der mich in der Person von Herrn Dr. Peters überhaupt erst zu diesem Versuch überredet hat, für die Unterstützung bei der Herstellung des Manuskriptes und vor allem die hervorragende drucktechnische Ausstattung des Buches.

Berlin, im Frühjahr 1969 Günter Fuchs

Inhaltsverzeichnis

Einleitung. XIII
1. Wiederholungen und Ergänzungen aus der Schulmathematik 1
1.1 Wiederholungen und Ergänzungen aus der Algebra. 1
1.2 Wiederholungen und Ergänzungen aus der Geometrie 10
1.3 Wiederholungen und Ergänzungen aus der analytischen Geometrie . . . 19

2. Das Rechnen mit Veränderlichen und Funktionen 28
2.1 Veränderliche und Funktion 28
2.2 Ableitung und Integral 40
2.3 Die Technik des Differenzierens I (Grundlagen) 49
2.4 Die Technik des Differenzierens II (Erweiterungen und Anwendungen) . 55
2.5 Die Technik des Integrierens I (Grundlagen) 71
2.6 Die Technik des Integrierens II (Ergänzungen) 80
2.7 Die Potenzreihen und ihre Anwendung 88
2.8 Die gewöhnliche Differentialgleichung erster Ordnung 96
2.9 Die lineare Differentialgleichung II. Ordnung mit konstanten Koeffizienten 106
2.10 Eine partielle Differentialgleichung II. Ordnung 114

3. Zur Anwendung mathematischer Methoden in der Physiologie 121
3.1 Die Aufgabe und mathematische Hilfsmittel zu ihrer Lösung. 121
3.2 Wichtige Typen empirischer Funktionen 123
3.3 Das Auffinden eines formalen Verknüpfungsgesetzes 131
3.4 Das Auffinden eines realen (kausalen) Verknüpfungsgesetzes. 139

4. Zur Anwendung mathematischer Methoden in der medizinischen Statistik 144
4.0 Ein Gedankenversuch zur Einführung 144
4.1 Kennzeichnung einer Stichprobe durch Maßzahlen. 147
4.2 Kennzeichnung einer Grundgesamtheit durch ein Verteilungsgesetz . . . 151
4.3 Verbindung von Stichprobe und Grundgesamtheit durch die Schätz-Ungleichung 159
4.4 Die Prüfgleichung zum t-Test und ihre Anwendung 162
4.5 Verteilungsfreie Tests als Ersatz für den t-Test. Zwei Beispiele . . . 168
4.6 Beurteilung von Häufigkeitsziffern 172
4.7 Beschreibung und Prüfung von Zusammenhängen 178

5. Zur Anwendung mathematischer Methoden in der medizinischen Datenverarbeitung 186

5.0 Vorbemerkung 186
5.1 Mathematische Grundlagen des elektronischen Rechnens 187
5.2 Mathematische Grundlagen der elektronischen Verarbeitung allgemeiner Daten 199

Ratschläge zur Weiterbildung des Lesers 205

Sachverzeichnis 207

Einleitung

Noch vor ein bis zwei Jahrzehnten genügten zum Medizinstudium die während der Schulzeit erworbenen und in der Reifeprüfung nachgewiesenen Mathematik-Kenntnisse. Durch die Fortschritte der Physik und Technik, die in den verschiedenen Gebieten der Medizin ihren Niederschlag gefunden haben, sind jedoch die mathematischen Anforderungen größer geworden. Besonders in den drei folgenden Gebieten kommt das zum Ausdruck:
1. Die funktionellen Grundfächer, von denen die Physiologie im Buch nur stellvertretend genannt worden ist, bedürfen zu ihrem Verständnis jetzt der Kenntnis elementarer Differentialgleichungen, Umgang mit Funktionen auch von mehreren Veränderlichen sowie der Zuordnung von Formeln zu empirisch gefundenen Funktionsbildern.
2. Die medizinische Statistik hat durch die in den letzten Jahrzehnten von der modernen Stichprobenstatistik erarbeiteten Testverfahren gerade die meist kleineren Stichproben der Medizin aussagekräftig gemacht. Hier sind zum Verständnis Grundbegriffe der Wahrscheinlichkeitsrechnung sowie das Rechnen mit Verteilungsfunktionen notwendig geworden.
3. Die medizinische Datenverarbeitung ist seit Einführung automatisierter Dokumentationsverfahren, zunächst der Maschinenlochkarten, und später durch den Einsatz von elektronischen Anlagen (Computer) ebenfalls in alle Bereiche der klinischen und theoretischen Medizin eingedrungen. Zum verständnisvollen Einsatz gehören einerseits gewisse Kenntnisse über Näherungsverfahren zur Lösung von Gleichungen, Integralen usw. sowie Kenntnisse zur logischen Algebra und Mengenlehre. Darüber hinaus muß auch der Mediziner etwas über Maschinen-Codes und Programmiersprachen wissen.

Der vorliegende Leitfaden soll diese angeführten Kenntnisse vermitteln und ist entsprechend gegliedert. Nach einer Wiederholung wichtiger Grundkenntnisse aus der Schulmathematik (Teil 1) folgt als Hauptteil eine systematische Einführung in die Differential- und Integralrechnung (Teil 2). Im Vergleich mit der Behandlung dieses Stoffgebietes im Schulunterricht soll die Darstellung dem Mediziner die begrifflich saubere Fundierung der einzelnen Sätze zeigen, auch wenn die Beweise manchmal nur in ihrem Gedankengang angedeutet und gelegentlich sogar fortgelassen sind, damit er Vertrauen in die Güte des ihm hier angebotenen „Denkwerkzeuges" gewinnt.

Dieser Abschnitt führt aber auch inhaltlich über das meist im Schulunterricht behandelte Stoffgebiet hinaus, indem unter anderem Funktionen von zwei und mehr Veränderlichen (partielle Ableitungen, mehrfache Integrale) einbezogen werden und schließlich ein erster Einblick in den Umgang mit einfachen Differentialgleichungen gegeben wird.

Die daran anschließenden Teile 3 bis 5 entsprechen den oben beschriebenen drei mathematischen Schwerpunktsgebieten der Medizin und bringen entsprechend die dort angeführten mathematischen Ergänzungen. Diese drei Gebiete sind selbstverständlich nicht erschöpfend dargestellt, sondern sollen nur eine erste Einführung geben. Sie sollen dem Studenten oder jungen Arzt vor allem die Furcht nehmen, wenn er beim Durchblättern eines modernen Lehrbuchs der Physiologie oder Pharmakologie auf Differentialgleichungen stößt, wenn er beim Aufschlagen eines Leitfadens der medizinischen Statistik plötzlich die Verteilungsfunktion der Normalverteilung oder der *STUDENT*-Verteilung als Formel vollständig abgedruckt findet oder wenn ihm schließlich in einem Lehrbuch der medizinischen Datenverarbeitung die Geheimchiffren der Codierungsanweisungen, der Dualzeichen und logischen Gleichungen begegnen.

1. Wiederholungen und Ergänzungen aus der Schulmathematik

1.1 Wiederholungen und Ergänzungen aus der Algebra

Die Anwendung mathematischer Methoden in der Medizin erfordert, zumindest auf ihrer einfachsten Stufe, Zahlen. Zahlen können in der Medizin (wie in jeder anderen Wissenschaft) gewonnen werden durch die Operationen des Zählens, Ordnens und Messens. Während man für das Zählen mit den sogenannten natürlichen Zahlen $1, 2, 3, \ldots$ auskommt, muß man, um jedem Zeigerausschlag eines Meßinstruments bzw. jeder Lichtmarkenauslenkung eines Spiegelgalvanometers eindeutig eine Zahl zuordnen zu können, auf die Gesamtheit der reellen Zahlen zurückgreifen. Die reellen Zahlen bestehen aus den natürlichen Zahlen $1, 2, 3, \ldots$, der 0, den negativen ganzen Zahlen (z. B. -3, -17), den positiven und negativen gebrochenen rationalen Zahlen (z. B. $+\frac{3}{2} = +1{,}5$, $-\frac{3}{11} = -0{,}2727\ldots = -0{,}\overline{27}$), den algebraisch irrationalen Zahlen (z. B. $\sqrt{5} = \pm 2{,}2361\ldots$, $\sqrt[3]{-\frac{28}{3}} = -2{,}11\ldots$) sowie den transzendenten Zahlen (z. B. $\sin 0{,}3, \pi, e^{-\frac{4}{3}}, \lg 23$).

Das Rechnen mit reellen Zahlen wird so definiert, daß die folgenden, für die natürlichen Zahlen evidenten fünf Grundgesetze allgemein Gültigkeit behalten:

Kommutative Gesetze:

$$a+b=b+a, \quad ab=ba;$$

assoziative Gesetze:

$$(a+b)+c = a+(b+c) = a+b+c, \quad (ab)c = a(bc) = abc;$$

distributives Gesetz:

$$(a+b)c = ac+bc.$$

Aus dieser Vorschrift resultieren gelegentlich schwer einzusehende Zeichenregeln, z. B. die Regel $(-a)(-b) = +ab$ sowie umständlich erscheinende Bruchregeln, z. B.

(1.1.1) $$\frac{a}{b} \pm \frac{c}{d} = \frac{ad \pm bc}{bd}.$$

Die für natürliche Zahlen als Exponenten sinnvollen drei Potenzregeln

(1.1.2)
$$a^n a^m = a^{n+m}$$
$$\frac{a^n}{a^m} = a^{n-m}$$
$$(a^n)^m = a^{nm}$$

1

werden auch für beliebige reelle Exponenten als gültig postuliert, und aus ihnen werden weiter die Festsetzungen

(1.1.3)
$$a^0 = 1$$
$$a^{-n} = \frac{1}{a^n}$$

gewonnen. Die Regeln für das Rechnen mit Wurzelausdrücken lassen sich über

(1.1.4) $\quad \sqrt[n]{a} = a^{\frac{1}{n}} \quad \left(\text{folgt aus } \left(\sqrt[n]{a}\right)^n = a = a^{\frac{n}{n}} = \left(a^{\frac{1}{n}}\right)^n\right)$

auf die Potenzregeln zurückführen. Die Logarithmenregeln ergeben sich aus der definierenden Gleichung

$$g^{g\log a} = a,$$

wonach der Logarithmus ein Exponent ist, gemäß den Potenzregeln zu

(1.1.5)
$$^g\log(ab) = {}^g\log a + {}^g\log b$$
$$^g\log\left(\frac{a}{b}\right) = {}^g\log a - {}^g\log b$$
$$^g\log(a^n) = n\,{}^g\log a$$
$$^g\log\left(\sqrt[n]{a}\right) = \frac{1}{n}\,{}^g\log a.$$

Alle Logarithmen, die zu einer Grundzahl gehören, bilden ein Logarithmensystem. Folgende Logarithmensysteme haben sich eingebürgert:

1. Das dekadische Logarithmensystem

    ($g = 10$, Abkürzung lg),

2. das natürliche Logarithmensystem

    ($g = e = 2{,}718..$, Abkürzung ln),

3. das duale Logarithmensystem

    ($g = 2$, Abkürzung ld).

Von ihnen wird das erste, unserem Zahlensystem entsprechend, zum numerischen Rechnen verwendet, das zweite erweist seine Vorzüge in der höheren Mathematik, und das dritte findet bei der Datenverarbeitung Verwendung.

Zu merken ist noch die Umrechnungsformel zwischen dekadischen und natürlichen Logarithmen

(1.1.6)
$$\ln a = \ln(10^{\lg a}) = \lg a \cdot \ln 10 = 2{,}3015\ldots \lg a,$$
$$\lg a = \lg(e^{\ln a}) = \ln a \cdot \lg e = 0{,}4343\ldots \ln a.$$

Einen Ausdruck der Form

$$\frac{5a^7-b^2}{\sqrt{3\lg c+5}},$$

der sich aus bestimmten Zahlen (5, 3), unbestimmten Zahlen (a, b, c) und Operatoren ($+, -, \lg, \sqrt{}$) zusammensetzt, nennt man einen algebraischen Ausdruck. Er muß eine (bestimmte oder unbestimmte) Zahl enthalten und mit den Rechengesetzen verträglich sein (z. B. darf der Nenner nicht 0 werden). Zwei algebraische Ausdrücke, die durch ein Gleichheitszeichen verbunden sind, stellen eine Gleichung dar. Man unterscheidet drei Typen von Gleichungen:

identische Gleichungen
Bestimmungsgleichungen,
Funktionsgleichungen.

Ein Beispiel für eine identische Gleichung ist

(1.1.7) $$(x+3)^2 = x^2 + 6x + 9,$$

sie gilt für jeden beliebigen Wert von x. (Bei identischen Gleichungen benutzt man manchmal das Zeichen $\equiv$ anstelle von $=$.)

Dagegen stellt die Gleichung

(1.1.8) $$(x+3)^2 = 25$$

eine Bestimmungsgleichung dar; denn sie gilt nur für zwei Werte von x ($x=2$ und $x=-8$).

Schließlich wird durch

(1.1.9) $$(x+3)^2 = y$$

eine Funktionsgleichung dargestellt. Sie gilt nur für bestimmte Zahlenpaare $x; y$, jedoch dann für unendlich viele. Funktionsgleichungen bilden die Grundlage für die höhere Mathematik.

Von den identischen Gleichungen sind die folgenden von Wichtigkeit:

(1.1.10) $$\begin{aligned}(a\pm b)^2 &= a^2 \pm 2ab + b^2, \\ (a+b)(a-b) &= a^2 - b^2.\end{aligned}$$

Unter den Bestimmungsgleichungen sind die beiden einfachsten Typen, die lineare Gleichung $ax=b$ und die quadratische Gleichung $x^2+ax+b=0$ besonders zu merken. Hier sei daran erinnert, daß man bei mehreren linearen Gleichungen mit mehreren Unbekannten die Zahl der Unbekannten wie der Gleichungen durch sukzessives Einsetzen verringert, bis eben eine lineare Gleichung mit einer Unbekannten übrigbleibt. Die lineare Gleichung hat nicht immer eine eindeutige Lösung (z. B. hat $0x=0$ unendlich viele Lösungen) und ist auch nicht immer lösbar (z. B.

hat $0x=3$ keine Lösung). Die quadratische Gleichung führt, wenn $b < \frac{a^2}{4}$, auf die Lösung

(1.1.11) $$x_{1,2} = -\frac{a}{2} \pm \sqrt{\frac{a^2}{4} - b}.$$

Diese Lösung beruht auf der Umwandlung in ein vollständiges Quadrat über

$$x^2 + 2\frac{a}{2}x + \frac{a^2}{4} = \frac{a^2}{4} - b$$

und daraus folgend

$$\left(x + \frac{a}{2}\right)^2 = \frac{a^2}{4} - b.$$

Falls die Koeffizienten der quadratischen Gleichung die Bedingung $a^2 = 4b$ erfüllen, fallen beide Lösungen zusammen (doppelte Lösung). Falls $a^2 < 4b$ ist, läßt sich die Wurzel nicht als reelle Zahl darstellen. Um jedoch formal weiterrechnen zu können, führt man das Symbol

(1.1.12) $$\sqrt{-1} = i$$

als neue Zahl (imaginäre Einheit) ein. Die Lösung läßt sich dann in der Form

(1.1.13) $$x_{1,2} = -\frac{a}{2} \pm i\sqrt{b - \frac{a^2}{4}}$$

anschreiben, wobei die Wurzel jetzt eine reelle Zahl liefert.

Eine solche Zahlenkombination der Form $\alpha + i\beta$, wobei α und β reelle Zahlen darstellen, nennt man eine komplexe Zahl. Ihr kommt in den Naturwissenschaften kein Wert als Angabe von Meßergebnissen zu, doch ergeben sich komplexe Zahlen gelegentlich als Zwischenergebnisse von Rechnungen.

Zwischen zwei reellen Zahlen a und b besteht stets eine, und nur eine der folgenden drei Beziehungen a kleiner als b, a gleich b und a größer als b, in Zeichen:

$$a < b, \quad a = b, \quad a > b.$$

Diese Beziehungen stellen sogenannte Ordnungsrelationen dar. Ähnlich gibt es die etwas weiter gefaßte Relation

$$a \leqq b,$$

die besagt, daß a jedenfalls nicht größer als b sein kann usw.

Zwei algebraische Ausdrücke, zwischen denen ein Ungleichheitszeichen steht, bilden eine Ungleichung. Für die Umformung von Ungleichungen lassen sich ebenfalls Regeln ableiten. Bei der Kombination von Ungleichungen ist allerdings Vorsicht geboten.

Der Wert einer reellen Zahl unabhängig von ihrem Vorzeichen wird ihr absoluter Betrag genannt. In Zeichen: $|a|$. Es ist also

$$|-3| = 3 = |+3|.$$

Da jedenfalls
$$-3 < +3$$
gilt, läßt sich die allgemeine Regel

(1.1.14) $$a \leq |a|$$

formulieren. Entsprechend gilt die folgende Regel für absolute Beträge:

(1.1.15) $$|a+b| \leq |a| + |b|.$$

Ungleichungen sind wichtig zum Eingrenzen des Wertes von irrationalen Zahlen. Z. B. folgt aus der Kette von Ungleichungen

$$\begin{aligned} 1^2 &= 1 < 2 < 4 = 2^2, \\ 1{,}4^2 &= 1{,}96 < 2 < 2{,}25 = 1{,}5^2, \\ 1{,}41^2 &= 1{,}9881 < 2 < 2{,}0164 = 1{,}42^2 \end{aligned}$$

die Eingrenzung der irrationalen Zahl $\sqrt{2}$

$$\begin{aligned} 1 &< \sqrt{2} < 2, \\ 1{,}4 &< \sqrt{2} < 1{,}5, \\ 1{,}41 &< \sqrt{2} < 1{,}42. \end{aligned}$$

Man erkennt, wie der unbekannte Zahlenwert von $\sqrt{2}$ zwischen zwei Zahlenfolgen eingeschlossen wird, von denen die eine immer größere, die andere immer kleinere Zahlen enthält. Zahlenfolgen spielen eine wichtige Rolle in der höheren Mathematik, die einfachsten Typen von ihnen stellen die arithmetischen und die geometrischen Folgen dar. Bei einer arithmetischen Folge unterscheiden sich zwei aufeinanderfolgende Glieder stets um die gleiche Differenz d, in Zeichen:

$$\begin{aligned} &a_1 \\ &a_2 = a_1 + d \\ &a_3 = a_2 + d = a_1 + 2d \\ &\cdots\cdots\cdots\cdots \\ &a_n = a_1 + (n-1)d \quad \text{(allgemeines Glied).} \end{aligned}$$

Die Summe ihrer ersten n Glieder ergibt sich zu

(1.1.16) $$s_n = n \frac{a_1 + a_n}{2}.$$

Diese Formel wird durch folgende Überlegungen erhalten: Es muß sowohl gelten

$$s_n = a_1 + (a_1 + d) + (a_1 + 2d) + \cdots + a_n$$

wie auch

$$s_n = a_n + (a_n - d) + (a_n - 2d) + \cdots + a_1.$$

Addition beider Gleichungen liefert:

$$2s_n = (a_1 + a_n) + (a_1 + a_n) + \cdots + (a_1 + a_n) = n(a_1 + a_n),$$

woraus die Summenformel folgt.

Bei einer geometrischen Zahlenfolge unterscheiden sich zwei aufeinanderfolgende Glieder um einen konstanten Faktor q. In Zeichen:

$$a_1$$
$$a_2 = a_1 q$$
$$a_3 = a_2 q = a_1 q^2$$
$$\cdots \cdots \cdots \cdots$$
$$a_n = a_1 q^{n-1} \quad \text{(allgemeines Glied)}.$$

Die Summenformel für die ersten n Glieder lautet hier

(1.1.17) $$s_n = a_1 \frac{q^n - 1}{q - 1}.$$

Sie ergibt sich über die Darstellung

$$s_n = a_1 + a_1 q + a_1 q^2 + \cdots + a_1 q^{n-1}$$

und

$$q s_n = a_1 q + a_1 q^2 + \cdots + a_1 q^{n-1} + a_1 q^n,$$

woraus durch Subtraktion der oberen von der unteren Gleichung und Umformung sofort die Summenformel folgt.

Ein häufig gebrauchter Sonderfall einer arithmetischen Folge liegt in den natürlichen Zahlen $1, 2, \ldots, n$ vor. Die Summe der ersten n natürlichen Zahlen ergibt sich sofort, wenn man das Anfangsglied $a_1 = 1$, das Endglied $a_n = n$ und die Differenz $d = 1$ setzt, zu

$$1 + 2 + \cdots + n = \sum_{v=1}^{n} v = \frac{n(n+1)}{2}.$$

Aus der folgenden Gleichungszusammenstellung

$$1^3 = \quad = \quad 1^3$$
$$2^3 = (1+1)^3 = 1^3 + 3 \cdot 1^2 + 3 \cdot 1 + 1^3$$
$$3^3 = (2+1)^3 = 2^3 + 3 \cdot 2^2 + 3 \cdot 2 + 1^3$$
$$\cdots \cdots \cdots \cdots \cdots \cdots \cdots \cdots$$
$$(n+1)^3 = (n+1)^3 = n^3 + 3 \cdot n^2 + 3 \cdot n + 1^3$$

ergibt sich durch Addition

$$(n+1)^3 = 3(1^2 + 2^2 + \cdots + n^2) + 3(1 + 2 + \cdots + n) + (n+1).$$

Hieraus folgt unter Benutzung der eben abgeleiteten Formel für die Summe der ersten n natürlichen Zahlen ein Ausdruck für die Summe der ersten n Quadratzahlen zu

(1.1.18) $$1^2+2^2+\cdots+n^2 = \sum_{\nu=1}^{n} \nu^2 = \frac{n(n+1)(2n+1)}{6},$$

wobei gleichzeitig an die kürzere Schreibweise dieser Summen mit Hilfe des Summenzeichens erinnert sei.

Bei den geometrischen Folgen, deren Summe sich auch in der folgenden Form

(1.1.19) $$s_n = a_1 \frac{1-q^n}{1-q} = \frac{a_1}{1-q} - \frac{a_1 q^n}{1-q}$$

schreiben läßt, wobei der erste Summand nicht von der Gliederzahl abhängt, muß darauf hingewiesen werden, daß bei $q<1$ mit wachsender Gliederzahl der zweite Summand immer kleiner wird, so daß hier der scheinbar paradoxe Fall eintritt, daß eine Summe aus positiven Zahlen mit wachsender Anzahl von Summanden doch nie über eine bestimmte Größe, in diesem Fall $\frac{a_1}{1-q}$, hinauswachsen kann (*Achilles und die Schildkröte*). Mit diesem wichtigen Sonderfall von Zahlenfolgen werden wir uns bei der Differentialrechnung noch eingehend zu beschäftigen haben.

Abschließend seien einige Begriffe der Kombinatorik (Anordnungsprobleme) anhand von zwei Beispielen erläutert:

Beispiel I. Auf wie viele Weisen können sich n Personen nacheinander in eine Liste eintragen? (Wie viele Anordnungen oder Permutationen von n Elementen sind möglich?)

Für zwei Personen (mit 1 und 2 bezeichnet) sind folgende zwei Anordnungen möglich:

$$\begin{array}{|c|} \hline 1 \\ \hline 2 \\ \hline \end{array} \quad \begin{array}{|c|} \hline 2 \\ \hline 1 \\ \hline \end{array},$$

d.h. die Zahl der Permutationen von zwei Elementen ist 2, $P_{(2)}=2$. Kommt eine dritte Person (ein drittes Element) dazu, so kann sie in jeder der beiden Listen vor die erste, vor die zweite und hinter die zweite Stelle eingetragen werden. Es ergeben sich dreimal so viele Möglichkeiten (Permutationen) (Abb. 1): Es gilt somit die Formel:

$$P_{(3)} = 3 P_{(2)} = 3 \cdot 2.$$

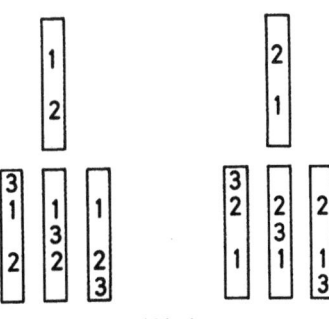

Abb. 1

Der Gedankengang läßt sich entsprechend weiterverfolgen. Bei Hinzunahme eines vierten Elements ergibt sich

$$P_{(4)} = 4 P_{(3)} = 4 \cdot 3 \cdot 2,$$

und allgemein wird die Formel

(1.1.20) $\qquad P_{(n)} = n(n-1) \ldots \quad 3 \cdot 2 \cdot 1 = n!$

erhalten. Die 1 ist zur Vervollständigung noch hinzugefügt worden, und um die umständliche Schreibweise zu vereinfachen, wird die abkürzende Bezeichnung $n!$ (gelesen: n-Fakultät) eingeführt. Es gilt somit

$$1! = 1$$
$$2! = 1 \cdot 2 = 2$$
$$3! = 1 \cdot 2 \cdot 3 = 6$$
$$4! = 24$$
$$5! = 120$$
. . . .

Beispiel II. Beim Zahlen-Lotto müssen aus der Reihe der Zahlen 1 bis 49 6 verschiedene gekennzeichnet werden. Wie viele Möglichkeiten, 6 Zahlen anzukreuzen, gibt es?

Für das Ankreuzen einer Zahl existieren offensichtlich 49 Möglichkeiten. Nachdem eine angekreuzt ist, bestehen für das Ankreuzen der zweiten Zahl nur noch 48, für das Ankreuzen einer dritten Zahl nur noch 47 Möglichkeiten usw., so daß sich als Zahl der Möglichkeiten zunächst das Produkt

$$49 \cdot 48 \cdot 47 \cdot 46 \cdot 45 \cdot 44$$

anbietet. Doch sind hierbei z. B. die Fälle, bei denen als erste Zahl die Ziffer 7 und als zweite Zahl die Ziffer 24 angekreuzt wurde, als verschieden angesehen von den Fällen, bei denen als erste 24 und als zweite 7 angekreuzt wurde. Nach den Regeln des Zahlen-Lottos werden diese Fälle jedoch als gleich angesehen (es kommt beim Ankreuzen nicht auf die Reihenfolge an). Die Zahl der Möglichkeiten verkleinert sich somit um die Zahl, die angibt, wie viele verschiedene Reihenfolgen (Permutationen) bei 6 Elementen möglich sind. Als wirkliche Anzahl der Möglichkeiten, aus 49 verschiedenen Zahlen (verschiedenen Elementen) 6 verschiedene in beliebiger Reihenfolge herauszugreifen, ergibt sich somit

$$\frac{49 \cdot 48 \cdot 47 \cdot 46 \cdot 45 \cdot 44}{1 \cdot 2 \cdot 3 \cdot 4 \cdot 5 \cdot 6} = \binom{49}{6}.$$

Der rechtsstehende Klammerausdruck (gelesen: 49 über 6) stellt wieder eine abkürzende Schreibweise dar; er bedeutet, daß in den Nenner eines Bruches das Produkt der Ziffern der aufeinanderfolgenden Zahlen von 1 bis 6 zu schreiben ist, in den Zähler ein Produkt abnehmender Zahlen, beginnend mit 49, wobei die Anzahl der Faktoren im Zähler genau gleich der des Nenners sein soll. Nach dieser Vorschrift ist z. B.

$$\binom{6}{3} = \frac{6\cdot 5\cdot 4}{1\cdot 2\cdot 3} = 20$$

zu berechnen. Bezeichnet man allgemein das Herausgreifen („Ankreuzen") von p verschiedenen Elementen aus n verschiedenen gegebenen Elementen als eine Kombination von n Elementen zur p-ten Klasse, in Zeichen:

$$C_n^p,$$

so läßt sich die oben gewonnene Formel verallgemeinernd

(1.1.21) $$C_n^p = \binom{n}{p} = \frac{n!}{p!(n-p)!}$$

schreiben.

Die letzte Umformung wird anhand des folgenden Zahlenbeispiels verständlich:

$$\binom{6}{4} = \frac{6\cdot 5\cdot 4\cdot 3}{1\cdot 2\cdot 3\cdot 4}\frac{2\cdot 1}{1\cdot 2} = \frac{6!}{4!2!} = \frac{6!}{4!(6-4)!},$$

wobei der Bruch so erweitert wird, daß im Zähler eine volle Fakultät entsteht.

Ähnlich läßt sich zeigen, daß

(1.1.22) $$\binom{n}{p} = \binom{n}{n-p}$$

gilt. Und da gleichzeitig

(1.1.23) $$\binom{n}{n} = 1$$

sein muß, so folgt daraus die Festsetzung

(1.1.24) $$\binom{n}{0} = \binom{n}{n} = 1 = \frac{n!}{0!n!} = \frac{1}{0!},$$

worin die weitere Festsetzung

(1.1.25) $$0! = 1$$

enthalten ist.

Mit diesen Rechenregeln läßt sich ein allgemeiner Ausdruck für $(a+b)^n$ gewinnen. Nach dem Distributivgesetz muß gelten

$$(a+b)^n = (a+b)(a+b)\ldots(a+b) = C_0 a^n + C_1 a^{n-1} b + \cdots + C_n b^n;$$

dabei ist nur noch zu überlegen, wie oft etwa ein Glied der Form $a^{n-2}b^2$ beim Ausmultiplizieren der n Klammern auftreten kann, d.h. welche Werte den vorerst unbekannten Faktoren $C_0, C_1 \ldots C_n$ zukommen. Ein Glied dieser Art kommt offenbar zustande, indem man aus irgend zwei der n Klammern ein b und aus den restlichen

$n-2$ Klammern ein a herausnimmt. Die Anzahl dieser Glieder ist damit gleich der Anzahl von Möglichkeiten, aus n Klammern zwei beliebige auszuwählen. Das ist aber gerade gleich der Anzahl von Kombinationen von n Elementen zur zweiten Klasse, d. h. $\binom{n}{2}$. Entsprechende Überlegungen gelten für die Anzahlen der anderen Glieder, und damit ist der binomische Satz in der Form

(1.1.26) $\quad (a+b)^n = \binom{n}{0}a^n + \binom{n}{1}a^{n-1}b + \binom{a}{2}a^{n-2}b^2 + \cdots + \binom{n}{n-1}ab^{n-1} + \binom{n}{n}b^n$

gewonnen. Unter Ergänzung von $b^0 = 1$ im ersten und $a^{n-n} = 1$ im letzten Glied läßt sich die rechtsstehende Summe bequemer mit Hilfe eines Summenzeichens schreiben:

(1.1.27) $\quad (a+b)^n = \sum_{v=0}^{n} \binom{n}{v} a^{n-v} b^v.$

Für $b = 1$ ergibt sich aus dem binomischen Satz

$$(1+a)^n = 1 + \binom{n}{1}a + \binom{n}{2}a^2 + \cdots + \binom{n}{n}a^n.$$

Ist a dabei >0 und n, wie bisher vorausgesetzt, eine natürliche Zahl, so sind die Glieder der rechten Seite sämtlich positiv. Beim Weglassen einiger von ihnen verkleinert sich damit die rechte Seite, und wenn alle Glieder bis auf die ersten beiden der rechten Seite fortgelassen werden, entsteht die Ungleichung

(1.1.28) $\quad (1+a)^n \geq 1 + na.$

Sie wird als *Bernoulli*sche Ungleichung bezeichnet und ist bei gelegentlichen Abschätzungen von Wert. Es läßt sich weiter zeigen, daß sie auch gültig bleibt, wenn a nur größer als -1 ist (d. h. $a > -1$); denn dann haben zwar die fortgelassenen Glieder abwechselnde Vorzeichen, nehmen dem Betrag nach aber einsinnig ab, so daß wegen $\binom{n}{2}a^2 > 0$ der gesamte fortgelassene Anteil ebenfalls >0 ist.

1.2 Wiederholungen und Ergänzungen aus der Geometrie

Aus dem Gesamtgebiet der Geometrie sind für die Anwendungen in der Medizin wichtig

1. Formeln für Flächeninhalte ebener Figuren,
2. Formeln für Volumen und Oberfläche einfacher Körper,
3. Umrechnungsformeln für Winkelfunktionen.

Diese Dinge werden meist ausführlich in der Schulmathematik abgehandelt; die folgenden Wiederholungen beschränken sich daher auf eine kurze Zusammenstellung der benötigten Formeln, wobei die Beweise nur gelegentlich kurz angedeutet werden.

Als Bezugsfläche wird das Quadrat mit der Kantenlänge 1 gewählt und ihm der Flächeninhalt 1 zugeordnet. Bei einem Rechteck, dessen Kanten a bzw. b längere Einheiten umfassen (Abb. 2), läßt sich durch geeignete Hilfslinien zeigen, daß der Flächeninhalt sich in $a \cdot b$ Elementarquadrate zerlegen läßt. Es ergibt sich die Formel für den Flächeninhalt

(1.2.1) $\qquad F = ab \quad$ (Rechteck).

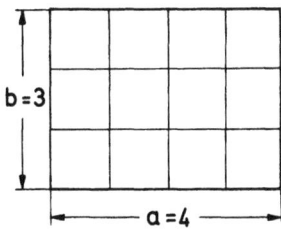

Abb. 2

Durch eine Diagonale (Abb. 3) wird die Rechteckfläche in zwei deckungsgleiche (kongruente) rechtwinklige Dreiecke mit den Katheten a und b zerlegt. Damit ist die Flächenformel für rechtwinklige Dreiecke gewonnen

(1.2.2) $\qquad F = \tfrac{1}{2} ab \quad$ (rechtwinkliges Dreieck).

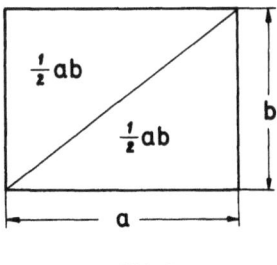

Abb. 3

Da man jedes beliebige Dreieck durch eine Höhe in zwei rechtwinklige Teildreiecke zerlegen kann, so ergibt sich (Abb. 4) die Fläche eines beliebigen Dreiecks über

(1.2.3) $\qquad F = \dfrac{1}{2} ph + \dfrac{1}{2} qh = \dfrac{1}{2}(p+q)h$

zu

(1.2.4) $\qquad F = \frac{1}{2} g h \qquad$ (beliebiges Dreieck).

Da sich weiter jede beliebige geradlinig begrenzte ebene Figur durch Hilfslinien in Teildreiecke zerlegen läßt, so ist damit die Möglichkeit gegeben, den Flächeninhalt jeder geradlinigen Figur zu berechnen. Als ergänzende Hilfsmittel zu dieser Berechnung sind allerdings noch die folgenden drei Beziehungen zwischen den Winkeln, zwischen den Seiten sowie zwischen Winkeln und Seiten eines rechtwinkligen

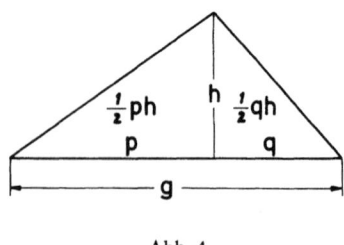

Abb. 4

Dreiecks vonnöten. Für die Winkel zeigt Abb. 5, daß die beiden der Hypothenuse anliegenden Winkel α und β zusammen 90° (1 R) ausmachen. Der Satz ergibt sich über die Gleichheit der Winkel α und α' (sie lassen sich durch Parallelverschiebung ineinander überführen) und der der Winkel α' und α'' (sie werden als Scheitelwinkel beide durch den gemeinsamen Supplementwinkel δ zu 180° ergänzt). Aus diesem Satz folgt weiter, daß die Winkelsumme im beliebigen Dreieck 2 R ist (ergibt sich sofort durch Betrachtung der Abb. 6 über die beiden durch die Höhe erzeugten rechtwinkligen Teildreiecke).

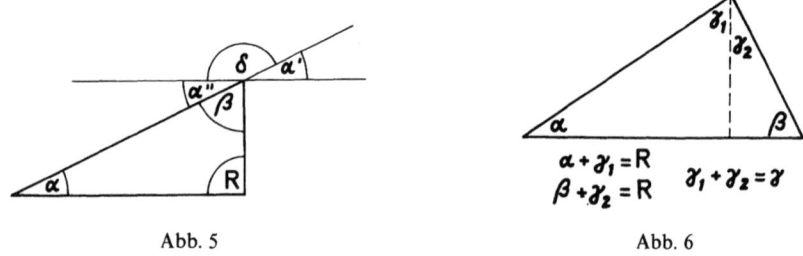

Abb. 5   Abb. 6

Für die Seiten eines rechtwinkligen Dreiecks gilt der wichtige Satz des *Pythagoras* (Abb. 7)

(1.2.5) $\qquad c^2 = a^2 + b^2 \qquad$ (c Hypothenuse, a, b Katheten).

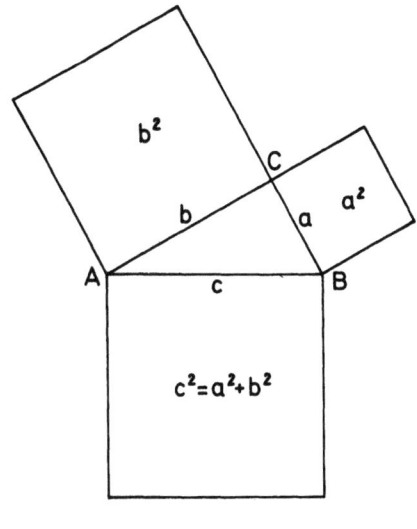

Abb. 7

Er läßt sich am schnellsten, wie Abb. 8 zeigt, durch zweifache Zerlegung des Quadrates mit der Kantenlänge $a+b$ beweisen. Wie die linke Zerlegung zeigt, läßt sich die Gesamtfläche darstellen als Summe der beiden Kathetenquadrate und der vierfachen Dreiecksfläche. Die rechte Zerlegung liefert ein Viereck mit der Kantenlänge der Hypothenuse c sowie wieder die vierfache Dreiecksfläche. Aus dem Satz über die Winkelsumme im rechtwinkligen Dreieck läßt sich aber sofort ablesen, daß das Viereck rechtwinklig ist, d.h. ein Quadrat mit der Fläche c^2 darstellt.

Auch dieser Satz läßt sich auf beliebig gestellte Dreiecke erweitern, wird aber dann unübersichtlicher. Wichtig ist noch, daß man bei Zerlegung eines rechtwink-

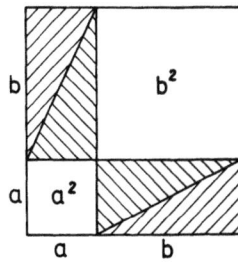 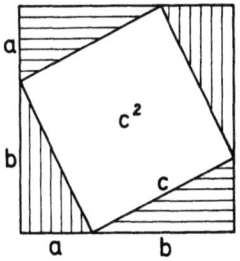

Abb. 8

ligen Dreiecks durch seine Höhe in zwei rechtwinklige Teildreiecke durch Anwendung des oben gewonnenen Satzes auf jedes der beiden Teildreiecke den Höhensatz ($h^2 = pq$) sowie mit seiner Hilfe und dem Satz von *Pythagoras* für jedes der Teildreiecke die beiden Sätze von *Euklid* ($a^2 = cp$, $b^2 = cq$) ableiten kann.

Betrachtet man (vgl. Abb. 9) zwei rechtwinklige Dreiecke mit dem gemeinsamen Winkel α (d.h. mit sämtlich gleichen Winkeln), so läßt sich der Flächeninhalt des großen Dreiecks darstellen als Summe aus dem des kleinen, dem ergänzenden Rechteck und dem ergänzenden Hilfsdreieck. Rechnerisch ergibt sich dabei die Gleichung

(1.2.6) $$\tfrac{1}{2}AB = \tfrac{1}{2}ab + a(B-b) + \tfrac{1}{2}(A-a)(B-b).$$

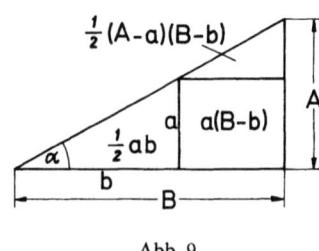

Abb. 9

Aus ihr folgt (die durchgestrichenen Glieder heben sich fort)

(1.2.7) $$\tfrac{1}{2}AB = \tfrac{1}{2}ab + aB - ab + \tfrac{1}{2}AB - \tfrac{1}{2}aB - \tfrac{1}{2}Ab + \tfrac{1}{2}ab$$

und weiter

(1.2.8) $$\tfrac{1}{2}aB = \tfrac{1}{2}Ab.$$

Daraus folgt schließlich die Proportion

(1.2.9) $$\frac{a}{b} = \frac{A}{B}.$$

Bezeichnet man die Hypothenusen der beiden Dreiecke mit c bzw. C, so ergibt sich aus (1.2.9) unter Anwendung des Satzes von *Pythagoras* über

(1.2.10) $$\frac{a^2}{b^2} = \frac{c^2 - b^2}{b^2} = \frac{c^2}{b^2} - 1 = \frac{C^2}{B^2} - 1$$

(letzte Umformung entsteht analog aus $\frac{A^2}{B^2}$)

schließlich

(1.2.11) $$\frac{b}{c} = \frac{B}{C} \quad \text{und mit (1.2.9)} \quad \frac{a}{c} = \frac{A}{C}.$$

Aus (1.2.9) und (1.2.11) läßt sich folgern, daß die Verhältnisse je zweier Dreiecksseiten unabhängig von der Größe des rechtwinkligen Dreiecks sind und nur von der Größe des gemeinsamen Winkels α abhängen. Sie stellen somit Funktionen dieses Winkels dar, und es haben sich die folgenden Bezeichnungen eingebürgert:

(1.2.12)
$$\sin\alpha = \frac{a}{c} \quad \left(\frac{\text{Gegenkathete}}{\text{Hypothenuse}}\right)$$
$$\cos\alpha = \frac{b}{c} \quad \left(\frac{\text{Nebenkathete}}{\text{Hypothenuse}}\right)$$
$$\text{tg}\,\alpha = \frac{a}{b} \quad \left(\frac{\text{Gegenkathete}}{\text{Nebenkathete}}\right).$$

Aus ihnen sind sofort die beiden Beziehungen

(1.2.13)
$$\text{tg}\,\alpha = \frac{\sin\alpha}{\cos\alpha}$$

und

(1.2.14)
$$\sin^2\alpha + \cos^2\alpha = 1$$

abzulesen. Andererseits lassen sich aus diesen Verhältnisbeziehungen am rechtwinkligen Dreieck die Ähnlichkeitssätze für beliebige Dreiecke gewinnen und darauf die gesamte Ähnlichkeitslehre aufbauen.

In der Stereometrie verfährt man bei der Aufstellung von Volumenformeln analog: Die Volumeneinheit entspricht dem Würfel mit der Kantenlänge 1. Durch entsprechende Hilfsebenen läßt sich zeigen, daß ein Quader mit den Kantenlängen a, b und c in abc solcher Einheitswürfel zerlegt werden kann. Sein Volumen ist damit gegeben durch

(1.2.15) $\qquad V = abc \quad$ (Quader).

Durch eine Diagonalebene (Abb. 10) läßt sich analog wie in der Ebene zeigen, daß zwei deckungsgleiche Prismen mit einem rechtwinkligen Dreieck als Grundfläche entstehen. Bezeichnet man die Fläche des rechtwinkligen Dreiecks mit G, so ergibt sich das Volumen eines solchen Prismas zu

(1.2.16) $\qquad V = \tfrac{1}{2}ab \cdot c = Gc \qquad$ (dreieckiges Prisma mit rechtwinkligem Dreieck als Grundfläche).

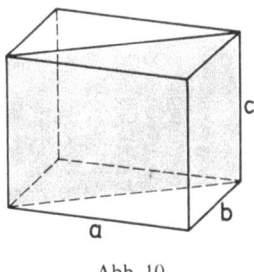

Abb. 10

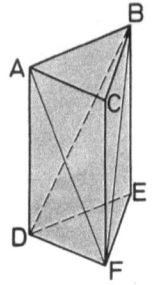 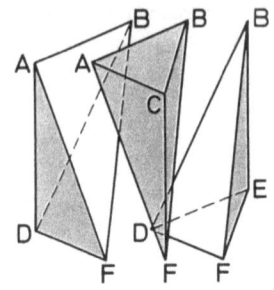

Abb. 11

Diese Formel läßt sich sofort verallgemeinern auf ein dreiseitiges Prisma mit beliebiger Dreiecksgrundfläche (denn es kann analog wie in der Ebene in zwei Prismen der eben betrachteten Sonderformen zerlegt werden) und damit auf ein Prisma mit beliebiger Grundfläche. Weiter läßt sich aber zeigen (Abb. 11), daß ein solches Prisma durch geeignete Diagonalschnitte in drei volumengleiche Pyramiden (von denen allerdings die Spitze senkrecht über einer Ecke des Grunddreiecks liegt) zerlegt werden kann. Das Volumen einer solchen Pyramide ist daher gegeben durch

(1.2.17) $$V = \tfrac{1}{3} G h,$$

wobei die Höhe der Pyramide mit dem Buchstaben h bezeichnet sei. Da sich jede beliebige Pyramide durch Fällung des Lotes von der Spitze auf die Grundfläche in eine Anzahl dreiseitiger Pyramiden der eben betrachteten Bauart zerlegen läßt, so gilt die letzte Formel für beliebige Pyramiden.

Es fehlen noch die krummlinig begrenzten Figuren (Kreis und Kreisteile) und Körper (Zylinder, Kegel, Kugel und Kugelteile). Ihre Berechnung erfolgt jedoch zweckmäßiger in der Integralrechnung. Hier sei nur erwähnt, daß der Umfang des Kreises mit dem Radius 1 (der Einheitskreis) ebenfalls eine Art Grundmaß darstellt. Wie Abb. 12 zeigt, läßt sich sein Umfang eingrenzen zwischen die Umfänge der

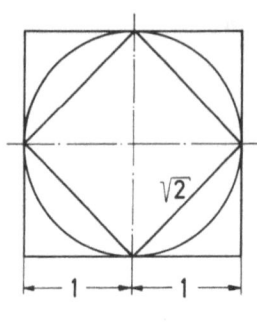

Abb. 12

beiden Vierecke mit den Seitenlängen 2 bzw. $\sqrt{2}$. Der halbe Umfang des Einheitskreises wird mit dem Symbol π abgekürzt, und es folgt aus den beiden Quadraten die Ungleichung

(1.2.18) $\qquad 2{,}8 \approx 2\sqrt{2} < \pi < 4.$

Ein Weg zur genaueren Bestimmung des Zahlenwertes von π ($\pi = 3{,}14\ldots$) wird später gezeigt werden.

Mit Hilfe des Einheitskreises lassen sich sowohl Winkel wie Winkelfunktionen in erweiterungsfähiger Form darstellen (Abb. 13). Die Größe eines Winkels kann neben der herkömmlichen Gradzahl auch durch die Länge des von seinen Schenkeln auf dem Einheitskreis abgeschnittenen Bogens ermittelt werden (Bogenmaß). Eine Umrechnung zwischen Grad- und Bogenmaß ist möglich über die Proportion

(1.2.19) $\qquad \dfrac{\alpha(\text{Grad})}{4R} = \dfrac{\alpha(\text{Bogen})}{2\pi}.$

Damit ist auch beliebig großen und auch negativen Winkeln eine bestimmte Zahl als Maß zuzuordnen.

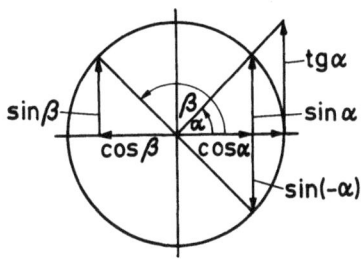

Abb. 13

Ebenso zeigt die Abbildung, wie sich die Winkelfunktionen sin und cos für beliebig große und auch negative Winkel hinsichtlich Betrag und Vorzeichen berechnen lassen.

Schließlich ergibt Abb. 14 die Möglichkeit, den sin sowie den cos einer Winkelsumme $\alpha + \beta$ auf die entsprechenden Werte der Einzelwinkel zurückzuführen. Es ergeben sich somit aus der Figur ablesbar die Additionstheoreme

(1.2.20) $\qquad \begin{cases} \sin(\alpha+\beta) = \sin\alpha\cos\beta + \cos\alpha\sin\beta \\ \cos(\alpha+\beta) = \cos\alpha\cos\beta - \sin\alpha\sin\beta. \end{cases}$

Ersetzt man hierin β durch $-\beta$ und beachtet, daß dabei $\sin\beta$ das Vorzeichen wechselt, $\cos\beta$ gleich bleibt, so entstehen sofort die zwei weiteren Formeln für die Differenzen von Winkelfunktionen

(1.2.21) $\qquad \begin{cases} \sin(\alpha-\beta) = \sin\alpha\cos\beta - \cos\alpha\sin\beta \\ \cos(\alpha-\beta) = \cos\alpha\cos\beta + \sin\alpha\sin\beta. \end{cases}$

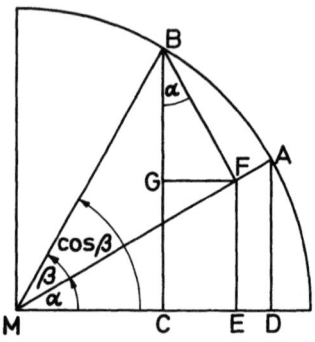

$$\sin(\alpha+\beta) = BC = BG+EF = BF\cos\alpha + MF\sin\alpha$$
$$= \sin\beta\cos\alpha + \cos\beta\sin\alpha$$
$$\cos(\alpha+\beta) = MC = ME-GF = MF\cos\alpha - BF\sin\alpha$$
$$= \cos\beta\cos\alpha - \sin\beta\sin\alpha$$

Abb. 14

Aus diesen vier Additionstheoremen lassen sich Fälle von weiteren Winkelbeziehungen gewinnen, von denen nur drei herausgegriffen sein mögen:

Dividiert man jeweils bei (1.2.20) bzw. (1.2.21) die obere durch die untere Gleichung und wendet (1.2.13) an, so erhält man

(1.2.22) $$\operatorname{tg}(\alpha \pm \beta) = \frac{\operatorname{tg}\alpha \pm \operatorname{tg}\beta}{1 \mp \operatorname{tg}\alpha \operatorname{tg}\beta}.$$

Setzt man in (1.2.20) $\beta = \alpha$, so erhält man die weiteren Formeln

(1.2.23) $$\begin{cases} \sin 2\alpha = 2\sin\alpha\cos\alpha \\ \cos 2\alpha = \cos^2\alpha - \sin^2\alpha \end{cases}$$

Schließlich liefert die Subtraktion der ersten Gleichung (1.2.21) von der ersten Gleichung (1.2.20)

(1.2.24) $$\sin(\alpha+\beta) - \sin(\alpha-\beta) = 2\cos\alpha\sin\beta.$$

Setzt man weiter

(1.2.25) $$\alpha + \beta = \varphi \qquad \alpha = \frac{\varphi+\psi}{2}$$
d. h.
$$\alpha - \beta = \psi \qquad \beta = \frac{\varphi-\psi}{2},$$

so ergibt sich

(1.2.26) $$\sin\varphi - \sin\psi = 2\cos\frac{\varphi+\psi}{2}\sin\frac{\varphi-\psi}{2}.$$

Diese Beispiele reichen für die späteren Abschnitte aus und geben gleichzeitig einen Einblick in die verwirrende Vielfalt goniometrischer Beziehungen.

1.3 Wiederholungen und Ergänzungen aus der analytischen Geometrie

Die analytische Geometrie stellt eine Möglichkeit der Verbindung algebraischer und geometrischer Begriffe dar, indem sie lehrt, wie geometrische Probleme mit Hilfe algebraischer Methoden bewältigt werden können. Ein Teil von ihr, die analytische Geometrie der Ebene, wird im Schulunterricht ausreichend gelehrt; mit einer kurzen Wiederholung der hieraus benötigten Begriffsbildungen und Sätze sei daher begonnen.

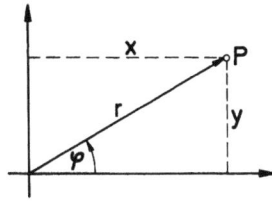

Abb. 15

Die Lage eines Punktes in der Ebene (Abb. 15) kann unter Festlegung eines Bezugssystems (Koordinatensystems) durch zwei Zahlen angegeben werden. In Frage kommen hierfür die Abstände des Punktes x, y von den beiden Koordinatenachsen (rechtwinklige kartesische Koordinaten) oder der Abstand vom Koordinaten-Anfangspunkt r sowie der Winkel φ, den diese Verbindungslinie mit einer festen Grundlinie (z. B. der x-Achse) bildet (ebene Polarkoordinaten). Man kann die beiden Zahlenangaben in eine Kenngröße, einen sogenannten Ortsvektor $\mathfrak{r}$ zusammenfassen. Er entspricht dann geometrisch einer Strecke mit bestimmter Länge (r) und bestimmter Richtung (φ), wobei der Richtungssinn durch eine Pfeilspitze gekennzeichnet wird. Algebraisch entspricht er einem geordneten Zahlenpaar, das gewöhnlich in der Form einer sogenannten einspaltigen Matrix

$$\mathfrak{r} = \begin{pmatrix} x \\ y \end{pmatrix}$$

geschrieben wird. Allen Punkten, die auf einer Kurve liegen, d. h. die Bedingung eines geometrischen Ortes erfüllen, kann dann eine Gleichung zwischen den Koordinaten zugeordnet werden (Funktionsgleichung zwischen x und y). So wird im Schulunterricht ausführlich gezeigt, daß jede lineare Gleichung zwischen x und y

(1.3.1) $$ax + by + c = 0,$$

wobei a, b, c beliebige reelle Zahlen sein können, mit der einzigen Einschränkung, daß a und b nicht zugleich 0 sein dürfen, eine Gerade beschreibt. Man kann sich das auf folgende Weise klarmachen:

Angenommen, $b \neq 0$, dann läßt sich die Gleichung (1.3.1) durch b dividieren und nach y auflösen, wobei sich

(1.3.2) $$y = -\frac{a}{b}x - \frac{c}{b} = mx + n$$

ergibt. Ist $c = 0$ (d. h. $n = 0$), so ergibt sich

(1.3.3) $$\frac{y}{x} = m = \operatorname{tg}\alpha,$$

was besagt, daß alle Punkte, deren Koordinatenquotient eine konstante Größe besitzt, diese Gleichung erfüllen. Wie man sieht, gehören hierzu alle Punkte einer durch den Koordinaten-Anfangspunkt gehenden Geraden, deren Steigung durch $m = \operatorname{tg}\alpha$ gegeben ist. Ist $c \neq 0$ ($n \neq 0$), so ergibt sich eine ähnliche Beziehung in

(1.3.4) $$\frac{y-n}{x} = m = \operatorname{tg}\alpha.$$

Aus ihr ist abzulesen, daß die Gerade mit der gleichen Steigung (dem gleichen Anstiegswinkel α) jetzt die y-Achse nicht im Nullpunkt, sondern im Punkt $y = n$ schneidet. Ist schließlich $m = 0$ ($\alpha = 0$, d. h. die Gerade parallel zur x-Achse), so ergibt sich aus (1.3.2) die Sonderform

(1.3.5) $$y = n$$

als Gleichung einer Geraden parallel im Abstand n zur x-Achse (bei $n = 0$ wird durch $y = 0$ die Gleichung der x-Achse selbst beschrieben).

Der noch fehlende Sonderfall $b = 0$ liefert aus (1.3.1) schließlich

(1.3.6) $$x = -\frac{c}{a},$$

womit die Gleichung einer parallel zur y-Achse im Abstand $-\frac{c}{a}$ verlaufenden Geraden erhalten wird (bei $c = 0$ ergibt sich mit $x = 0$ entsprechend die Gleichung der y-Achse selbst).

Die Funktionsgleichungen zweiten Grades stellen die Kegelschnitte mit all ihren Sonderfällen dar. Bekannt sind die einfachen Grundtypen der einzelnen Kurven, die durch geeignete Lage des Koordinatensystems erhalten werden. Sie seien im folgenden kurz ohne Beweis zusammengestellt:

(1.3.7)
$$\begin{cases} \dfrac{x^2}{a^2} + \dfrac{y^2}{b^2} = 1 & \text{Mittelpunktsgleichung der Ellipse} \\[2ex] \dfrac{x^2}{a^2} - \dfrac{y^2}{b^2} = 1 & \text{Mittelpunktsgleichung der Hyperbel} \\[2ex] y^2 = 2px & \text{Scheitelgleichung der Parabel.} \end{cases}$$

Für den Sonderfall, daß große Halbachse a und kleine Halbachse b einander gleich werden, ergeben sich anstelle von Ellipse und Hyperbel die Sonderkurven

(1.3.8) $\begin{cases} x^2 + y^2 = a^2 & \text{Kreis (mit Radius } a\text{)} \\ x^2 - y^2 = a^2 & \text{Hyperbel (mit einander senkrechten Asymptoten).} \end{cases}$

Die Gleichung der Hyperbel läßt sich umformen zu

(1.3.9) $$(x+y)(x-y) = a^2.$$

Führt man hierin neue Koordinaten ξ und η über

(1.3.10) $$\begin{aligned} \xi &= x+y \\ \eta &= x-y \end{aligned}$$

ein, was im wesentlichen einer Drehung des Koordinatensystems um $-45°$ entspricht (die rechtwinkligen Asymptoten stellen die neuen Koordinatenachsen dar), so ergibt sich aus (1.3.9) die einfachere Gleichung der Hyperbel

(1.3.11) $$\xi\eta = a^2,$$

aus der abzulesen ist, daß die beiden neuen Koordinaten einander umgekehrt proportional sind.

Eine unübersehbare Vielfalt von möglichen Kurven entsteht, wenn man algebraische Gleichungen von höherem als zweitem Grad sowie transzendente Gleichungen zwischen x und y in die Betrachtung einbezieht. Doch werden diese Dinge im Schulunterricht meist nicht mehr behandelt.

Mit Hilfe der Darstellung von Punkten als Zahlenpaaren und von ebenen Kurven als Gleichungen lassen sich folgende vier geometrische Aufgaben auf algebraischem Wege lösen:

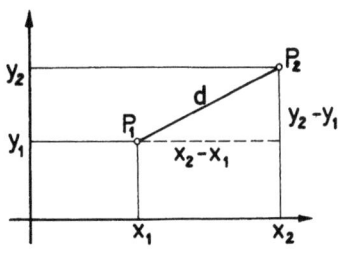

Abb. 16

a) Messung geometrischer Größen durch Rechnung. So ergibt sich z. B. die Länge d der Strecke zwischen den Punkten $P_1(x_1; y_1)$ und $P_2(x_2; y_2)$ mit Hilfe des Satzes von *Pythagoras* (Abb. 16) zu

(1.3.12) $$d = \sqrt{(x_2 - x_1)^2 + (y_2 - y_1)^2}.$$

In ähnlicher Weise (Abb. 17) ergibt sich der Schnittwinkel δ zweier Geraden mit den Richtungsfaktoren $m_1 = \operatorname{tg} \alpha_1$ bzw. $m_2 = \operatorname{tg} \alpha_2$ wegen $\delta = \alpha_2 - \alpha_1$ über (1.2.22) zu

(1.3.13) $$\operatorname{tg}\delta = \operatorname{tg}(\alpha_2 - \alpha_1) = \frac{\operatorname{tg}\alpha_2 - \operatorname{tg}\alpha_1}{1 + \operatorname{tg}\alpha_2 \operatorname{tg}\alpha_1} = \frac{m_2 - m_1}{1 + m_2 m_1}.$$

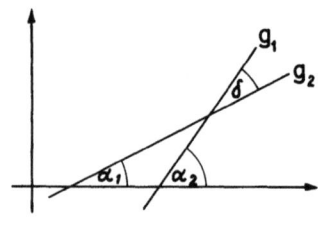

Abb. 17

Aus dieser Beziehung ist sofort abzulesen, daß bei senkrechten Geraden $\left(\delta = \frac{\pi}{2}, \operatorname{tg}\delta \to \infty\right)$ ihre Richtungsfaktoren die Bedingung $1 + m_2 m_1 = 0$, d. h. $m_2 = -\frac{1}{m_1}$ erfüllen müssen. Weiter läßt sich eine Formel für den Flächeninhalt des Dreiecks, das durch drei gegebene Punkte bestimmt wird, gewinnen.

b) Durchführung geometrischer Konstruktionen durch Rechnung. Um etwa die Aufgabe, zu zwei gegebenen Punkten die Symmetrieachse zu konstruieren, rechnerisch zu lösen, müßten zunächst die Gleichung der Geraden durch die beiden Punkte sowie die Koordinaten des Halbierungspunktes bestimmt werden. Aus der Gleichung der Verbindungsgeraden entnimmt man ihren Richtungsfaktor m und kann dann über $m' = -\frac{1}{m}$ den Richtungsfaktor m' der Senkrechten bestimmen. Durch den Richtungsfaktor m' und die Koordinaten des Halbierungspunktes ist aber die Gleichung der Mittelsenkrechten, d. h. der gesuchten Symmetrieachse, festgelegt.

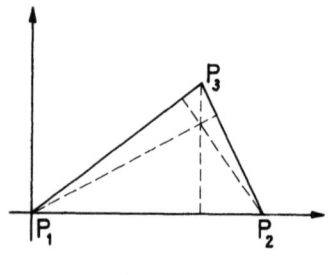

Abb. 18

c) Beweis geometrischer Sätze durch Rechnung. Auch hier möge ein Beispiel kurz skizziert sein (Abb. 18). Um den Satz, daß sich die Höhen eines Dreiecks in einem Punkt schneiden, rechnerisch zu beweisen, müssen zunächst den drei Dreiecksecken beliebige Koordinaten zugeordnet werden. Dann lassen sich die Gleichungen der drei Dreiecksseiten aufstellen und aus ihnen wieder die Gleichungen der Geraden, die zu ihnen senkrecht stehen und gleichzeitig von den Koordinaten des gegenüberliegenden Eckpunktes befriedigt werden, d.h. die Gleichungen der drei Dreieckshöhen gewinnen. Aus zwei von ihnen bestimmt man über die gemeinsamen Wurzeln der beiden Gleichungen die Koordinaten ihres Schnittpunktes. Erfüllen diese Schnittpunkts-Koordinaten gleichzeitig die Gleichung der dritten Höhe, so ist der Satz bewiesen.

d) Ablesen geometrischer Eigenschaften aus dem Bau der Kurvengleichung. Als Beispiel möge die Mittelpunktsgleichung der Ellipse (1.3.7) betrachtet werden, in ihr kommt sowohl x wie y nur in der zweiten, d.h. gerader Potenz vor. Ersetzen von x durch $-x$ bzw. y durch $-y$ ändert somit die Gleichung nicht. Das besagt geometrisch, daß die unbekannte Kurve sowohl symmetrisch zur x- wie zur y-Achse liegen muß. Weiter müssen die beiden Summanden der linken Seite als Quadrate positiv sein, und da ihre Summe 1 ergeben muß, kann jeder von ihnen nur zwischen 0 und 1 liegen, d.h. die x-Werte können höchstens $=+a$ oder $-a$ werden, die y-Werte höchstens $=+b$ oder $-b$. Damit die Gleichung erfüllt wird, müssen dann jeweils die anderen Koordinaten verschwinden. Damit liegen bereits die vier Punkte

$$(+a; 0)$$
$$(-a; 0)$$
$$(0; +b)$$
$$(0; -b)$$

fest. In Fortführung dieser Überlegungen lassen sich weitere Aussagen über den Kurvenverlauf gewinnen.

Analog zur analytischen Geometrie der Ebene läßt sich die analytische Geometrie der Geraden und die des Raumes entwickeln. Bei der Geraden-Geometrie

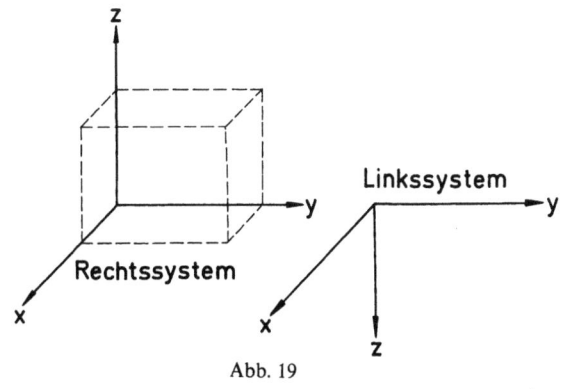

Abb. 19

werden die Punkte durch reelle Zahlen dargestellt, den Punktbeziehungen entsprechen Ordnungsrelationen usw. Bei der analytischen Geometrie des Raumes wird die Lage eines Punktes durch ein geordnetes Zahlentripel festgelegt. Hier ist zu beachten, daß für das kartesische Koordinatensystem zwei Möglichkeiten in der Wahl der z-Richtung bestehen (Abb. 19), die wohl unterschieden werden müssen. Für sie haben sich die Bezeichnungen Rechts- bzw. Linkssystem eingebürgert, da man mit Daumen, Zeige- und Mittelfinger der rechten bzw. der linken Hand die Lage der Richtung der drei Koordinatenachsen nachbilden kann. Entsprechend gibt es auch im Raum die Möglichkeit, Polarkoordinaten r, φ, ϑ einzuführen (Abb. 20). Die lineare Gleichung zwischen den drei Veränderlichen x, y, z

(1.3.14) $$ax + by + cz + d = 0$$

gibt die Gleichung einer Ebene im Raum an. Man erkennt dies ähnlich wie bei der Diskussion der Geradengleichung am leichtesten durch Reduktion auf Sonderfälle. So stellt etwa die Gleichung $x=0$ im Raum die Gleichung der yz-Ebene dar, die Gleichung $x+y=0$ die Gleichung einer Ebene, welche die xy-Ebene senkrecht in der Halbierungslinie des zweiten und vierten Quadranten schneidet (Abb. 21).

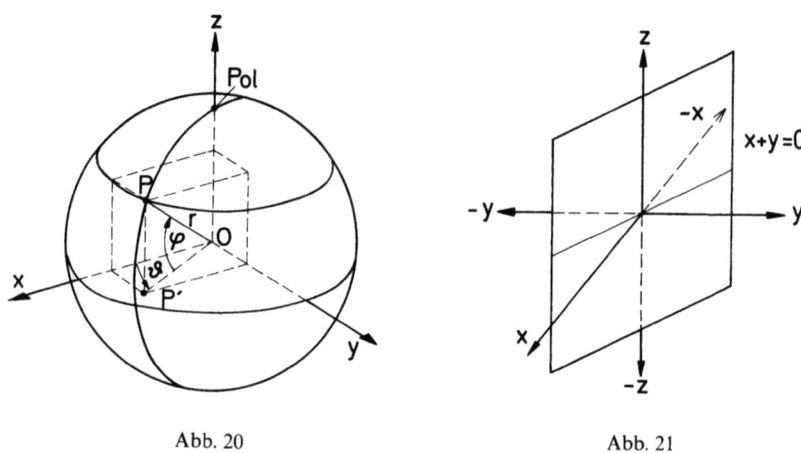

Abb. 20 　　　　　　　　　　　Abb. 21

In ähnlicher Weise läßt sich zeigen, daß die Gleichung

(1.3.15) $$\frac{x^2}{a^2} + \frac{y^2}{b^2} + \frac{z^2}{c^2} = 1$$

eine Ellipsoidfläche darstellt (Abb. 22). Sind zwei der drei Halbachsen, z. B. b und c, einander gleich, so entsteht ein sogenanntes Rotationsellipsoid mit der x-Achse als Rotationsachse. Haben alle drei Halbachsen den gemeinsamen Wert a, so entartet das Ellipsoid zur Kugelfläche mit der Gleichung

(1.3.16) $$x^2 + y^2 + z^2 = a^2 \qquad \text{(Mittelpunktsgleichung der Kugel)}.$$

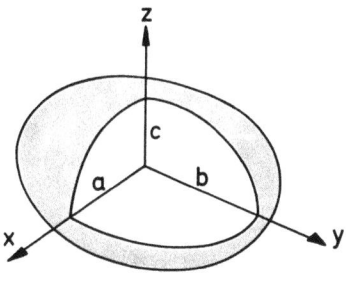

Abb. 22

Die Aufgabe der analytischen Geometrie läßt sich auch umkehren und lautet dann: Lösung algebraischer Probleme mit den Methoden der Geometrie. Im einzelnen ergeben sich damit zu den oben skizzierten vier Grundaufgaben a) bis d) die folgenden vier Umkehrprobleme:

a) Berechnung von Zahlen durch Messung. Als Beispiel möge nur auf den Rechenschieber hingewiesen werden, dessen Grundprinzip darauf beruht, daß man die Größe einer Zahl durch die Länge einer zugeordneten Strecke darstellen kann und daß dann der Summe zweier Zahlen die Gesamtlänge zweier aneinandergelegter Strecken entspricht (graphisches Rechnen oder Arithmographie). Es sei hier noch darauf hingewiesen, daß der logarithmische Rechenschieber in seiner heutigen Form auf drei Gedanken beruht:

1. der Zurückführung von Addition bzw. Subtraktion von Zahlen auf Aneinanderlegung von Strecken,

2. der mechanischen Durchführung dieses Aneinanderlegens durch gegeneinander verschiebliche Skalen,

3. durch die Einführung logarithmisch geteilter Skalen, wodurch die Addition von Strecken auf eine Multiplikation von Zahlen, die Subtraktion auf eine Division führt.

b) Berechnung von algebraischen Ausdrücken durch geometrische Konstruktion. Hier sei als einziges Beispiel die Berechnung der Zahl $\sqrt{7}$ mit Hilfe von Zirkel und Lineal dargestellt. Wie die Abb. 23 zeigt, wird ein rechtwinkliges Dreieck so kon-

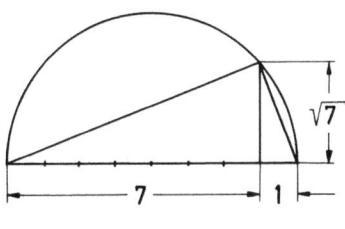

Abb. 23

struiert, daß den beiden Abschnitten der Hypotenuse, die durch den Fußpunkt der Höhe gebildet werden, die Längen 7 bzw. 1 entsprechen. Nach dem Höhensatz ist aber die Länge der Höhe gleich der Quadratwurzel aus dem Produkt der beiden Hypothenusenabschnitte, d. h. $=\sqrt{1\cdot 7}$. Damit ist eine Strecke der Größe $\sqrt{7}$ durch Konstruktion gefunden. (Die Konstruktion selbst benutzt den Thaleskreis, um den geometrischen Ort aller Scheitelpunkte rechter Winkel über einer gegebenen Grundlinie zu finden.)

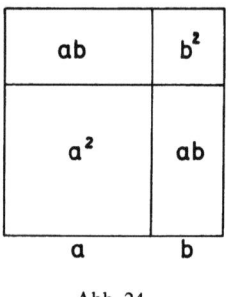

Abb. 24

c) **Beweis algebraischer Sätze durch Konstruktion.** Als Beispiel sei die Gleichung $(a+b)^2 = a^2 + 2ab + b^2$ geometrisch bewiesen. Wie die Abb. 24 (sie entspricht etwa dem linken Hilfsquadrat, das bei Erhaltung des Satzes von *Pythagoras* benötigt wurde) zeigt, läßt sich das Quadrat mit der Seitenlänge $a+b$ zerlegen in zwei quadratische Teilflächen mit den Seitenlängen a bzw. b und zwei flächengleiche Rechtecke mit den Seiten a und b. Damit ist der Satz aber bereits bewiesen.

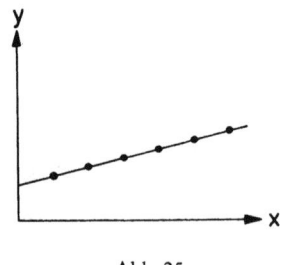

Abb. 25

d) **Ermittlung der Kurvengleichung aus dem geometrischen Bild einer Kurve.** Es kommt in den Anwendungen besonders in der Medizin häufig vor, daß durch die Lage einer Reihe von Versuchspunkten ein bestimmter kurvenmäßiger Zusammenhang zwischen zwei Größen x und y nahegelegt wird (empirische Funktionen). Hat man etwa durch Messungen die Punkte der Abb. 25 erhalten, so liegt es nahe, diese Punkte durch eine Gerade zu verbinden und diese Gerade zur Beschreibung eines quantitativen Zusammenhanges zwischen beiden Meßgrößen zu benutzen. Daß zu einer Geraden eine lineare Gleichung zwischen x und y der Form (1.3.1) bzw. (1.3.2) gehören muß, haben wir bereits gesehen. Es bliebe jetzt nur noch die Aufgabe, die einzelnen Konstanten der Geradengleichung so zu bestimmen, daß die Punkte auf ihr liegen. Im allgemeinen Fall wird jedoch die Form der Kurvengleichung nicht so schnell aus einer Punktfolge ablesbar sein. Zwar kann man, wie Abb. 26 zeigt, eine solche empirische Kurve nach Augenmaß einigermaßen sicher

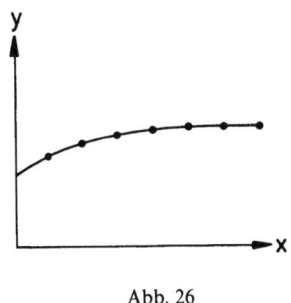

Abb. 26

zeichnen; doch ist die Ermittlung einer sie ausreichend gut wiedergebenden Kurvengleichung im allgemeinen schwierig. Man muß nämlich den Kreis möglicher Gleichungen auch auf die Parabeln höherer Ordnung und auf die transzendenten Gleichungen erweitern. Da dieses Problem in der Medizin von besonderer Bedeutung ist, wird ihm später ein eigener Teil 3 gewidmet werden.

2. Das Rechnen mit Veränderlichen und Funktionen

2.1 Veränderliche und Funktion

In diesem Abschnitt werden wichtige Grundbegriffe der Analysis erläutert. Sein Studium erfordert daher mehr logisches Denken als formales Rechnen. Doch sind diese Grundbegriffe notwendig, um einen Mißbrauch des Zeichens ∞ zu verhüten und das Rechnen mit dem ∞-Begriff auf eine sichere Grundlage zu stellen.

Um an Bekanntes anzuknüpfen, betrachten wir noch einmal die geometrische Reihe mit dem Anfangsglied a und dem Quotienten q. Für die Summe der ersten n Glieder

$$s_n = a + aq + aq^2 + \cdots + aq^{n-1}$$

wurde bereits der Ausdruck

(2.1.1) $$s_n = a\frac{q^n - 1}{q - 1} = \frac{a}{1-q} - \frac{a}{1-q} q^n$$

abgeleitet. (Die Zerlegung in zwei Summanden ist zweckmäßig, da der erste nur von den Parametern a und q, nicht aber von der Gliederzahl n abhängt, der zweite dagegen mit n veränderlich ist.) Bildet man s_n für $n = 1, 2, \ldots$, so entsteht eine „Folge" von Zahlen (d.h. jeder natürlichen Zahl n ist durch die Rechenvorschrift (2.1.1) ein und nur ein Glied dieser Folge $\{s_n\}$ zugeordnet). Für das Verhalten der einzelnen Glieder dieser Folge bei unbeschränkt wachsendem n ist entscheidend die Größe von q. Zur Erläuterung einiger Beispiele, alle für $a = 1$:

1. $\quad q = 2 \quad s_n = 2^n - 1 \qquad \rightarrow s_\infty \rightarrow +\infty$

2. $\quad q = -2 \quad s_n = \frac{1}{3} \pm \frac{1}{3} 2^n \qquad \rightarrow s_\infty \rightarrow \pm \infty$

3. $\quad q = \frac{1}{2} \quad s_n = 2 - \frac{1}{2^{n-1}} \qquad \rightarrow s_\infty \rightarrow 2$

4. $\quad q = -\frac{1}{2} \quad s_n = \frac{2}{3} \pm \frac{1}{3 \cdot 2^{n-1}} \qquad \rightarrow s_\infty \rightarrow \frac{2}{3}$

5. $\quad q = 1 \quad s_n = n \qquad \rightarrow s_\infty \rightarrow +\infty$

6. $\quad q = -1 \quad s_n = \begin{cases} 1 & (n \text{ ungerade}) \\ 0 & (n \text{ gerade}) \end{cases} \rightarrow s_\infty \rightarrow \begin{cases} 1 \\ 0. \end{cases}$

Aus diesen Beispielen, wieder ins allgemeine übertragen, ist ersichtlich, daß die Glieder der Folge mit unendlich wachsendem n verschiedenes Verhalten zeigen können: Sie können (wichtigster Sonderfall) trotzdem endlich bleiben, ja sich einem endlichen Wert unbegrenzt nähern

$$s_\infty \to \frac{a}{1-q} \quad \text{bei} \quad -1 < q < +1 \quad \text{oder} \quad |q| < 1.$$

Andererseits können sie positiv unendlich groß werden

$$s_\infty \to +\infty \quad \text{bei} \quad +1 \leq q \leq +\infty.$$

Sie können aber auch unbestimmt positiv oder negativ unendlich groß werden

$$s_\infty \to \pm\infty \quad \text{bei} \quad -\infty \leq q < -1$$

und schließlich können sie zwar endlich bleiben, aber je nach der Gliederzahl zwischen den beiden Werten 0 und 1 alternieren $s_\infty \begin{cases} a \\ 0 \end{cases}$ bei $q = -1$. Mit einer leicht verständlichen Symbolik (Limes ist der Grenzwert) lassen sich die ersten beiden Fälle wie folgt darstellen.

(2.1.2) $$\lim_{n \to \infty} s_n = \begin{cases} s = \dfrac{a}{1-q} & |q| < 1 \\ +\infty & +1 \leq q \leq +\infty \end{cases}$$

Von diesen Möglichkeiten interessiert im allgemeinen nur das Herausheben der ersten, d.h. die Entscheidung, ob eine Folge gegen einen endlichen bestimmten Grenzwert strebt, d.h. „konvergent" ist oder nicht. Alle übrigen Möglichkeiten werden gemeinsam in die Aussage: die Folge ist „divergent" zusammengefaßt.

Wir kommen damit zu folgender Definition: Wenn die Glieder einer Zahlenfolge $\{a_n\}$ bei unendlichem Wachsen der Indexziffer n einem endlichen Grenzwert a nahekommen, so heißt die Folge $\{a_n\}$ konvergent mit dem Grenzwert a, in Zeichen:

(2.1.3) $$\lim_{n \to \infty} a_n = a.$$

Eine andere Formulierung dieses Sachverhalts ist die folgende: Bei einer konvergenten Folge unterscheiden sich schließlich die einzelnen Glieder a_n absolut genommen nur noch beliebig wenig vom Grenzwert a, wenn nur die Gliederzahl n genügend groß gewählt wird. In Zeichen:

(2.1.4) $$|a_n - a| \leq \varepsilon \quad \text{wenn} \quad n \geq n_0(\varepsilon).$$

Hierbei bedeutet ε eine beliebig klein angenommene vorgegebene Schranke, die sicher unterschritten wird, wenn n oberhalb eines von dieser Schranke abhängigen Minimalwertes n_0 liegt. Da die letztere Schreibweise dem Leser weniger vertraut sein wird als der meist von der Schule her bekannte Limes-Begriff, sei sie am Beispiel der geometrischen Teilsummenfolge für $a=1$ und $q=\frac{1}{2}$ erläutert. Gemäß (2.1.1) wird hierbei

$$|s_n-s| = \left|\left(\frac{a}{1-q} - \frac{a}{1-q}q^n\right) - \frac{a}{1-q}\right| = \left|\frac{a}{1-q}q^n\right| = \left|\frac{1}{2^{n-1}}\right| = \frac{1}{2^{n-1}},$$

so daß die Grenzbedingung (2.1.4) in diesem Falle

$$\frac{1}{2^{n-1}} \leq \varepsilon$$

lautet. Stellt man als Genauigkeitsschranke etwa $\varepsilon = 10^{-6}$ auf (verlangt also, daß das n-te Glied der Folge in den ersten 5 Dezimalstellen mit dem Grenzwert übereinstimmt), so ergibt sich daraus die Forderung

$$2^{n-1} \geq 10^6 \quad \text{oder} \quad n-1 \geq \frac{6}{\lg 2} \approx \frac{6}{0{,}3} = 20,$$

d. h. diese Genauigkeitsschranke wird sicher vom 21. Glied der Folge ab erreicht.

Der Sonderfall einer konvergenten Zahlenfolge ist für die ganze Analysis so wichtig, weil er erlaubt, trotz unendlich anwachsender Gliederzahl mit einem endlichen Grenzwert zu rechnen. Das „Unendliche" ist hier gewissermaßen in eine fest definierte endliche Zahlenangabe eingefangen. Zwei Probleme sind bei den konvergenten Zahlenfolgen zu lösen:

a) Es werden Kriterien benötigt, mit deren Hilfe man entscheiden kann, ob eine gegebene Folge konvergiert (Frage nach dem Konvergenzverhalten);

b) wenn die Konvergenz einer Folge festgestellt ist, muß es Möglichkeiten geben, den Grenzwert zu bestimmen (Frage nach dem Grenzwert).

Zu a) sind die folgenden zwei Konvergenzkriterien von Wichtigkeit:

Konvergenzkriterium von Cauchy. Eine Folge $\{a_n\}$ konvergiert dann und nur dann, wenn es zu jedem $\varepsilon > 0$ ein n_0 gibt, so daß

(2.1.5) $\qquad |a_n - a_m| \leq \varepsilon \quad \text{für alle} \quad n, m \geq n_0(\varepsilon)$

gilt.

Die Formulierung „dann und nur dann" soll besagen, daß dieses Kriterium notwendig und hinreichend ist: Notwendig, d. h. wenn eine Folge konvergiert, so erfüllt sie dieses Kriterium; hinreichend, wenn eine Folge dieses Kriterium erfüllt, so konvergiert sie. Der Beweis der Notwendigkeit ist über einige Umformungen

$$|a_n - a_m| = |(a_n - a) - (a_m - a)| \leq |a_n - a| + |a_m - a| \leq \frac{\varepsilon}{2} + \frac{\varepsilon}{2} = \varepsilon$$

leicht zu erbringen; denn die beiden vorletzten Summanden stellen ja die Konvergenzaussage dar (sie können kleiner als jede vorgegebene Schranke, damit also auch kleiner als $\frac{\varepsilon}{2}$ gemacht werden). Der Beweis des Hinreichens ist schwieriger zu erbringen und sei deshalb hier übergangen. Dafür möge das Kriterium von *Cauchy* wieder am Beispiel unserer geometrischen Teilsummenfolge für $a=1$ und $q=\frac{1}{2}$ erläutert werden. Nimmt man $m=n+p$ an, so lautet (2.1.5) in diesem Falle

$$|aq^n - aq^m| = \left|\frac{1}{2^n} - \frac{1}{2^{n+p}}\right| = \left|\frac{2^n(2^p-1)}{2^n 2^{n+p}}\right| \leq \left|\frac{2^p}{2^{n+p}}\right| = \frac{1}{2^n},$$

läßt sich also umformen zu

$$\frac{1}{2^n} \leq \varepsilon,$$

und das ist sicher kleiner als eine vorgegebene Schranke ε, wenn nur

$$n \geq \frac{\lg\frac{1}{\varepsilon}}{\lg 2}$$

erfüllt ist.

Zweites Konvergenzkriterium. Eine monoton steigende und nach oben beschränkte Folge ist immer konvergent.

Anmerkung 1: Eine Folge heißt monoton steigend, wenn für zwei aufeinanderfolgende Glieder stets $a_n \geq a_{n-1}$ gilt.

Eine Folge heißt nach oben beschränkt, wenn es eine Zahl S gibt, so daß für alle n gilt $a_n \leq S$ (S ist eine obere Schranke der Folge).

Anmerkung 2: Der Satz gilt entsprechend für monoton fallende und nach unten beschränkte Folgen.

Beweis. Aus der Bedingung $|a_n| \leq S$ folgt wegen $-S \leq a_n \leq +S$, daß alle Glieder im Bereich $-S, +S$ liegen. Aus diesem begrenzten Intervall lassen sich durch fortgesetztes Halbieren Teilintervalle von immer kleinerer Intervallbreite nach folgender Vorschrift herausheben:

Liegt im rechten Halbintervall irgendein Punkt der Folge, so wird das rechte Halbintervall gewählt, nur wenn im rechten Halbintervall kein Punkt der Folge liegt, das linke. In Abb. 27 ist das Verfahren veranschaulicht. Nach einer genügend

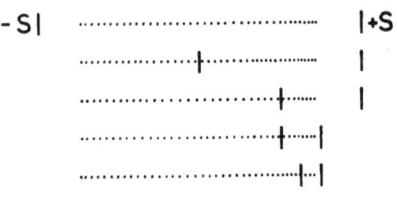

Abb. 27

großen Anzahl von Halbierungsschritten wird auf diese Weise ein Teilintervall erreicht, dessen Breite sicher kleiner ist als eine vorgegebene Schranke ε. Rechts von diesem Teilintervall liegt gemäß unserer Auswahlvorschrift beim Halbieren sicher kein Punkt der Folge mehr, im Inneren jedoch mindestens ein Punkt a_{n_0}. Wegen des monotonen Ansteigens müssen dann aber notwendigerweise alle folgenden Punkte $a_n (n > n_0)$ ebenfalls innerhalb dieses Intervalls liegen. Damit ist aber die Konvergenzbedingung (2.1.5) erfüllt.

Zum zweiten Problem der Grenzwert-Ermittlung seien einige Sätze über konvergente Folgen angegeben, mit deren Hilfe eine als konvergent erkannte Folge so umgeformt werden kann, daß ihr Grenzwert leicht erkennbar wird.

Satz I. *Haben alle Glieder einer Folge den konstanten Wert k, so ist die Folge konvergent und besitzt k als Grenzwert.*

Beweis. Es gilt $|a_n - k| = |k - k| = 0 < \varepsilon$ bereits vom 1. Glied der Folge an.

Satz II. *Konvergente Folgen sind stets beschränkt.*

Beweis. Es sei $\{a_n\}$ eine konvergente Folge mit dem Grenzwert a. Dann folgt aus $|a_n - a| \leq \varepsilon$ die Ungleichung $a - \varepsilon \leq a_n \leq a + \varepsilon$ für $n \geq n_0(\varepsilon)$ d.h. alle Glieder a_n mit $n \geq n_0$ liegen unterhalb $a + \varepsilon$. Unter den $n_0 - 1$ vorangehenden Gliedern ist auf jeden Fall ein größtes a_{max} vorhanden. Die größere der beiden Zahlen a_{max} und $a + \varepsilon$ ist dann eine obere Schranke für alle Glieder der Folge (Entsprechendes gilt für eine untere Schranke).

Satz III. *Zwei konvergente Folgen können gliederweise addiert, subtrahiert, multipliziert und dividiert werden. Die entstehenden neuen Folgen sind wieder konvergent, ihren Grenzwerten entsprechen Summe, Differenz, Produkt und Quotient der ursprünglichen Grenzwerte (bei der Division muß der Grenzwert der im Nenner stehenden Folge natürlich ungleich 0 sein).*

Beweis. (Er sei der Einfachheit halber nur für den Fall des Produktes erbracht, die anderen verlaufen ähnlich). Es läßt sich nacheinander folgende Kette von Ungleichungen bilden:

$$|a_n b_n - ab| = |b_n(a_n - a) + a(b_n - b)| \leq |B||a_n - a| + |a||b_n - b| \leq |B|\varepsilon_1 + |a|\varepsilon_2 \leq \varepsilon$$

($\{b\}$ ist nach Satz II beschränkt, d.h. $|b_n| \leq B$).

Daraus ist aber ersichtlich, daß auch das erste Glied dieser Ungleichungskette kleiner als jede vorgegebene Schranke gemacht werden kann, wenn nur n genügend groß gewählt wird.

Satz IV. *Wenn für alle Glieder einer Folge $\{a_n\}$ die Ungleichung $a'_n \leq a_n \leq a''_n$ gilt, wobei $\{a'_n\}$ und $\{a''_n\}$ zwei konvergente Zahlenfolgen mit dem gemeinsamen Grenzwert a darstellen, so ist auch die Folge $\{a_n\}$ konvergent mit dem Grenzwert a.*

Beweis. Aus $|a'_n - a| \leq \varepsilon$ und $|a''_n - a| \leq \varepsilon$ folgt

$$a - \varepsilon \leq a'_n \leq a + \varepsilon \quad \text{und} \quad a - \varepsilon \leq a''_n \leq a + \varepsilon,$$

d.h. es gilt

$$a - \varepsilon \leq a'_n \leq a_n \leq a''_n \leq a + \varepsilon$$

oder

$$|a_n - a| \leq \varepsilon,$$

womit die Behauptung bewiesen ist.

Mit den bisher abgeleiteten Hilfsmitteln läßt sich nun der Begriff der Veränderlichen wie folgt definieren: Eine Veränderliche x kann als eine Größe aufgefaßt werden, die innerhalb eines gegebenen Intervalls (Definitionsbereich) alle Werte eines Bereichs durchlaufen kann. Das Intervall kann im Extremfall sämtliche reellen (oder auch komplexen) Zahlen umfassen, d.h. $-\infty \leq x \leq +\infty$ oder nur einen bestimmten Abschnitt auf der reellen Zahlenachse $a \leq x \leq b$ bzw. $a < x < b$. Im ersten Fall spricht man vom beiderseits abgeschlossenen Intervall, in Zeichen $[a,b]$, im zweiten Fall vom beiderseits offenen Intervall, in Zeichen (a,b). Entsprechend lassen sich Intervalle definieren, die etwa nach links abgeschlossen, nach rechts offen sind usw. Wenn die von einer Veränderlichen x durchlaufene Zahlenfolge konvergent mit einem Grenzwert a ist, so sagt man auch, die Veränderliche x habe den Grenzwert a, in Zeichen:

(2.1.6) $$\lim x = a.$$

Damit lassen sich alle bisher für konvergente Zahlenfolgen abgeleiteten Sätze so umformulieren, daß sie für Veränderliche und deren Grenzwerte Gültigkeit behalten. Wenn z.B. die Veränderliche x gegen den Grenzwert a, die Veränderliche y gegen den Grenzwert b strebt, so strebt die neue Veränderliche $z = x - y$ gegen den Grenzwert $c = a - b$.

Zur Anwendung der abgeleiteten Begriffe und Sätze mögen drei, für das Spätere wichtige, Grenzwerte betrachtet werden:

a) Wie lautet der Grenzwert der Veränderlichen $\dfrac{(x+\Delta x)^n - x^n}{\Delta x}$, wenn Δx gegen 0 konvergiert (eine Nullfolge durchläuft)? Es ist somit

$$\lim_{\Delta x \to 0} \frac{(x+\Delta x)^n - x^n}{\Delta x}$$

zu berechnen. Aus den bisherigen Sätzen läßt sich nur entnehmen, daß, wenn Δx gegen 0 konvergiert, dann auch $(x+\Delta x)$, $(x+\Delta x)^n$ und $(x+\Delta x)^n - x^n$ konvergieren, und zwar der letzte Wert gegen 0. Da aber der Nenner ebenfalls gegen 0 konvergiert, läßt sich die Quotientenregel für konvergente Zahlenfolgen bzw. für Grenzwerte hier nicht anwenden. Man gelangt zu leichter überschaubaren Verhältnissen, wenn man den Bruch hinter dem Limeszeichen unter Benutzung des binomischen Satzes (1.1.26) in folgender Weise umformt:

(2.1.7) $$\frac{(x+\Delta x)^n - x^n}{\Delta x} = n x^{n-1} + \binom{n}{2} x^{n-2} \Delta x + \binom{n}{3} x^{n-3} (\Delta x)^2 + \cdots + \binom{n}{n}(\Delta x)^{n-1}.$$

Auf die letzte Summe lassen sich die Sätze über Summe und Produkt von Grenzwerten anwenden, und es ist leicht einzusehen, daß bei $\Delta x \to 0$ lediglich der erste Summand übrigbleibt. Die eingangs gestellte Aufgabe führt somit zum Ergebnis

(2.1.8) $$\lim_{\Delta x \to 0} \frac{(x+\Delta x)^n - x^n}{\Delta x} = n x^{n-1}.$$

b) Wie lautet der Grenzwert

$$\lim_{x \to 0} \frac{\sin x}{x}?$$

Hierbei gehen wir zweckmäßigerweise von der geometrischen Anschauung (Abb. 28) aus, wobei sich ergibt, daß die Bogenlänge x am Einheitskreis ($r=1$) für einen kleinen Winkel (jedenfalls kleiner als $\frac{\pi}{2}$) stets größer ist als die Länge der zugehörigen Halbsehne (sin x), aber kleiner als die Länge der zugehörigen Tangente (tg x). D. h. es gilt die Ungleichung

$$\sin x \leq x \leq \operatorname{tg} x.$$

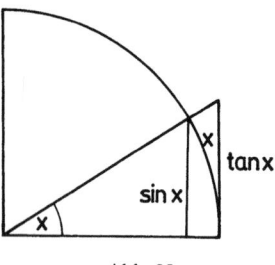

Abb. 28

Setzt man alle Werte ins Reziproke, so ändern die Ungleichungszeichen ihren Richtungssinn, und es ergibt sich

$$\frac{1}{\sin x} \geq \frac{1}{x} \geq \frac{1}{\operatorname{tg} x},$$

woraus durch gliedweise Multiplikation mit der positiven Zahl sin x schließlich

(2.1.9) $$1 \geq \frac{\sin x}{x} \geq \cos x$$

resultiert. Auf diese Ungleichung läßt sich aber der Satz IV anwenden; denn die Folge $\frac{\sin x}{x}$ ist eingeschlossen zwischen zwei konvergenten Folgen mit dem gemeinsamen Grenzwert 1 (eine Konstante repräsentiert ja nach Satz I eine konvergente Folge mit der Konstanten als Grenzwert, cos x konvergiert, wenn x eine Nullfolge durchläuft, gegen den Grenzwert 1). Damit ist auch das mittlere Glied der Ungleichung konvergent, und der Grenzwert lautet

(2.1.10) $$\lim_{x \to 0} \frac{\sin x}{x} = 1.$$

c) Es ist der Grenzwert

$$\lim_{n \to \infty} \left(1 + \frac{1}{n}\right)^n$$

zu ermitteln. Auch hier ist zwar sofort ersichtlich, daß $1 + \frac{1}{n}$ für $n \to \infty$ eine konvergente Folge mit dem Grenzwert 1 darstellt, nur wächst gleichzeitig die Anzahl der Faktoren mit dem Exponenten n ins Unendliche, so daß die Produktregel hier nicht weiterhilft. Daß überhaupt eine konvergente Zahlenfolge vorliegt, läßt sich mit Hilfe des Kriteriums über monoton steigende und nach oben beschränkte Folgen beweisen. Denn aus der *Bernoulli*schen Ungleichung (1.1.28) folgt, wenn man $a = -\frac{1}{n^2} > -1$ setzt,

$$\left(1 - \frac{1}{n^2}\right)^n = \left(\frac{n^2-1}{n^2}\right)^n \geq 1 - \frac{1}{n} = \frac{n-1}{n}$$

und über

$$\frac{(n+1)^n}{n^n} \geq \frac{n-1}{n} \cdot \frac{n^n}{(n-1)^n} = \left(\frac{n}{n-1}\right)^{n-1}$$

schließlich

$$\left(1 + \frac{1}{n}\right)^n \geq \left(1 + \frac{1}{n-1}\right)^{n-1};$$

d.h. die Folge $\left(1 + \frac{1}{n}\right)^n$ ist monoton steigend.

Entwickelt man andererseits das Binom nach dem binomischen Lehrsatz, so ergibt sich

$$\left(1 + \frac{1}{n}\right)^n = 1 + \binom{n}{1}\frac{1}{n} + \binom{n}{2}\frac{1}{n^2} + \cdots + \binom{n}{n}\frac{1}{n^n} = 1 + \frac{1}{1!} + \frac{1}{2!}\left(1 - \frac{1}{n}\right)$$
$$+ \frac{1}{3!}\left(1 - \frac{1}{n}\right)\left(1 - \frac{2}{n}\right) + \cdots + \frac{1}{n!}\left(1 - \frac{1}{n}\right)\cdots\left(1 - \frac{n-1}{n}\right).$$

Aus dieser Gleichung läßt sich folgende Ungleichung gewinnen

$$\left(1 + \frac{1}{n}\right)^n < 1 + \frac{1}{1!} + \frac{1}{2!} + \cdots + \frac{1}{n!},$$

die, indem die rechte Seite zu einer unendlichen geometrischen Reihe ergänzt wird, schließlich über

$$\left(1 + \frac{1}{n}\right)^n < 1 + \frac{1}{1!} + \frac{1}{2!} + \cdots < 1 + 1 + \frac{1}{2} + \frac{1}{2^2} + \cdots = 1 + \frac{1}{1 - \frac{1}{2}}$$

zur Beziehung

(2.1.11) $$\left(1 + \frac{1}{n}\right)^n < 3$$

führt, d.h. die Folge ist monoton steigend und nach oben beschränkt, also konvergent. Die letzte Reihenentwicklung gibt auch gleichzeitig ein Mittel zur Berechnung des Grenzwertes an die Hand über

(2.1.12) $$\lim_{n \to \infty} \left(1 + \frac{1}{n}\right)^n = 1 + \frac{1}{1!} + \frac{1}{2!} + \frac{1}{3!} + \cdots.$$

Bricht man in dieser Entwicklung nach dem 2. oder 3. Glied ab, so erhält man die sicher zu kleinen Größen 2 bzw. 2,5. Der wirkliche Grenzwert – er wird herkömmlicherweise mit e bezeichnet – liegt damit zwischen 2,5 und 3. Um ihn genauer abzugrenzen, kann man die Reihenentwicklung etwa mit dem n-ten Glied abbrechen gemäß

(2.1.13) $\qquad e = \left(1 + \dfrac{1}{1!} + \cdots + \dfrac{1}{n!}\right) + \left(\dfrac{1}{(n+1)!} + \dfrac{1}{(n+2)!} + \cdots\right) = e_n + R_n.$

Dabei läßt sich der Rest R_n, um den die Berechnung der Zahl e bei Beschränkung auf n Glieder in der Reihe sicher zu klein ausfällt, über die folgenden Umformungen nach oben abschätzen:

(2.1.14)
$$R_n = \dfrac{1}{(n+1)!}\left[1 + \dfrac{1}{n+2} + \dfrac{1}{(n+2)(n+3)} + \cdots\right] < \dfrac{1}{(n+1)!}\left[1 + \dfrac{1}{n+1} + \dfrac{1}{(n+1)^2} + \cdots\right]$$
$$= \dfrac{1}{(n+1)!} \dfrac{1}{1 - \dfrac{1}{n+1}} = \dfrac{n+1}{(n+1)!\,n} = \dfrac{1}{n\cdot n!}.$$

Es gilt damit für die Ungleichung

(2.1.15) $\qquad\qquad\qquad e_n < e < e_n + \dfrac{1}{n\cdot n!}$

bzw.

(2.1.16) $\qquad\qquad\qquad |e - e_n| < \dfrac{1}{n\cdot n!} = \varepsilon,$

wobei die erforderliche Gliederzahl n mit der geforderten Ungenauigkeitsschranke ε über die Ungleichung

(2.1.17) $\qquad\qquad\qquad n\cdot n! \geq \dfrac{1}{\varepsilon}$

zusammenhängt. Um beispielsweise die Zahl e auf 4 Dezimalstellen zu berechnen, muß n so gewählt werden, daß

$$n\cdot n! \geq 10^5$$

erfüllt ist, d.h. man muß $n = 8$ Glieder berücksichtigen.

Eine Zuordnungsvorschrift zwischen zwei Veränderlichen x und y nennt man eine Funktion. Ist die Zuordnungsvorschrift so beschaffen, daß sie jedem x im Bereich $[a,b]$ über eine Formel $y = f(x)$ einen Wert der Veränderlichen y zuordnet, so nennt man in diesem Fall x die unabhängige und y die abhängige Veränderliche. Den Bereich $a \leq x \leq b$, für den x definiert ist, nennt man den Definitionsbereich der Funktion und die Gesamtheit aller Werte, die y innerhalb des Definitionsbereichs von x annehmen kann, ihren Wertevorrat. Die Funktionsgleichung $y = f(x)$ stellt die sogenannte explizite Form dar. Ist es möglich, die Gleichung nach x aufzulösen, d.h. $x = \varphi(y)$ zu formulieren, so nennt man diesen Ausdruck die inverse Form. Schließlich kann die Funktionsgleichung ohne Bevorzugung einer der beiden Veränderlichen in der Form $F(x,y)=0$ (implicite Form) geschrieben werden, und es ist weiterhin möglich, über eine Hilfsveränderliche t (Parameter) x und y indirekt miteinander zu verbinden, $x=x(t)$, $y=y(t)$ (Parameterdarstellung der Funktion). Am Beispiel der Kreisgleichung (1.3.8) sei diese Darstellung eines funktionalen Zusammenhanges in den vier Typen von Funktionsgleichungen erläutert:

$$y=f(x) \qquad y=\sqrt{r^2-x^2},$$
$$x=\varphi(y) \qquad x=\sqrt{r^2-y^2},$$
$$F(x,y)=0 \qquad x^2+y^2-r^2=0,$$
$$\left.\begin{array}{l}x=x(t)\\y=y(t)\end{array}\right\} \qquad \left\{\begin{array}{l}x=r\cos t\\y=r\sin t.\end{array}\right.$$

Anstelle einer Funktionsgleichung kann ein funktionaler Zusammenhang weiter noch durch eine Rechenvorschrift in mehreren Schritten, durch eine Wertetabelle und schließlich durch eine geometrische Darstellung (einen „Graph") definiert werden.

Anmerkung: Der mathematische Anfänger neigt meistens dazu, Funktionsvorschrift und geometrisches Abbild für identische Begriffe zu halten. Doch muß hier eingewendet werden, daß man in manchen Fällen zwar in der Lage ist, einen funktionalen Zusammenhang algebraisch zu definieren, daß man ihn jedoch nicht zeichnerisch darstellen kann (z. B. die Funktion $y=\sin\frac{1}{x}$).

Eine Einteilung der Funktionen in Klassen gewinnt man nach dem algebraischen Bau der Funktionsgleichung. Dabei werden die folgenden Grundtypen unterschieden:
Ganze rationale Funktion,

$$y = a_0 + a_1 x + a_2 x^2 + \cdots + a_n x^n$$

rationale Funktion

$$y = \frac{a_0 + a_1 x + a_2 x^2 + \cdots + a_n x^n}{b_0 + b_1 x + b_2 x^2 + \cdots + b_m x^m}$$

algebraisch-irrationale Funktion,

z. B. $$y = \sqrt{\frac{a_0 + a_1 x + \cdots + a_n x^n}{b_0 + b_1 x + \cdots + b_m x^m}}$$

und transzendente Funktion,

z. B. $\quad y=\sin x, \quad y=\lg x, \quad y=e^x.$

Eine weitere und für die folgenden Ausführungen wichtige Einteilung der Funktionen ergibt sich nach dem Grenzwertverhalten der beiden Veränderlichen. Wenn etwa die Veränderliche x innerhalb ihres Definitionsbereiches eine konvergente Zahlenfolge mit dem Grenzwert x_0 durchläuft, so durchlaufen die durch die Funktionsvorschrift $y=f(x)$ zugeordneten Werte von y ebenfalls eine Zahlenfolge.

Diese Folge kann, muß aber nicht notwendig, ebenfalls konvergent sein, und im ersten Fall kann zusätzlich der Grenzwert von y, d. h. y_0, gerade über die gleiche Funktionsvorschrift mit dem Grenzwert von x verknüpft sein, d. h. $y_0 = f(x_0)$ gelten. Dieser letzte Sachverhalt ist besonders wichtig, und man nennt eine Funktion $y = f(x)$, die für eine Stelle $x = x_0$ diese beiden Bedingungen erfüllt, „stetig" im Punkt x_0. Diese Definition der Stetigkeit läßt sich einmal in der Form zweier Ungleichungen schreiben:

Wenn $|f(x)-f(x_0)| \leq \varepsilon$ ist, sofern nur $|x-x_0| \leq \delta(x_0, \varepsilon)$ erfüllt ist, heißt die Funktion $f(x)$ an der Stelle x_0 stetig.

Man kann diese Definition aber auch in eine Grenzwertaussage einkleiden:
$$\lim_{x \to x_0} f(x) = f(x_0)$$
für beliebige Folgen von x, die gegen x_0 gehen, oder noch einprägsamer formuliert
$$\lim_{x \to x_0} f(x) = f\left(\lim_{x \to x_0} x\right).$$

In der letzten Schreibweise wird zum Ausdruck gebracht, daß Funktionsvorschrift und Limesoperation an den Punkten, an denen eine Funktion stetig ist, miteinander vertauscht werden können.

Da die Stetigkeit nichts weiter ist als eine Verknüpfung zweier Konvergenzaussagen, so lassen sich aus den bisher abgeleiteten Sätzen über konvergente Zahlenfunktionen ohne große Schwierigkeiten entsprechende Sätze über stetige Funktionen ableiten. So gilt z. B. der Satz: Ist eine Funktion eine Konstante $f(x) = c$, so ist diese Funktion an allen Stellen stetig. Weiter ist auch die Funktion $f(x) = x$ an allen Stellen stetig, wie aus der Definition der Stetigkeit sofort abzuleiten ist. Da nun aus Satz III sich ohne weiteres ableiten läßt, daß Summe, Differenz, Produkt und Quotient stetiger Funktionen wieder stetige Funktionen liefern (ausgenommen natürlich die Stellen, an denen die Nennerfunktion $=0$ wird, die Nullstellen des Nenners), so ergibt sich mit den beiden angegebenen Sätzen die Stetigkeit aller ganzen rationalen und mit dieser Einschränkung aller rationalen Funktionen überhaupt. Daß die Funktion $y = \sin x$ stetig ist, läßt sich über die folgenden Ungleichungen zeigen:

(2.1.18)
$$|\sin x - \sin x_0| = \left|2 \cos \frac{x+x_0}{2} \sin \frac{x-x_0}{2}\right| \leq 2 \left|\cos \frac{x+x_0}{2}\right| \left|\frac{\sin \frac{x-x_0}{2}}{\frac{x-x_0}{2}}\right| \left|\frac{x-x_0}{2}\right|,$$

d. h. wegen (2.1.10)

(2.1.19) $\qquad\qquad |\sin x - \sin x_0| \leq |x - x_0|.$

Schließlich läßt sich mit Hilfe der neu gewonnenen Zahl e als Basis die sogenannte natürliche Exponentialfunktion $f(x) = e^x$ definieren. Ihre Darstellung und Berechnung folgt aus der Betrachtung des Grenzwertes
$$\lim_{n \to \infty} \left(1 + \frac{x}{n}\right)^n.$$

Entwickelt man das Binom wieder nach dem binomischen Lehrsatz und führt dann gliedweise den Grenzübergang durch, so ergibt sich einerseits

(2.1.20) $$\lim_{n \to \infty} \left(1 + \frac{x}{n}\right)^n = 1 + \frac{x}{1!} + \frac{x^2}{2!} + \cdots;$$

andererseits läßt sich mit $n = mx$ über

(2.1.21) $$\lim_{m \to \infty} \left(1 + \frac{x}{mx}\right)^{mx} = \lim_{m \to \infty}\left[\left(1 + \frac{1}{m}\right)^m\right]^x = \left[\lim_{m \to \infty}\left(1 + \frac{1}{m}\right)^m\right]^x = e^x$$

dieser Grenzwert auf eine Potenz des bereits besprochenen Grenzwertes für e zurückführen. Kombination der letzten beiden Gleichungen liefert die Reihendarstellung der Exponentialfunktion in der Form

(2.1.22) $$e^x = 1 + \frac{x}{1!} + \frac{x^2}{2!} + \frac{x^3}{3!} + \cdots,$$

womit gleichzeitig ein Hilfsmittel zu ihrer zahlenmäßigen Berechnung gegeben ist. Mit Hilfe dieser Reihendarstellung läßt sich über

(2.1.23) $$|e^x - e^{x_0}| \leq |e^{x_0}| |e^{x-x_0} - 1| = |e^{x_0}| \left| \frac{x - x_0}{1!} + \frac{(x - x_0)^2}{2!} + \cdots \right| \leq \varepsilon$$

zeigen, daß die natürliche Exponentialfunktion für jeden Wert von x stetig ist.

Steht von einer Funktion fest, daß sie für jeden x-Wert innerhalb eines abgeschlossenen Bereichs $[a,b]$ stetig ist, sagt man, daß $f(x)$ im abgeschlossenen Bereich $a \leq x \leq b$ stetig ist. Für diesen Fall gelten eine Reihe von vielgebrauchten Sätzen:

Satz V. *Jede in einem abgeschlossenen Bereich stetige Funktion ist dort beschränkt.*

Satz VI. *Ist $f(x)$ eine im Bereich $[a,b]$ stetige Funktion und nimmt sie an den Intervallgrenzen verschiedenes Vorzeichen an, so muß für mindestens einen Punkt ξ im Innern des Intervalls $f(\xi) = 0$ sein (Satz von Bolzano).*

Satz VII. *Eine in einem abgeschlossenen Bereich stetige Funktion erreicht in diesem Bereich mindestens einmal einen Maximal- und einen Minimalwert (Satz von Weierstraß).*

Die Beweise seien nur in ihren Grundgedanken angedeutet. Beim Satz V beruht er auf der Eigenschaft einer konvergenten Zahlenfolge, beschränkt zu bleiben. Bei den beiden anderen Sätzen benutzt der Beweis wieder eine zweckmäßige Folge von Intervallhalbierungen, so daß die zu beweisende Eigenschaft (Extremwert bzw. Nullstelle) in immer engere Schranken eingefangen wird. Beim Satz von *Bolzano* wird bei der Intervallhalbierung dasjenige Intervall genommen, an dessen Grenzen die Funktion verschiedenes Vorzeichen aufweist. Beim Satz von *Weierstraß* wird das Halbintervall gewählt, in dem Werte liegen, die von keinem Wert im anderen Halbintervall übertroffen werden.

Anmerkung: Da alle Begriffe, die in diesem Abschnitt behandelt worden sind, von grundlegender Wichtigkeit für die gesamte Analysis sind, andererseits diese Begriffe – zumindest in dieser Formulierung – im Oberschulunterricht nicht behandelt zu werden pflegen, wird dem Leser dringend geraten, diesen Abschnitt sorgfältig, am besten mehrfach, durchzuarbeiten und sich selbst zu den einzelnen Begriffen weitere Beispiele zu bilden.

2.2 Ableitung und Integral

Zur Einführung einige Beispiele

Beispiel I. In einem Glas mit bakterienhaltigem Liquor werde in regelmäßigen Zeitintervallen die Glukosekonzentration bestimmt. Aus der genügend dichten Punktfolge kann der Verlauf der empirischen Funktion $c(t)$ erschlossen werden. Sie sei linear abfallend, besitzt daher nach (1.3.2) die Gleichung $c(t) = a - bt$. Dabei entspricht die eine der beiden Konstanten a der Anfangskonzentration c_0, die andere b läßt sich in zweifacher Weise deuten: einmal geometrisch als Neigung der Geraden, $b = \operatorname{tg} \alpha = \dfrac{1}{\operatorname{tg} \varphi}$ (Abb. 29), zum andern über

$$b = \frac{\Delta c(t)}{\Delta t} = \frac{1}{V} \frac{\Delta M(t)}{\Delta t} \quad \text{(wegen} \quad c(t) = \frac{M(t)}{V}\text{)}$$

als Maß der relativen Abnahme der Menge an Liquorzucker $M(t)$ mit der Zeit. Da diese Abnahme von dem Glukoseverbrauch der Bakterien abhängt, stellt sie somit ein Maß für die bakterielle Besiedelung des Liquors dar und ist von medizinischer Bedeutung.

Beispiel II. In die Vene eines Patienten wird eine bestimmte Menge M eines körperfremden Farbstoffs injiziert. Dieser Farbstoff löst sich zunächst im Plasmavolumen V_p auf, es stellt sich damit eine maximale Plasmakonzentration $c_p = \dfrac{M}{V_p}$ ein, dann setzen Ausscheidungs- und chemische Umwandlungsvorgänge ein, so daß aus regelmäßig wiederholten Venenpunktionen und anschließender Messung der Farbstoffkonzentration eine $c(t)$-Kurve etwa gemäß dem Bild der Abb. 30 erhalten wird. Auch hier ist für einen bestimmten Zeitpunkt die Tangentenneigung $b = \operatorname{tg} \alpha$ ein Maß für den Konzentrationsabfall im Venenblut zu dieser Zeit, d. h. die Messung

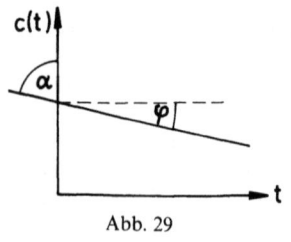

Abb. 29

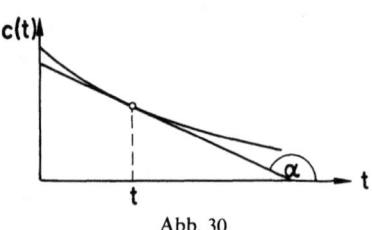

Abb. 30

einer geometrischen Größe, nämlich der Neigung der Kurventangente, liefert ein Maß für die Stärke der Ausscheidungs- und Umwandlungsvorgänge zu dieser Zeit.

Folgerung. Es ist in vielen Fällen von Bedeutung, zu einer irgendwie gegebenen Kurve für einen vorgegebenen Punkt die Neigung der Kurventangente bestimmen zu können.

Beispiel III. Ein Glasrohr werde mit einer wässerigen Lösung der Konzentration c durchströmt und an einer Stelle die Konzentration in Abhängigkeit von der Zeit ($c(t)$) gemessen. Sie möge zeitunabhängig sein, d. h. eine Gerade parallel zur t-Achse darstellen (Abb. 31). Zwischen einer Anfangsabszisse t_a, einer Endabszisse t der Kurve sowie der x-Achse läßt sich ein Rechteck abgrenzen. Sein Flächeninhalt ergibt über

$$F = F(t) = c(t)(t - t_a) = \frac{1}{Q}[M(t) - M(t_a)] \qquad \text{(wegen} \quad Q = \frac{V}{t} \text{ Strömung)}$$

ein Maß für die gesamte Substanzmenge, die bis zur Zeit t durch das Rohr geströmt ist. Es läßt sich damit aus der letzten Gleichung, wenn die Fläche bestimmt worden ist, entweder bei bekannter Strömung Q die durchgeflossene Substanzmenge M_t oder bei gemessenem M_t die Strömung Q berechnen.

Beispiel IV. Injiziert man wieder eine bestimmte Substanzmenge in die Vene und ermittelt durch wiederholte Venenpunktionen die Konzentration-Zeit-Kurve $c(t)$ über einem bestimmten Abschnitt des Venensystems (Abb. 32), so läßt sich – falls es möglich ist, die von dieser Kurve und der t-Achse begrenzte Fläche zu ermitteln – bei konstanter Strömung Q auf die insgesamt durchströmende Substanzmenge M_t schließen. Mißt man andererseits bei einem geeigneten radioaktiven Präparat über dem linken Herzen, so läßt sich wieder durch Bestimmung des Flächeninhalts unter der Konzentrationskurve bei gegebener Substanzmenge die Blutströmung, d. h. in diesem Falle das Minutenvolumen errechnen.

Folgerung. Es ist in vielen Fällen von Bedeutung, den Inhalt des von einer gegebenen Kurve einerseits, der Abszissenachse und den Ordinaten zu zwei Abszissen andererseits begrenzten Flächenstücks ermitteln zu können.

Die Lösung dieser beiden Aufgaben, Tangentenneigung und Flächenbestimmung (Quadratur) zu einer gegebenen Kurve $y = f(x)$, führt auf die beiden wichtigsten Grenzwertbegriffe der Mathematik, die Ableitung und das Integral. Da die Lösungswege, obwohl völlig unabhängig voneinander, in vielem parallel laufende Gedankengänge benutzen, seien sie im folgenden gemeinsam abgehandelt. Von den beiden Druckspalten wird jeweils die linke der Erarbeitung des Ableitungs-, die rechte der des Integralbegriffs dienen.

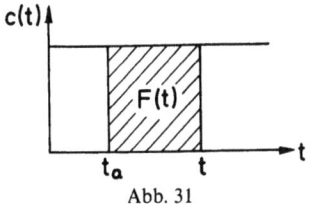

Abb. 31

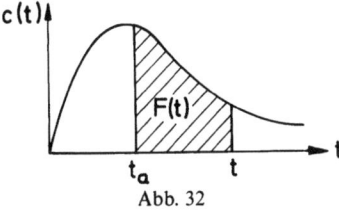

Abb. 32

Formulierung der Aufgabe. Gegeben ist eine Funktion $y = f(x)$, zu berechnen sei für einen Punkt x_1 von ihr

der Anstieg der Tangente $m = \operatorname{tg}\varphi$	die Größe des Flächeninhalts F zwischen x-Achse, Kurve und den Geraden $x = a$ und $x = x_1$

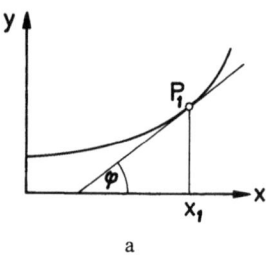

a   b

Abb. 33

Um auf die elementar lösbaren Sonderfälle Neigung einer Geraden bzw. Fläche eines Rechtecks mit achsenparallelen Seiten zu kommen, werden folgende Hilfspunkte gewählt:

P_l und P_r jeweils im Abstand Δx links und rechts von x_1	$n-1$ äquidistant zwischen a und x_1 liegende Zwischenabszissen mit ihren Ordinaten bis zur Kurve. Ihr gegenseitiger Abstand ist $\Delta x = \dfrac{x_1 - a}{n}$

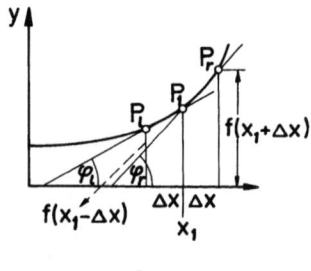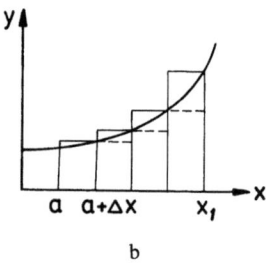

a   b

Abb. 34

Nun werden folgende Hilfslinien gezogen:

Die beiden Geraden (Sekanten) durch P_l und P_1 einerseits und P_1 und P_r andererseits. Die ihnen zukommenden Steigungen sind nach der Abbildung durch folgende Ansätze gegeben:

Durch die Schnittpunkte zwischen den einzelnen Ordinatenlinien und der Kurve werden Parallelen zur x-Achse gemäß der Abbildung gezogen. Es entsteht damit ein stets unterhalb der

$$\operatorname{tg}\varphi_r = \left(\frac{\Delta f(x)}{\Delta x}\right)_{x_{1,r}} = \frac{f(x_1 + \Delta x) - f(x_1)}{\Delta x}$$

(2.2.1)

$$\operatorname{tg}\varphi_l = \left(\frac{\Delta f(x)}{\Delta x}\right)_{x_{1,l}} = \frac{f(x_1 - \Delta x) - f(x_1)}{-\Delta x}$$

Kurve liegendes Säulenpolygon F_u und ein entsprechendes, stets oberhalb der Kurve liegendes, mit dem Inhalt F_0. Die Flächeninhalte dieser beiden Säulenpolygone lassen sich aus der Abbildung ablesen zu

$$F_u = \sum_{v=0}^{n-1} f[a + v\Delta x]\Delta x$$

$$F_0 = \sum_{v=1}^{n} f[a + v\Delta x]\Delta x$$

(mit $f[a + n\Delta x] = f(x_1)$).

Die gesuchte Größe,

d.h. die Steigung der Tangente im Punkte P_1, wird weder durch die Steigung der linksseitigen

$$\operatorname{tg}\varphi_l = \left(\frac{\Delta f(x)}{\Delta x}\right)_{x_{1,l}}$$

noch durch die der rechtsseitigen

$$\operatorname{tg}\varphi_r = \left(\frac{\Delta f(x)}{\Delta x}\right)_{x_{1,r}}$$

Sekante wiedergegeben, doch liegt sie bei genügend kleinem Δx zwischen ihnen; im vorliegenden Beispiel ist die rechte Sekante steiler, die linke sicher flacher als die Tangente in P_1.

d.h. die Fläche F unterhalb der Kurve, wird weder durch F_u noch durch F_0 wiedergegeben, doch liegt sie bei genügend kleinem Δx zwischen ihnen, im Beispiel gilt

$$F_u \leqq F \leqq F_0.$$

(2.2.2) $\quad \operatorname{tg}\varphi_l \leqq \operatorname{tg}\varphi \leqq \operatorname{tg}\varphi_r.$

Läßt man jetzt Δx eine Nullfolge durchlaufen, d.h.

die beiden Hilfspunkte P_l und P_r sich unbegrenzt P_1 nähern, so entstehen, falls $f(x)$ stetig ist (wichtig!), die beiden Grenzwerte

$$f'_r(x_1) = \lim_{\Delta x \to 0} \frac{f(x_1 + \Delta x) - f(x_1)}{\Delta x}$$

(2.2.3)

$$f'_l(x_1) = \lim_{\Delta x \to 0} \frac{f(x_1 - \Delta x) - f(x_1)}{-\Delta x}.$$

die Zahl der Zwischenpunkte gleichzeitig unendlich anwachsen (wegen $\Delta x = \frac{x_1 - a}{n}$), so entstehen zwei Grenzwerte

$$J_u = \lim_{\substack{n \to \infty \\ \Delta x \to 0}} \sum_{v=0}^{n-1} f[a + v\Delta x]\Delta x = \int_{a_{(u)}}^{x} f(x)dx$$

$$J_0 = \lim_{\substack{n \to \infty \\ \Delta x \to 0}} \sum_{v=1}^{n} f[a + v\Delta x]\Delta x = \int_{a_{(0)}}^{x} f(x)dx.$$

Sie werden rechtsseitige bzw. linksseitige Ableitung von $f(x)$ im Punkte x_1 genannt und wie oben bezeichnet.

Beweis. Die Grenzwerte existieren wegen der Bedingung der Stetigkeit von $f(x)$.

Sie werden unteres bzw. oberes Integral der Kurve $f(x)$ im Punkte x_1 genannt und wie oben bezeichnet.

Beweis. Es ist stets $F_u \leq F_0$; weiter läßt sich zeigen, daß bei jeder feineren Unterteilung F_u nicht abnehmen, F_0 nicht zunehmen kann, d.h. F_u ist eine monoton zunehmende und nach oben begrenzte, F_0 eine monoton abnehmende und nach unten begrenzte Folge. Beide sind daher konvergent, d.h. die Grenzwerte existieren.

Wenn die beiden Grenzwerte, zwischen denen die gesuchte Größe eingeschlossen ist, übereinstimmen, d.h. wenn

linke und rechte Ableitung den gemeinsamen Wert

unteres und oberes Integral den gemeinsamen Wert

(2.2.4) $\quad f'_l(x_1) = f'_r(x_1) = f'(x_1)$

$$\int_{a(u)}^{x_1} f(x)dx = \int_{a(0)}^{x_1} f(x)dx = \int_a^{x_1} f(x)dx$$

für x_1 aufweisen, so heißt die Funktion $y = f(x)$ an der Stelle $x = x_1$

differenzierbar, und ihre Ableitung ist gegeben durch

integrierbar (im *Riemann*schen Sinne), und ihr Integral ist gegeben durch

(2.2.5) $\quad f'(x_1) = \text{tg}\,\varphi$

$$\int_a^{x_1} f(x)dx = F.$$

Damit sind die Wege zur Lösung der beiden Grundaufgaben bzw. der beiden Grenzübergänge klargestellt. Es bleibt die Frage offen, in welchen Fällen diese Grenzübergänge nicht eindeutig sind, d.h. wann

$f'_r(x) \neq f'_l(x)$ $\qquad\qquad$ $J_0(x) \neq J_u(x)$

ausfällt. Dazu sei an dieser Stelle nur je ein Gegenbeispiel angeführt:

Eine Kurve der folgenden Gestalt hat an der Stelle Q eine Ecke. Sie ist dort offensichtlich stetig; denn einem genügend kleinen Δx entspricht stets ein beliebig kleines Δy; doch führt der Grenzübergang von der links- bzw. rechtsseitigen Sekante zur Tangente in Q offensichtlich zu zwei verschieden geneigten Tangenten, d.h.

$$f'_l(x = Q) \neq f'_r(x = Q).$$

Eine Funktion, die durch die Bedingung $f(x) = 1$ für rationale x, $f(x) = 2$ für irrationale x definiert ist, liefert für den Flächeninhalt zwischen $x = 0$ und $x = 1$ die Werte $J_0 = 2, J_u = 1$. Die Kurve ist in diesem Bereich im *Riemann*schen Sinne nicht integrierbar. Sie enthält eine unendliche Anzahl von Sprüngen. (Eine endliche Anzahl von Sprüngen würde nicht schaden, sie könnten als Zwischenpunkte der Unterteilung benutzt und

Die Kurve ist in Q zwar stetig, aber nicht differenzierbar.

damit in ihrem Einfluß ausgeschaltet werden.) Eine Kurve ist offenbar dann integrierbar, wenn sie stückweise stetig ist.

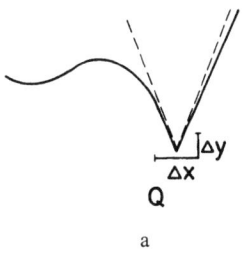

a

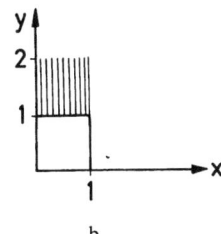

b

Abb. 35

Zwei Beispiele medizinisch wichtiger Kurven:

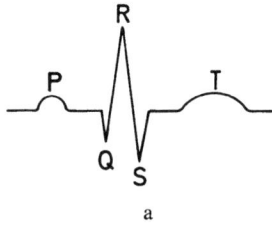

a

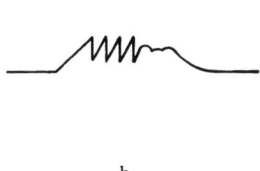

b

Abb. 36

Die EKG-Kurve ist überall stetig, damit überall integrierbar (Bildung von Ventrikel-Gradienten usw. ist möglich), aber nicht überall differenzierbar (die Ecken scheiden aus).

Die Kurve für das Rezeptorpotential $U(t)$ ist stückweise stetig, d. h. überall integrierbar, aber an den Sprungstellen nicht stetig und dort deshalb auch nicht differenzierbar.

Nun ein Beispiel für die praktische Durchführung der Berechnung: $f(x) = x^2$, $x_1 = 3$.

Bildung der linksseitigen und rechtsseitigen Sekantenneigung ergibt

$$\left(\frac{\Delta f(x)}{\Delta x}\right)_{x_1, r} = \frac{(x_1 + \Delta x)^2 - x_1^2}{\Delta x}$$
$$= 2x_1 + \Delta x,$$

$$\left(\frac{\Delta f(x)}{\Delta x}\right)_{x_1, l} = \frac{(x_1 - \Delta x)^2 - x_1^2}{-\Delta x}$$
$$= 2x_1 - \Delta x,$$

Bildung der unteren und oberen Polygonfläche ergibt ($a = 0$)

$$F_u = \sum_{\nu=0}^{n-1} \nu^2 (\Delta x)^2 \Delta x = \frac{x_1^3}{n^3} \frac{(n-1)n(2n-1)}{6}$$
$$= \frac{x_1^3}{6}\left(1 - \frac{1}{n}\right)\left(2 - \frac{1}{n}\right),$$

$$F_o = \sum_{\nu=1}^{n} \nu^2 (\Delta x)^2 \Delta x = \frac{x_1^3}{n^3} \frac{n(n+1)(2n+1)}{6}$$
$$= \frac{x_1^3}{6}\left(1 + \frac{1}{n}\right)\left(2 + \frac{1}{n}\right),$$

d.h. mit $\Delta x = 1$ die unterschiedlichen Anstiegswerte

$$\left(\frac{\Delta f(x)}{\Delta x}\right)_{x_1,r} = 6+1 = 7$$

$$\left(\frac{\Delta f(x)}{\Delta x}\right)_{x_1,l} = 6-1 = 5.$$

d.h. z.B. für $n=10$ die beiden unterschiedlichen Zahlenwerte

$$F_u = \tfrac{27}{6}(1-\tfrac{1}{10})(2-\tfrac{1}{10}) = 7{,}7$$

$$F_0 = \tfrac{27}{6}(1+\tfrac{1}{10})(2+\tfrac{1}{10}) = 10{,}4.$$

Durchführung des Grenzüberganges $\Delta x \to 0$ liefert

$$f'_r(x_1) = f'_l(x_1) = f'(x_1) = 2x_1.$$

$$J_u = J_0 = \int_0^{x_1} x^2 \, dx = \frac{x_1^3}{3}.$$

Die Ableitung für den gegebenen Punkt lautet somit

$$f'(x_1) = 6.$$

Das Integral für den gegebenen Punkt lautet somit

$$J = \int_0^3 x^2 \, dx = \tfrac{27}{3} = 9.$$

Anmerkung: Für die Leser, denen von der Schule her die Integralrechnung als Umkehrung der Differentialrechnung vertraut ist, sei hier bemerkt, daß bei der Durchführung der Rechnungen sowie bei der Ableitung der Begriffe niemals die Gegenspalte benutzt worden ist. Wir haben insbesondere integriert, ohne etwas von Differentialrechnung zu verstehen. Dieses Vorgehen entspricht der geschichtlichen Entwicklung. Differenzieren und Integrieren konnte man bereits lange vor *Newton* und *Leibniz*. Ihnen beiden gebührt das große Verdienst, erkannt zu haben, daß zwischen diesen beiden begrifflich so unterschiedlichen Grenzwertaufgaben eine ähnliche Verknüpfung besteht wie zwischen Addition und Subtraktion, d.h. daß das Integrieren eine umgekehrte Rechnungsart zur Ableitungsbildung (zum Differenzieren) darstellt. Bevor dieser wichtige Zusammenhang dargestellt werden kann, müssen noch für jede der beiden Grenzwertrechnungen einige Formeln abgeleitet werden.

I. Wenn $f(x) = a+bx$, so ist $f'(x) = b$; denn eine Gerade fällt in jedem Punkt mit ihrer Tangente zusammen, die Nei-

I. Es gilt nach der Definition des Integrals als Flächeninhalt wegen der Additivität der Flächen die Beziehung

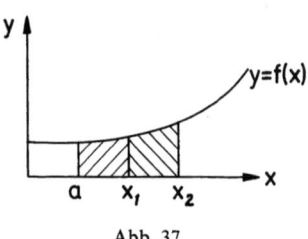

Abb. 37

gung dieser Tangente ist also in jedem Falle = der konstanten Geradenneigung b.

II. Setzt man in I $b=0$, so ergibt sich, daß aus $f(x)=a$ $f'(x)=0$ folgt (eine achsenparallele Gerade hat den Anstiegswinkel 0). (Die Ableitung einer Konstanten ist Null!)

III. Wenn die Kurve $f(x)$ die Ableitung $f'(x)$ besitzt, so kommt der Kurve $f(x)+C$ die gleiche Ableitung zu; denn die letzte Kurve entsteht aus der ersten durch Parallelverschiebung mit sich in Richtung der Ordinatenachse. Bei einer solchen Parallelverschiebung verschieben sich ebenfalls die Kurventangenten unter Beibehaltung ihres Anstiegswinkels mit. Der Satz läßt sich anschaulicher formulieren: Bei der Bildung der Ableitung verschwinden additive Konstanten.

$$\int_a^{x_1} f(x)dx + \int_{x_1}^{x_2} f(x)dx = \int_a^{x_2} f(x)dx.$$

II. Ebenfalls aus der Definition des Integrals als Flächeninhalt ergibt sich sofort der Satz

$$\int_a^a f(x)dx = 0$$

(der Flächeninhalt verschwindet, wenn Anfangs- und Endabszisse, d.h. links- und rechtsseitige Begrenzung zusammenfallen).

III. Setzt man in I $x_2=a$ und benutzt II, so läßt sich definieren

$$\int_{x_2}^{x_1} + \int_{x_1}^{x_2} = \int_{x_2}^{x_2} = 0, \quad \text{d.h.} \quad \int_{x_2}^{x_1} = - \int_{x_1}^{x_2}.$$

IV. Falls $f(x)$ eine x-achsenparallele Gerade $f(x)=k$ darstellt, so ergibt die Durchführung der einzelnen Polygonrechnungen und Grenzübergänge nacheinander

$$F_u = \sum_{v=0}^{n-1} k \Delta x = k \sum_{v=0}^{n-1} \Delta x = k(x_1-a)$$

$$F_0 = \sum_{v=1}^{n} k \Delta x = k \sum_{v=1}^{n} \Delta x = k(x_1-a),$$

d.h. es gilt

$$J_u = J_0 = J = \int_a^{x_1} k\,dx = k \int_a^{x_1} dx = k(x_1-a)$$

(anschaulicher formuliert: eine Konstante kann vor das Integralzeichen gezogen werden).

Es sei die obere Integrationsgrenze x als veränderlich angenommen, dann ist auch gemäß

(2.2.6) $$F = F(x) = \int_a^x f(x)dx$$

das Integral eine Funktion der oberen Grenze. Man kann nun unter Benutzung von I (rechts) bilden

(2.2.7) $$\Delta F(x) = F(x+\Delta x) - F(x) = \int_{x}^{x+\Delta x} f(x)\,dx.$$

Wenn $f(x)$ im gesamten Integrationsbereich stetig angenommen wird, dann besitzt es dort und auch im Teilintervall $[x, x+\Delta x]$ ein Minimum m und ein Maximum M. Es gilt also weiter die Ungleichung

(2.2.8) $$\int_{x}^{x+\Delta x} m\,dx \leq \Delta F(x) \leq \int_{x}^{x+\Delta x} M\,dx$$

oder umgeformt

(2.2.9) $$m\,\Delta x \leq \Delta F(x) \leq M\,\Delta x.$$

Da nun eine stetige Funktion sowohl ihren Minimal- wie ihren Maximalwert an irgendeiner Stelle des Intervalls wirklich annimmt, es sei etwa

(2.2.10) $$m = f(x+\vartheta_1 \Delta x), \quad M = f(x+\vartheta_2 \Delta x) \quad \text{mit} \quad 0 \leq \vartheta_1, \vartheta_2 \leq 1,$$

so wird aus der letzten Ungleichung

(2.2.11) $$f(x+\vartheta_1 \Delta x) \leq \frac{\Delta F(x)}{\Delta x} \leq f(x+\vartheta_2 \Delta x).$$

Führt man hier den Grenzübergang $\Delta x \to 0$ durch, so ergibt sich – eben wegen der vorausgesetzten Stetigkeit – die grundlegende Beziehung

(2.2.12) $$F'(x) = f(x).$$

Sie wird als Hauptsatz der Differential- und Integralrechnung bezeichnet und ist von *Newton* und *Leibniz* in dieser Form gewonnen worden, d.h. die Ableitung des Integrals als Funktion der oberen Grenze ist gleich dem Wert des Integranden für diese Grenze. Damit läuft die Aufgabe der Integralrechnung darauf hinaus, aus der Kenntnis der Differentialrechnung eine Funktion zu finden, deren Ableitung gleich der gegebenen Funktion des Integranden ist. Eine solche Funktion – man bezeichnet sie als Stammfunktion $G(x)$ zu $f(x)$ – ist niemals eindeutig; denn mit $G(x)$ ist auch $G(x) \pm K$ eine Stammfunktion. Aus III (links) folgt nämlich

(2.2.13) $$(G(x) \pm K)' = G'(x) = f(x).$$

Damit läßt sich das Integral definieren als

(2.2.14) $$\int_{a}^{x} f(x)\,dx = G(x) + K.$$

Die unbestimmte Konstante K, die Integrationskonstante, ergibt sich unter Berücksichtigung von II (rechts) aus

(2.2.15) $$\int_{a}^{a} f(x)\,dx = 0 = G(a) + K$$

zu

(2.2.16) $$K = -G(a),$$

d. h. es gilt

(2.2.17) $$\int_a^x f(x)\,dx = G(x) - G(a)$$

oder, wenn man noch x durch b ersetzt,

(2.2.18) $$\int_a^b f(x)\,dx = G(b) - G(a).$$

Damit ist die Integration auf die Ermittlung von Stammfunktionen (Differentialrechnung) zurückgeführt. Man hat zunächst zum gegebenen Integranden eine passende Stammfunktion aufzusuchen, in diese Stammfunktion für x obere und untere Integrationsgrenze einzusetzen und schließlich die Differenz beider Werte zu bilden. Auf unser Zahlenbeispiel angewandt würde die Aufgabe, das Integral

$$\int_0^3 x^2\,dx$$

zu berechnen, darauf hinauslaufen, eine Stammfunktion zu $f(x) = x^2$ aufzusuchen. Später wird gezeigt werden, daß

$$G(x) = \frac{x^3}{3} + K$$

eine solche Stammfunktion bildet. Einsetzen der oberen und unteren Grenzen liefert die beiden Werte

$$G(3) = \tfrac{27}{3} + K = 9 + K$$
$$G(0) = 0 + K = K$$

und ihre Differenz ergibt den bereits ohne Kenntnis der Differentialrechnung erhaltenen Endwert 9.

2.3 Die Technik des Differenzierens I (Grundlagen)

Vorbemerkung. Um zwei mehrstellige Zahlen miteinander multiplizieren zu können, braucht man Kenntnisse zweierlei Art. Einmal müssen die Ergebnisse gewisser Grundmultiplikationen (hier Ziffer mal Ziffer, das „Kleine Einmaleins") gewonnen werden und bekannt sein. Zum weiteren braucht man eine Reihe von Sätzen, mit deren Hilfe es möglich ist, die Aufgabe der Multiplikation mehrstelliger Zahlen auf eine Folge solcher Grundaufgaben zurückzuführen. In diesem Falle etwa den Satz, daß jede mehrstellige Zahl sich im dekadischen Stellensystem als eine Summe von Ziffern, multipliziert noch mit Zehnerpotenzen, darstellt. Weiter den Satz, daß Summen miteinander multipliziert werden, indem jeder Summand des ersten Faktors mit jedem Summand des zweiten Faktors zu multiplizieren ist und die erhaltenen Einzelprodukte zu addieren sind. Ähnlich ist es auch in der Differentialrechnung; um die Ableitung beliebiger (differenzierbarer) Funktionen zu gewinnen, müssen die Ableitungen von einigen Grundfunktionen (in diesem Fall 3) gewonnen werden, deren Ergebnisse dann das „Kleine Einmaleins" der Differentialrechnung bilden. Daneben werden 7 Grundregeln benötigt, mit deren Hilfe es möglich ist, die Ableitung jeder beliebigen Funktion auf eine Folge von Ableitungen der 3 Grundfunktionen zurückzuführen. Die 3 Grundformeln und die 7 Grundregeln sollen im folgenden hergeleitet werden.

Die 3 Grundformeln entsprechen den Ableitungen der 3 Grundfunktionen

$$f(x) = x^n \quad (n \text{ natürl. Zahl})$$
$$f(x) = \sin x$$
$$f(x) = e^x.$$

Ihre Ableitungen lauten

(2.3.1) $$(x^n)' = n x^{n-1}$$

(2.3.2) $$(\sin x)' = \cos x$$

(2.3.3) $$(e^x)' = e^x.$$

Bei ihrer Herleitung gehen wir von den rechts- und linksseitigen Differenzenquotienten ($\pm \Delta x$) aus und erhalten entsprechend

(2.3.4)
$$\frac{(x \pm \Delta x)^n - x^n}{\pm \Delta x} = \binom{n}{1} x^{n-1} \pm \binom{n}{2} x^{n-2} \Delta x + \binom{n}{3} x^{n-3} (\Delta x)^2 \pm, + \cdots$$
$$\cdots \pm \binom{n}{n} (\Delta x)^{n-1} \qquad \text{(folgt aus Formel (1.1.26))}$$

(2.3.5) $$\frac{\sin(x \pm \Delta x) - \sin x}{\pm \Delta x} = \cos\left(x \pm \frac{\Delta x}{2}\right) \frac{\sin\left(\pm \frac{\Delta x}{2}\right)}{\pm \frac{\Delta x}{2}}$$

(unter Benutzung von Formel (2.1.10))

(2.3.6) $$\frac{e^{x \pm \Delta x} - e^x}{\pm \Delta x} = e^x \left[1 \pm \frac{\Delta x}{2!} + \frac{(\Delta x)^2}{3!} \pm \frac{(\Delta x)^3}{4!} +, \pm \cdots \right]$$

(Formel (2.1.22)).

Beim Grenzübergang bleibt im ersten Fall, wie bereits gesagt worden ist, nur der erste Summand übrig, alle übrigen verschwinden. Im zweiten Falle wird der erste

Faktor zu cos x, der zweite wegen (2.1.10) zu 1, und im dritten Fall reduziert sich die Reihe auf das erste Glied, d. h. 1, so daß nur der erste Faktor übrigbleibt. Damit sind einmal die Formeln (2.3.1 – 3) einsichtig, weiter ist gezeigt, daß in diesem Fall die beiden Ableitungen $f'_r(x)$ und $f'_l(x)$ bei allen x zusammenfallen, d. h. die drei Grundfunktionen x^n, sin x und e^x sind im ganzen Definitionsbereich differenzierbar.

Die 7 Grundregeln lauten, wenn $f(x)$, $\varphi(x)$ sowie $u=u(x)$, $v=v(x)$ alle differenzierbare Funktionen von x bezeichnen,

(2.3.7) $\qquad\qquad\qquad (c)'=0 \qquad (c \text{ Konstante})$

(2.3.8) $\qquad\qquad\qquad (u+v)'=u'+v'$

(2.3.9) $\qquad\qquad\qquad (u-v)'=u'-v'$

(2.3.10) $\qquad\qquad\qquad (uv)'=uv'+u'v$

(2.3.11) $\qquad\qquad\qquad \left(\dfrac{u}{v}\right)' = \dfrac{vu'-uv'}{v^2} \quad (v \neq 0).$

Wenn aus $y=f(x)$ $x=\varphi(y)$ folgt (inverse Form), gilt

(2.3.12) $\qquad\qquad\qquad \varphi'(y) = \dfrac{1}{f'(x)}.$

Wenn $y=f(x)=\varphi(u)$ mit $u=u(x)$, gilt

(2.3.13) $\qquad\qquad\qquad f'(x)=\varphi'(u)\cdot u'(x) \qquad$ (Kettenregel).

Die Beweise seien kurz skizziert: Zu (2.3.7) ergibt sich der Beweis aus $f(x)=c$, $f(x\pm\Delta x)=c$, d. h. $\left(\dfrac{\Delta y}{\Delta x}\right)_r = \left(\dfrac{\Delta y}{\Delta x}\right)_l = \dfrac{c-c}{\pm\Delta x}=0$. Zu (2.3.8 –11) folgt er aus den entsprechenden Sätzen über Grenzwerte, z. B. für (2.3.10)

$$\frac{\Delta uv}{\Delta x} = \frac{u(x+\Delta x)v(x+\Delta x)-u(x)v(x)}{\Delta x} = u(x+\Delta x)\frac{v(x+\Delta x)-v(x)}{\Delta x}+v(x)\frac{u(x+\Delta x)-u(x)}{\Delta x}.$$

Zu (2.3.12) läßt er sich am besten geometrisch führen (Abb. 38), wobei α den Neigungswinkel der Tangente an die Kurve $y=f(x)$ im Punkte P in einem xy-Diagramm und entsprechend β den Neigungswinkel der gleichen Tangente an die gleiche Kurve im gleichen Punkte in einem yx-Diagramm darstellt. Es läßt sich dann aus der Abbildung ohne weiteres ablesen

$$\varphi'(y) = \operatorname{tg}\beta = \operatorname{tg}\left(\frac{\pi}{2}-\alpha\right) = \operatorname{ctg}\alpha = \frac{1}{\operatorname{tg}\alpha} = \frac{1}{f'(x)},$$

womit der Satz bewiesen ist.

Zu (2.3.13) beruht der Beweis auf folgender Umformung der Differenzenquotienten:

$$\frac{\Delta f(x)}{\Delta x} = \frac{\Delta \varphi(u)}{\Delta u}\frac{\Delta u}{\Delta x} = \frac{\varphi(u+\Delta u)-\varphi(u)}{\Delta u}\frac{u(x+\Delta x)-u(x)}{\Delta x}.$$

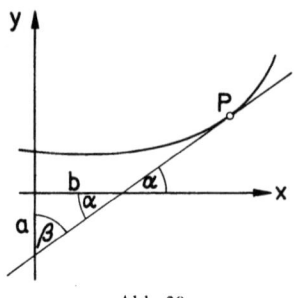

Abb. 38

Einige Folgerungen, die sich aus den 3 Grundformeln und den 7 Grundregeln sofort gewinnen lassen:

Setzt man in (2.3.8) $v(x)=c$, d. h. nimmt den zweiten Summanden als Konstante an, so ergibt sich mit (2.3.7) sofort

(2.3.14) $$(u+c)' = u',$$

d. h. eine additive Konstante verschwindet beim Differenzieren. Führt man die gleiche Substitution in (2.3.10) ein, so ergibt sich – wiederum mit (2.3.7) –

(2.3.15) $$(cu)' = cu',$$

d. h. ein konstanter Faktor bleibt beim Differenzieren unverändert. Unter Kombination dieser beiden Formeln sowie der Grundregeln läßt sich die ganze rationale Funktion n-ten Grades

(2.3.16) $$f(x) = a_0 + a_1 x + a_2 x^2 + \cdots + a_n x^n = \sum_{v=0}^{n} a_v x^v$$

differenzieren und führt als Ableitung zu einer ganzen rationalen Funktion $(n-1)$-ten Grades

(2.3.17) $$f'(x) = a_1 + 2a_2 x + 3a_3 x^2 + \cdots + na_n x^{n-1} = \sum_{v=0}^{n} v a_v x^{v-1}.$$

Die Anwendung der Grundregel (2.3.12) auf die drei Grundfunktionen ergibt die Ableitung der drei Umkehrfunktionen

(2.3.18) $\qquad f(x) = \sqrt[n]{x} = x^{\frac{1}{n}} \qquad (x = y^n)$

(2.3.19) $\qquad f(x) = \arcsin x \qquad (x = \sin y)$

(2.3.20) $\qquad f(x) = \ln x \qquad (x = e^y)$

zu jeweils

(2.3.21) $$\left(\sqrt[n]{x}\right)' = \frac{1}{(y^n)'} = \frac{1}{n y^{n-1}} = \frac{1}{n} x^{\frac{1}{n}-1}$$

(2.3.22) $$(\arcsin x)' = \frac{1}{(\sin y)'} = \frac{1}{\cos y} = \frac{1}{\sqrt{1-\sin^2 y}} = \frac{1}{\sqrt{1-x^2}}$$

(2.3.23) $$(\ln x)' = \frac{1}{(e^y)'} = \frac{1}{e^y} = \frac{1}{x}.$$

Die Anwendung der Kettenregel (2.3.13) auf die erweiterte erste Grundfunktion

(2.3.24) $$f(x) = x^a,$$

wobei a eine beliebige reelle Zahl darstellt, führt über

$$f(x) = x^a = e^{a\ln x} = e^u \quad \text{mit} \quad u = a\ln x$$

zu

(2.3.25) $$(x^a)' = (e^u)'(a\ln x)' = e^u \cdot a\frac{1}{x} = a x^{a-1},$$

d. h., die Ableitungsregel für Potenzen mit positiven ganzzahligen Exponenten gilt formal weiter, wenn der Exponent eine beliebige reelle Zahl (z. B. negative ganze Zahl, gebrochene rationale Zahl usw.) ist.

Wendet man auf die erweiterte Exponentialfunktion $f(x)=a^x$ einmal die Kettenregel, sodann die Grundregel (2.3.12) an, so gelangt man zu Formeln für die Ableitung der allgemeinen Exponential- und Logarithmusfunktion

(2.3.26) $$(a^x)' = (e^{x\ln a})' = (e^u)'(x\ln a)' = \ln a \cdot e^u = a^x \cdot \ln a$$

und weiter

(2.3.27) $$(^a\log x)' = \frac{1}{(a^y)'} = \frac{1}{a^y \ln a} = \frac{1}{x\ln a}.$$

Weitere Anwendungen auf trigonometrische Funktionen. Da die Funktion $\cos x$ sich über $\cos x = \sin\left(\frac{\pi}{2} - x\right) = \sin u$ mit $u = \frac{\pi}{2} - x$ auf die Sinusfunktion, d.h. die zweite Grundfunktion zurückführen läßt, kann ihre Ableitung mit Hilfe der Kettenregel über

$$(\cos x)' = (\sin u)'\left(\frac{\pi}{2} - x\right)' = \cos u \cdot (-1) = -\cos\left(\frac{\pi}{2} - x\right) = -\sin x$$

zu

(2.3.28) $$(\cos x)' = -\sin x$$

gewonnen werden. Damit läßt sich auch die Ableitung der Funktion $\operatorname{tg} x$ wegen

(2.3.29) $$f(x) = \operatorname{tg} x = \frac{\sin x}{\cos x} = \frac{u(x)}{v(x)}$$

über die Quotientenregel (2.3.11) zu

(2.3.30) $$(\operatorname{tg} x)' = \frac{\cos^2 x + \sin^2 x}{\cos^2 x} = \frac{1}{\cos^2 x} = 1 + \operatorname{tg}^2 x$$

gewinnen. Welche der beiden Schreibweisen zu bevorzugen ist, hängt von der einzelnen Aufgabe ab.

Als letztes Beispiel sei die Ableitung der Umkehrfunktion $\text{arc tg}\, x$ über die Grundregel (2.3.12) hergeleitet. Sie ergibt sich dabei zu

(2.3.31) $$(\text{arc tg}\, x)' = \frac{1}{(\text{tg}\, y)'} = \frac{1}{1+\text{tg}^2 y} = \frac{1}{1+x^2}.$$

Zwei Beispiele aus der Statistik. Es gibt verschiedene Möglichkeiten, eine Reihe von N Meßergebnissen $x_1, x_2, \ldots, x_N$ durch einen Rechenwert a zu kennzeichnen. Für die Güte eines solchen Bezugswertes ist nach *Gauß* die Summe der Abweichungsquadrate aller einzelnen Ergebnisse vom gewählten Bezugswert

(2.3.32) $$Q(a) = \sum_{\nu=1}^{N}(x_\nu - a)^2 = \sum_{\nu=1}^{N} x_\nu^2 - 2a \sum_{\nu=1}^{N} x_\nu + N a^2$$

entscheidend. Ihre Ableitung ergibt sich über die Regeln (2.3.8) und (2.3.13) zu

(2.3.33) $$Q'(a) = -2 \sum_{\nu=1}^{N}(x_\nu - a) = -2 \left(\sum_{\nu=1}^{N} x_\nu - N a \right).$$

Führt man das arithmetische Mittel $\bar{x}$ aller Beobachtungen gemäß

(2.3.34) $$\bar{x} = \frac{1}{N} \sum_{\nu=1}^{N} x_\nu$$

ein, so ergibt sich aus (2.3.33)

(2.3.35) $$Q'(a) = 2N(\bar{x} - a),$$

d. h., die Ableitung der Summe der Abweichungsquadrate verschwindet, wenn als Bezugsmaß das arithmetische Mittel der Einzelmessungen selbst gewählt wird. Führt man diese Substitution in (2.3.32) aus, so entsteht

(2.3.36) $$Q(\bar{x}) = \sum_{\nu=1}^{N}(x_\nu - \bar{x})^2 = \sum_{\nu=1}^{N} x_\nu^2 - 2\bar{x} \sum_{\nu=1}^{N} x_\nu + N\bar{x}^2 = \sum_{\nu=1}^{N} x_\nu^2 - N\bar{x}^2.$$

Die Differenz von (2.3.32) und (2.3.36) ergibt sich nach einigen Umformungen

(2.3.37) $$Q(a) - Q(\bar{x}) = N a^2 - 2a \sum_{\nu=1}^{N} x_\nu + N\bar{x}^2 = N(a^2 - 2a\bar{x} + \bar{x}^2) = N(a - \bar{x})^2$$

zu

(2.3.38) $$Q(a) - Q(\bar{x}) = N(a - \bar{x})^2 \geqq 0,$$

d. h., die Summe der Abweichungsquadrate nimmt ihren kleinsten Wert dann und nur dann an, wenn das arithmetische Mittel als Bezugsmaß gewählt wird.

In der Theorie der Normalverteilung taucht die Funktion

(2.3.39) $$\varphi(x) = A e^{-h^2(x-a)^2}$$

auf, die jedem Meßwert x eine bestimmte Wahrscheinlichkeitsdichte (der Ausdruck wird später seine Erläuterung finden), $\varphi(x)$ zuordnet. A, h, a stellen Konstanten dar. Für bestimmte Untersuchungen ist die Kenntnis der Ableitung dieser Funktion wichtig. Sie läßt sich durch reine mehrfache sukzessive Anwendung der Kettenregel (2.3.13) über

(2.3.40) $\qquad \varphi(x) = A e^u \quad \text{mit} \quad u = -h^2 v \quad \text{und} \quad v = (x-a)^2$

zu

(2.3.41) $\qquad \begin{aligned} \varphi'(x) &= A(e^u)'(-h^2 v)'((x-a)^2)' = A e^u (-h^2) 2(x-a) \\ \varphi'(x) &= -2h^2(x-a) A e^{-h^2(x-a)^2} \end{aligned}$

gewinnen. Führt man in dieses Ergebnis wieder (2.3.39) ein, so ergibt sich für die Funktion $\varphi(x)$ die folgende Bestimmungsgleichung:

(2.3.42) $\qquad \varphi'(x) + 2h^2(x-a)\varphi(x) = 0,$

und man könnte versuchen, aus dieser Bestimmungsgleichung die Eigenschaften der gesuchten Funktion $\varphi(x)$ herzuleiten. Da in diesem Falle die gesuchte Funktion (die Unbekannte) einmal in ihrer ursprünglichen Form, zum andern in der Form ihrer Ableitung auftritt, helfen die Regeln der Algebra allein hier nicht weiter. Es liegt in (2.3.42) eine sogenannte Differentialgleichung vor. Solche Differentialgleichungen spielen in der reinen und noch mehr in der angewandten Mathematik eine große Rolle, da die meisten Naturgesetze zunächst in der Form von Differentialgleichungen erhalten werden. Mit einigen einfachen Typen von ihnen werden wir uns noch zu beschäftigen haben.

2.4 Die Technik des Differenzierens II (Erweiterungen und Anwendungen)

Ableitungen höherer Ordnung. Angenommen, $f(x)$ sei in $[a;b]$ für jedes x differenzierbar. Dann läßt sich für jedes $a \leq x \leq b$ $f'(x)$ bilden. $f'(x)$ ergibt somit wieder eine Funktion, die in $[a;b]$ definiert ist. Falls sie dort auch differenzierbar ist, so läßt sich von ihr nach den gleichen Regeln die Ableitung bilden. Man nennt sie eine Ableitung 2. Ordnung von $f(x)$ und bezeichnet sie mit $f''(x)$. Entsprechend lassen sich möglicherweise die nächsten Ableitungen $f'''(x), f^{IV}(x), \ldots, f^{(n)}(x)$ (womit gleichzeitig auf die verschiedenen Möglichkeiten der Schreibweise hingewiesen ist) bilden. Anwendung auf die erste der drei Grundfunktionen liefert sofort für x^n die Formel

(2.4.1)
$$(x^n)' = n x^{n-1}, \quad (x^n)'' = n(n-1) x^{n-2} = \binom{n}{2} 2! \, x^{n-2}$$

$$(x^n)^{(v)} = \begin{cases} \binom{n}{v} v! \, x^{n-v} & \text{für} \quad v < n \\ n! & \text{für} \quad v = n \\ 0 & \text{für} \quad v > n, \end{cases}$$

woraus sich sofort die höheren Ableitungen einer ganzen rationalen Funktion n-ten Grades zu

(2.4.2) $$\begin{aligned}R_n(x) &= a_n x^n + a_{n-1} x^{n-1} + a_{n-2} x^{n-2} + \cdots + a_1 x + a_0 \\ R'_n(x) &= n a_n x^{n-1} + (n-1) a_{n-1} x^{n-2} + \cdots + a_1 \\ R''_n(x) &= n(n-1) a_n x^{n-2} + (n-1)(n-2) a_{n-1} x^{n-3} + \cdots + a_2 \to R_n^{(n)}(x) = n! a_n\end{aligned}$$

ergeben. Bei jeder Ableitung einer ganzen rationalen Funktion n-ten Grades erniedrigt sich somit der Grad um 1, d. h. als n-te Ableitung erhält man eine Konstante, und damit läßt sich mit dem bereits eingeführten Begriff der Differentialgleichung die Bedingung (K ist eine Konstante)

(2.4.3) $$f^{(n)}(x) = K$$

als kennzeichnende Differentialgleichung für eine ganze rationale Funktion n-ten Grades definieren.

Bildet man die aufeinanderfolgenden Ableitungen der zweiten Grundfunktion $\sin x$, so ergibt sich unter Benutzung von (2.3.28) die Reihe

$$\begin{aligned}(\sin x)' &= \cos x \\ (\sin x)'' &= (\cos x)' = -\sin x \\ (\sin x)''' &= (-\sin x)' = -\cos x \\ (\sin x)^{IV} &= (-\cos x)' = \sin x,\end{aligned}$$

woraus sich ohne weiteres das folgende Bildungsgesetz für die Ableitungen in allgemeiner Form als

(2.4.4) $$(\sin x)^{(v)} = \begin{Bmatrix} \sin x \\ \cos x \\ -\sin x \\ -\cos x \end{Bmatrix} \text{ für } v = \begin{Bmatrix} 4\mu \\ 4\mu+1 \\ 4\mu+2 \\ 4\mu+3 \end{Bmatrix} \text{ mit } \mu = 0,1,2,\ldots$$

darstellen läßt. Gleichzeitig läßt sich daraus die kennzeichnende Differentialgleichung der Funktion $\sin x$ in der Form

(2.4.5) $$f''(x) + f(x) = 0$$

aufstellen. Bei der Funktion $\sin x$ sind somit Ableitungen von beliebig hoher Ordnung bildbar, die aber in periodischer Reihenfolge jeweils nur einen der vier Werte $\pm \sin x$, $\pm \cos x$ annehmen können.

Bei der dritten Grundfunktion e^x ist wegen (2.3.3) das Bildungsgesetz der höheren Ableitungen sofort als

(2.4.6) $$(e^x)^{(v)} = e^x$$

aufzuschreiben, die kennzeichnende Differentialgleichung lautet damit

(2.4.7) $$f'(x) - f(x) = 0.$$

Geometrische Deutung der Ableitungen. Zur Kennzeichnung des geometrischen Bildes einer Funktion sind drei Merkmalsalternativen üblich: Eine Kurve kann positiv oder negativ sein, wobei der Übergang als Nullstelle bezeichnet wird; eine Kurve kann steigen oder fallen, wobei der Übergang durch einen Extremwert (Maximum oder Minimum) gekennzeichnet wird; eine Kurve kann schließlich (von der x-Achse aus gesehen) konkav oder konvex sein, wobei der Übergang als Wendepunkt bezeichnet wird. Die beiden ersten Begriffe sind anschaulich klar, die letzte Alternative läßt sich danach unterscheiden, ob die Tangente oberhalb oder unterhalb der Kurve liegt. Bei einem Wendepunkt schneidet die zugehörige Wendepunktstangente die Kurve. In Abb. 39 sind diese einzelnen Begriffe dargestellt. Mit Hilfe der Kenntnis der einzelnen Ableitungen einer Funktionsgleichung ist es möglich, Aussagen über den Verlauf einer Funktion zu machen, ohne ihn erst Punkt für Punkt aufzeichnen zu müssen. Diese Möglichkeiten werden durch folgende drei Zusammenhänge eröffnet:

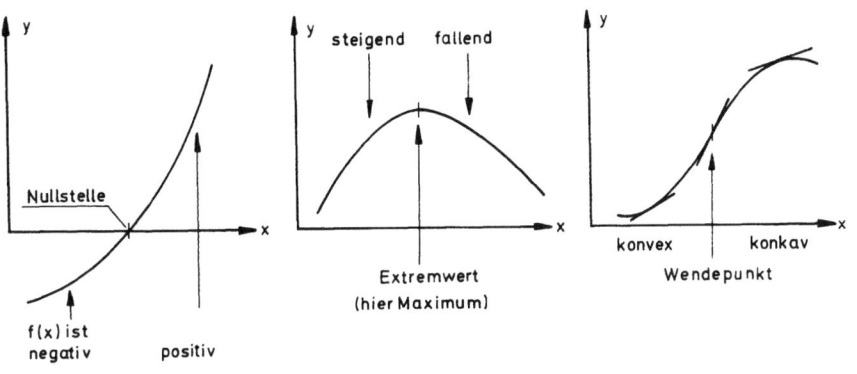

Abb. 39

I. Wenn $f(x)$ steigt, so ist die Neigung der Tangente aufwärts gerichtet, ihr Schnittwinkel α mit der x-Achse ein spitzer Winkel. Damit ist tgα, d. h. $f'(x)>0$. Entsprechend läßt sich schließen, daß bei fallendem $f(x)$ α stumpf und damit tgα, d. h. $f'(x)<0$ sein muß. An den Übergangsstellen, d. h. den Extremwerten, muß dann die Bedingung $f'(x)=0$ erfüllt sein.

II. Wenn $f(x)$ vom Steigen zum Fallen übergeht, d. h. ein Maximum durchläuft, so geht an dieser Stelle α von spitzen zu stumpfen Winkeln, tgα von positiven zu negativen Werten über. Mit anderen Worten: In der Umgebung eines Maximums fällt die Funktion $f'(x)$. Dann ist aber nach I ihre Ableitung, d. h. $f''(x)<0$. Zusammengefaßt: Bei Vorliegen eines Maximalwertes ist an dieser Stelle $f'(x)=0$ und $f''(x)<0$. Durch entsprechende Überlegungen läßt sich die Bedingung für ein Minimum: $f'(x)=0, f''(x)>0$ gewinnen.

III. Wenn $f(x)$ zwischen einem konkaven und einem konvexen Verhalten wechselt, so nimmt am Übergangspunkt, d. h. am Wendepunkt, die Neigung der

Tangente einen Extremwert an. Da die Neigung der Tangente durch $f'(x)$ gekennzeichnet wird, so muß damit am Wendepunkt $f'(x)$ einen Extremwert besitzen, d. h. nach I seine Ableitung $f''(x)=0$ sein.

Mit diesen drei Bedingungen ist es möglich, über Vorhandensein, Lage und Art der einzelnen Extremwerte einer Funktion zu entscheiden, weiterhin Vorhandensein und Lage von Wendepunkten zu ermitteln sowie schließlich Einzelheiten über die obigen drei Verlaufsalternativen zu erfahren. Zwei Anwendungen mögen das Vorgehen erläutern:

Zu der Summe aller Abweichungsquadrate einer Meßreihe von einem Bezugswert a, $Q(a)$ (2.3.32) ist die Lage und Größe des Minimums zu ermitteln (in diesem Beispiel nimmt a die Rolle der unabhängigen Veränderlichen x, $Q(a)$ die Stelle von $f(x)$ ein). Bildet man zu dieser Funktion die erste und zweite Ableitung, so erhält man

(2.4.8)
$$Q(a) = \sum_{v=1}^{N} (x_v - a)^2$$
$$Q'(a) = -2 \sum_{v=1}^{N} (x_v - a) = 2N(a - \bar{x})$$
$$Q''(a) = 2N > 0.$$

Aus der zweiten Zeile ergibt sich, daß die erste Ableitung für $a=\bar{x}$ einen Extremwert besitzt; da die zweite Ableitung für diesen Extremwert (in diesem Beispiel sogar für alle Werte) größer als 0 ist, stellt dieser Wert ein Minimum dar. Setzt man $a=\bar{x}$ in die erste der drei Gleichungen ein, so erhält man den Minimalwert der Summe der Abweichungsquadrate zu

(2.4.9) $$Q(\bar{x}) = \sum_{v=1}^{N} (x_v - \bar{x})^2 = \sum_{v=1}^{N} x_v^2 - \bar{x} \sum_{v=1}^{N} x_v,$$

der (2.3.36) entspricht.

Um aus der Funktionsgleichung

(2.4.10) $$\varphi(x) = A e^{-h^2(x-a)^2}$$

die in (2.3.39) bereits eingeführt wurde und die Wahrscheinlichkeitsdichte der Normalverteilung angibt, die charakteristischen Eigenschaften des geometrischen Kurvenbildes abzuleiten, kann folgendermaßen vorgegangen werden:

Aus der Kurve für die Exponentialfunktion e^{-x} folgt sofort, daß $\varphi(x)$, sofern $A>0$, an keiner Stelle negative Werte annehmen kann, d.h. die Kurve liegt ganz oberhalb der x-Achse. Den Wert 0 kann sie aus den gleichen Überlegungen heraus nur für $(x-a) \to \pm \infty$ annehmen, d. h. sie nähert sich für sehr große und sehr kleine Werte von x asymptotisch von oben der x-Achse. Um weitere Einzelheiten des Kurvenbildes zu erhalten, werden die ersten beiden Ableitungen benötigt. Sie ergeben sich über die Kettenregel sukzessive zu

(2.4.11) $$\varphi'(x) = \underbrace{-2h^2(x-a)}_{u(x)} \underbrace{A e^{-h^2(x-a)^2}}_{v(x)}$$

und

(2.4.12)
$$\varphi''(x) = 4h^4(x-a)^2 A e^{-h^2(x-a)^2} - 2h^2 A e^{-h^2(x-a)^2}$$
$$= 2h^2 [2h^2(x-a)^2 - 1] A e^{-h^2(x-a)^2}.$$

Aus (2.4.11) folgt, daß die erste Ableitung nur dann $=0$ wird, wenn $x=a$ gesetzt wird. Aus (2.4.12) ergibt sich dazu für $\varphi''(a)$ der Wert

(2.4.13)
$$\varphi''(a) = -2h^2 A < 0,$$

d.h. $x=a$ stellt einen Maximalwert dar (da das Maximum von $\varphi(x)$ für alle x den endlichen Wert A annimmt). Setzt man die rechte Seite von (2.4.12) $=0$, so ergibt sich über

(2.4.14)
$$2h^2(x_w-a)^2 = 1$$

schließlich

(2.4.15)
$$x_w = a \pm \frac{1}{h\sqrt{2}}$$

als Bedingung für den Wendepunkt. Die Kurve der Normalverteilung hat damit zwei Wendepunkte, die symmetrisch rechts und links vom Maximalwert angeordnet sind. Eine nähere Betrachtung würde ergeben, daß der Bereich zwischen den beiden Wendepunkten eine konkave, der Bereich außerhalb beider Wendepunkte eine konvexe Krümmung aufweist. Überhaupt läßt sich aus der Tatsache, daß $x-a$ in der Funktionsgleichung (2.4.10) nur in quadratischer Form vorkommt, sofort folgern, daß $\varphi(x)$ für $+(x-a)$ und $-(x-a)$ jeweils den gleichen Wert annimmt oder, anders ausgedrückt, daß alle Funktionswerte, die um die gleiche Strecke rechts bzw. links vom Maximalwert entfernt sind, gleiche Ordinaten aufweisen. Die Kurve ist damit symmetrisch zur Geraden $x=a$.

Faßt man alle diese, rein rechnerisch erhaltenen, Aussagen zusammen, so ist der glockenförmige Verlauf (Abb. 40) der Normalverteilung bereits in seinen wesentlichen Teilen bewiesen.

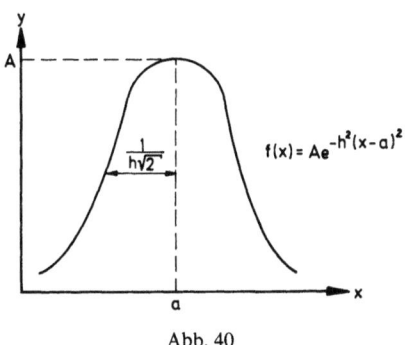

Abb. 40

Differential und Differentialquotient. Wenn $f(x)$ eine differenzierbare Funktion darstellt, so gilt nach (2.2.3) und (2.2.4) die Limesgleichung

(2.4.16) $$\lim_{\Delta x \to 0} \frac{f(x+\Delta x)-f(x)}{\Delta x} = f'(x).$$

Sie läßt sich in die Form einer Ungleichung bringen

(2.4.17) $$\left| \frac{f(x+\Delta x)-f(x)}{\Delta x} - f'(x) \right| \leq \varepsilon \quad \text{wenn} \quad \Delta x \leq \delta(\varepsilon) \quad \text{ist,}$$

wobei die Ungenauigkeitsschranke ε selbst wieder eine Funktion der Abszissendifferenz Δx

(2.4.18) $$\varepsilon = \varepsilon(\Delta x)$$

darstellt. Damit läßt sich (2.4.17) umformen zu

(2.4.19) $$f(x+\Delta x) - f(x) = f'(x)\Delta x \pm \varepsilon(\Delta x)\Delta x.$$

Die linke Seite von (2.4.19) stellt die Ordinatendifferenz Δy dar, d.h. den Betrag, um den die Kurvenordinate sich ändert, wenn man vom Ausgangspunkt um die Strecke Δx fortschreitet. Wie die Abb. 41 angibt, entspricht dann der erste Summand der

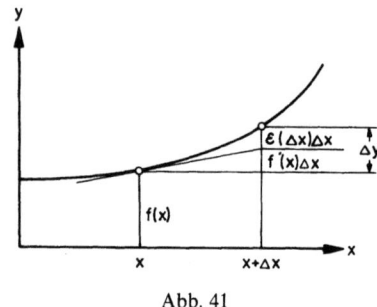

Abb. 41

rechten Seite der Strecke, um die die Ordinate der Kurventangente in x anwächst, wenn man um Δx fortschreitet. Dieser Anteil wird Differential von y oder von $f(x)$ genannt und mit

(2.4.20) $$dy = df(x) = f'(x)\Delta x$$

bezeichnet. Da dieser Begriff in der Analysis sehr wichtig ist, sei er noch einmal definiert:

Das Produkt aus der Ableitung einer Funktion und einer (endlichen) Abszissendifferenz nennt man das Differential dieser Funktion.

Der zweite Summand auf der rechten Seite von (2.4.19) ergibt dann den Unterschied zwischen Δy und dy, d.h. zwischen Kurvenanstieg und Tangentenanstieg an.

Da Δx in ihm einmal als Faktor und einmal als Argument von ε vorkommt und ε mit Δx gegen 0 geht, so wird bei abnehmendem Δx dieser Unterschied schneller klein als Δx allein. Er strebt, wie man es auszudrücken pflegt, nach 2. Ordnung gegen 0.

Wendet man diese Begriffe, die für jede differenzierbare Funktion Gültigkeit besitzen, auf die Funktion $y = x$ an, so nimmt (2.4.20) die Form

(2.4.21) $$dx = (x)' \Delta x = \Delta x$$

an. Aus ihr ist zu entnehmen, daß für diese Funktion Differenz und Differential, d. h. Kurven- und Tangentenanstieg gleich sind. Dividiert man (2.4.20) durch (2.4.21), so ergibt sich

(2.4.22) $$\frac{dy}{dx} = f'(x),$$

womit gezeigt ist, daß sich die Ableitung einer Funktion stets als Quotient zweier Differentiale, nämlich dem Differential der Funktion selbst, dy und dem Differential der Bezugsfunktion $y = x$, dx, darstellen läßt. Mit dieser Begriffsbildung stellt der Differentialquotient $\frac{dy}{dx}$ wirklich einen Quotienten im Sinne der Algebra und kein reines Symbol dar, wie es in manchen Büchern angegeben wird.

Entsprechend werden die Differentialquotienten höherer Ordnung durch

$$\frac{d^{(v)} y}{d x^v} = f^{(v)}(x)$$

definiert.

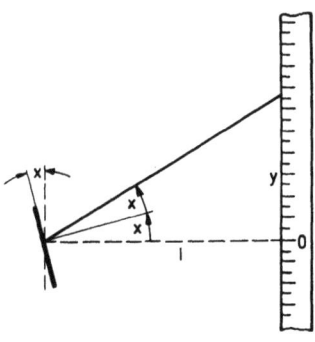

Abb. 42

Diese Begriffsbildung findet einmal Anwendung in der Fehlerrechnung: Wenn Δx den zufälligen und unvermeidbaren Meßfehler der gemessenen Größe x darstellt, aus dieser Größe über die Funktion $y = f(x)$ eine andere Größe y errechnet wird, so ist diese Größe y ebenfalls mit einem Fehler Δy behaftet. Verwendet man Gleichung (2.4.19) und vernachlässigt, was bei nicht zu großen Meßfehlern Δx sicher erlaubt ist, den zweiten Summanden (der ja von höherer Ordnung klein ist), so erhält man die Fehlergleichung

(2.4.23) $$\Delta y \approx f'(x) \Delta x.$$

Wenn etwa bei einem EKG-Gerät als Meßinstrument das *Einthoven*sche Spiegelgalvanometer Verwendung findet, so ist der Drehwinkel x des Spiegels zwar proportional der zu messenden Spannung, die Entfernung der auf der Skala abzulesenden Lichtmarke von ihrer Nullstellung y dagegen über (vgl. Abb. 42)

(2.4.24) $$y = l \cdot \operatorname{tg}(2x)$$

vom Tangens des Drehwinkels abhängig. Fehler in der Einstellung des Drehwinkels können zustande kommen durch Ungleichmäßigkeiten des Feldes sowie mechanische Ungenauigkeiten der Spiegelaufhängung usw. Sie führen dann zu entsprechenden Fehlern in der Ablesung gemäß

(2.4.25) $$\Delta y \approx [l \operatorname{tg}(2x)]' \Delta x = 2l[1 + \operatorname{tg}^2(2x)] \Delta x = 2\left(l + \frac{y^2}{l}\right) \Delta x.$$

Mit dieser Gleichung ist es möglich, bei bekanntem Δx den unvermeidbaren Fehler bei der Ablesung Δy zu bestimmen und damit die Ungenauigkeitsgrenze einer abzulesenden Spannungsangabe festzulegen.

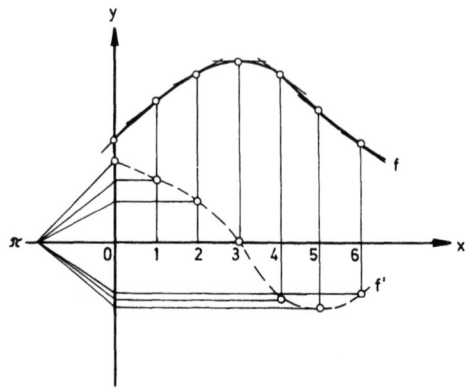

Abb. 43

Eine weitere Anwendung der Näherungsgleichung $\Delta y \approx dy$ liegt dem graphischen Differenzieren einer empirisch gegebenen Kurve zugrunde. Wie in der Abb. 43 gezeigt, werden zu einer ausreichend dichten Folge von Kurvenpunkten die Tangentenneigungen in diesen Punkten bestimmt (am besten mit Hilfe eines Spiegellineals), diese Tangentenneigungen unter Parallelverschiebung auf den sogenannten Pol π übertragen, wobei eine Reihe von rechtwinkligen Bestimmungsdreiecken entsteht, deren Kathete auf der y-Achse dem Tangens des Neigungswinkels gleich ist, d.h. der Kurvenableitung in den einzelnen Punkten entspricht. Auf diese Weise kann für jedes x die Strecke $f'(x)$ konstruiert werden. Durch Verbindung der so erhaltenen Punktfolge ergibt sich angenähert der Verlauf der Kurve $f'(x)$.

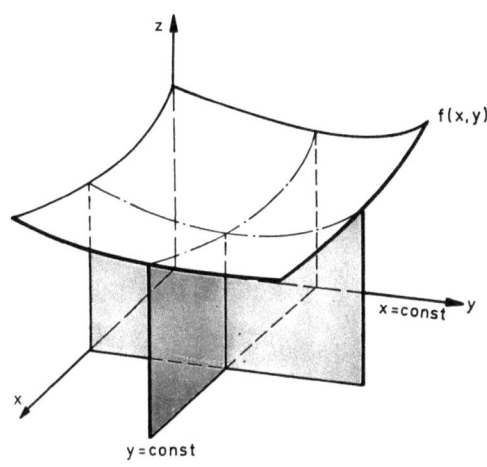

Abb. 44

Ableitungen bei Funktionen zweier Veränderlicher. Wie bereits früher erläutert, stellt die Funktion $z = f(x, y)$ geometrisch die Gleichung einer Fläche dar, bei der jedem Flächenpunkt unendlich viele Tangenten verschiedener Richtung zugeordnet werden können. Unter ihnen werden die zwei ausgezeichnet, die parallel der $x-z$- und der $y-z$-Ebene verlaufen. Sie stellen damit die Tangenten der Schnittkurven der Fläche $z = f(x, y)$ einerseits und der beiden Ebenen $y = $ const. bzw. $x = $ const. dar (Abb. 44). Wenn aber in $f(x, y)$ y als konstant angesehen werden kann, so liegt nur noch eine abhängige Veränderliche, in diesem Falle x, vor, und die Neigung dieser ausgezeichneten Tangenten ergibt sich formal durch Differenzieren von $f(x, y)$ nach x, wobei y wie eine Konstante behandelt wird. Man bezeichnet diese Ableitung nach x als partielle Ableitung nach x und kennzeichnet sie in den Formeln durch die Symbole

(2.4.26) $$\lim_{\Delta x \to 0} \frac{f(x + \Delta x, y) - f(x, y)}{\Delta x} = f_x(x, y) = \frac{\partial z}{\partial x}.$$

Entsprechendes gilt für die Tangenten parallel zur $y-z$-Ebene, d.h. bei konstantem x

(2.4.27) $$\lim_{\Delta y \to 0} \frac{f(x, y + \Delta y) - f(x, y)}{\Delta y} = f_y(x, y) = \frac{\partial z}{\partial y}.$$

Falls die entstehenden partiellen Ableitungen ihrerseits wieder differenzierbare Funktionen darstellen, lassen sich auch hier partielle Ableitungen höherer Ordnung bilden gemäß

(2.4.28)
$$f_{xx} = \frac{\partial^2 z}{\partial x^2}, \quad f_{yy} = \frac{\partial^2 z}{\partial y^2}$$
$$f_{xy} = \frac{\partial^2 z}{\partial y \partial x}, \quad f_{yx} = \frac{\partial^2 z}{\partial x \partial y}.$$

Am Beispiel der Funktion

(2.4.29) $$z = x^2 \sin y$$

seien die verschiedenen möglichen partiellen Ableitungen 1. und 2. Ordnung dargestellt:

(2.4.30)
$$\frac{\partial z}{\partial x} = 2x \sin y \quad \frac{\partial z}{\partial y} = x^2 \cos y$$
$$\frac{\partial^2 z}{\partial x^2} = 2 \sin y \quad \frac{\partial^2 z}{\partial y^2} = -x^2 \sin y$$
$$\frac{\partial^2 z}{\partial y \partial x} = 2x \cos y \quad \frac{\partial^2 z}{\partial x \partial y} = 2x \cos y.$$

Was sich bei dieser Funktion für die sogenannten gemischten Ableitungen 2. Ordnung ergibt, nämlich die Gleichung

(2.4.31) $$\frac{\partial^2 z}{\partial y \partial x} = \frac{\partial^2 z}{\partial x \partial y} \quad \text{bzw.} \quad f_{yx} = f_{x,y},$$

ist eine recht allgemeingültige Gesetzmäßigkeit, die als Satz von *Schwarz* bekannt ist, auf deren Beweis wir jedoch verzichten wollen. Jedenfalls gelten auch hier ähnliche

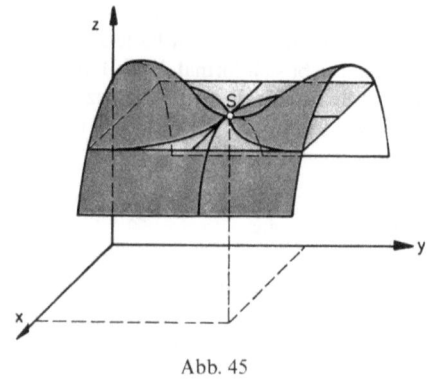

Abb. 45

Überlegungen für das Vorhandensein von Extremwerten. Ein Maximum liegt dann vor, wenn für diesen Punkt sowohl $\frac{\partial z}{\partial x}$ wie $\frac{\partial z}{\partial y}$ verschwinden und die drei Bedingungen

$$\frac{\partial^2 z}{\partial x^2} \cdot \frac{\partial^2 z}{\partial y^2} - \left(\frac{\partial^2 z}{\partial x \partial y}\right)^2 > 0, \quad \frac{\partial^2 z}{\partial x^2} < 0, \quad \frac{\partial^2 z}{\partial y^2} < 0$$

erfüllt sind. Entsprechendes gilt für ein Minimum

$$\frac{\partial^2 z}{\partial x^2} \cdot \frac{\partial^2 z}{\partial y^2} - \left(\frac{\partial^2 z}{\partial x \partial y}\right) > 0, \quad \frac{\partial^2 z}{\partial x^2} > 0, \quad \frac{\partial^2 z}{\partial y^2} > 0.$$

Sollte für einen Punkt $\frac{\partial^2 z}{\partial x^2} > 0$ und gleichzeitig $\frac{\partial^2 z}{\partial y^2} < 0$ sein, so liegt ein sogenannter Sattelpunkt der Fläche vor (Abb. 45), d.h. ein Punkt, der beim Durchwandern in einer Richtung als Minimum, in dazu senkrechter Richtung jedoch als Maximum in Erscheinung tritt. Als Anwendung sei wieder ein Beispiel aus der Statistik gewählt:

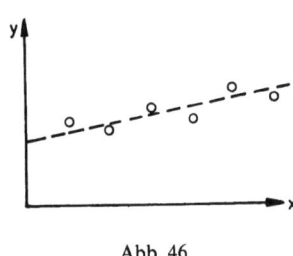

Abb. 46

Bei einer Versuchsreihe von N Beobachtungen seien jeweils zwei Merkmale x und y gemessen worden (z. B. Körpergröße und Lebensalter bei Kindern). Beim Auftragen dieser Meßergebnisse als Punkte in einem xy-System sei dabei das Bild der Abb. 46 erhalten worden. Es liegt nahe, hier einen linearen Zusammenhang zwischen y und x zu vermuten, und es stellt sich damit die Aufgabe, unter allen Geraden $y = a + bx$ diejenige herauszufinden, der sich die Punktwolke am besten anschmiegt. Auch hier wird nach *Gauß* diese Forderung übertragen in die Bedingung, daß die Summe der Abweichungsquadrate zwischen Punktordinaten und Geradenordinaten ein Minimum werden muß. Es ergibt sich damit für die Summe der Abweichungsquadrate, die diesmal eine Funktion von zwei Veränderlichen, nämlich den beiden Parametern a und b der Geradengleichung ist, der Ansatz

(2.4.32) $$Q = Q(a,b) = \sum_{\nu=1}^{N} (y_\nu - y(x_\nu))^2 = \sum_{\nu=1}^{N} (y_\nu - a - b x_\nu)^2.$$

Bildung der partiellen Ableitungen 1. und 2. Ordnung liefert die folgenden Gleichungen:

(2.4.33)
$$\frac{\partial Q}{\partial a} = -2\sum_{v=1}^{N}(y_v - a - bx_v),$$
$$\frac{\partial Q}{\partial b} = -2\sum_{v=1}^{N}(x_v y_v - ax_v - bx_v^2) \quad \frac{\partial^2 Q}{\partial a^2} = 2N > 0,$$
$$\frac{\partial^2 Q}{\partial b^2} = 2\sum_{v=1}^{N} x_v^2 > 0, \quad \frac{\partial^2 Q}{\partial a \partial b} = 2\sum_{v=1}^{N} x_v,$$
$$\frac{\partial^2 Q}{\partial a^2}\frac{\partial^2 Q}{\partial b^2} - \left(\frac{\partial^2 Q}{\partial a \partial b}\right)^2 = 4\left[N\sum_{v=1}^{N} x_v^2 - \sum_{v=1}^{N} x_v \sum_{v=1}^{N} x_v\right] = 4N\left[\sum_{v=1}^{N} x_v^2 - \bar{x}\sum_{v=1}^{N} x_v\right]$$
$$= 4N\sum_{v=1}^{N}(x_v - \bar{x})^2 > 0,$$

es ergibt sich damit mit $\dfrac{\partial Q}{\partial a} = 0$ und $\dfrac{\partial Q}{\partial b} = 0$ aus (2.4.33) für a und b das folgende System zweier linearer Gleichungen:

(2.4.34)
$$Na + \sum_{v=1}^{N} x_v \cdot b = \sum_{v=1}^{N} y_v,$$
$$\sum_{v=1}^{N} x_v \cdot a + \sum_{v=1}^{N} x_v^2 \cdot b = \sum_{v=1}^{N} x_v y_v,$$

dessen Lösung die Lage eines Minimums bestimmt und über

(2.4.35)
$$a + \bar{x}b = \bar{y}, \quad a = \bar{y} - b\bar{x},$$
$$\bar{y}\sum_{v=1}^{N} x_v - b\bar{x}\sum_{v=1}^{N} x_v + b\sum_{v=1}^{N} x_v^2 = \sum_{v=1}^{N} x_v y_v$$

schließlich zu den Bedingungen

(2.4.36)
$$b = \frac{\sum_{v=1}^{N} x_v y_v - \bar{y}\sum_{v=1}^{N} x_v}{\sum_{v=1}^{N} x_v^2 - \bar{x}\sum_{v=1}^{N} x_v} \quad \text{und} \quad a = \bar{y} - b\bar{x}$$

für die Regressionsgerade führt.

Totales Differential bei Funktionen zweier Veränderlicher. Analog wie bei Funktionen einer Veränderlichen läßt sich nach dem Ordinatenzuwachs Δz fragen, der erhalten wird, wenn man von einem Flächenpunkt mit den Koordinaten x, y zu einem benachbarten Flächenpunkt mit den Koordinaten $x + \Delta x$ und $y + \Delta y$ übergeht (Abb. 47). Diese Differenz läßt sich zerlegen über

(2.4.37)
$$\Delta z = f(x + \Delta x, y + \Delta y) - f(x, y)$$
$$= [f(x + \Delta x, y + \Delta y) - f(x, y + \Delta y)] + [f(x, y + \Delta y) - f(x, y)]$$
$$= [f(x + \Delta x, y) - f(x, y)] + \varepsilon_1 \Delta y + [f(x, y + \Delta y) - f(x, y)]$$

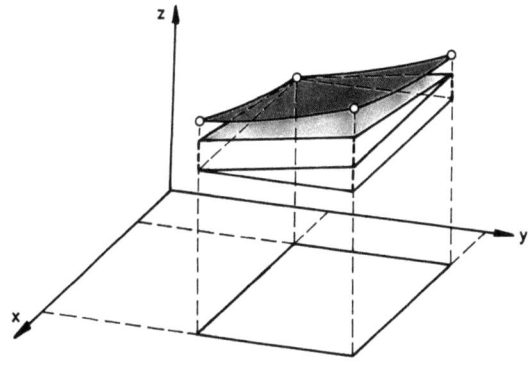

Abb. 47

in zwei einfache Differenzen, die ihrerseits gemäß (2.4.19) auf die partiellen Ableitungen zurückgeführt werden können. Es ergibt sich dann

(2.4.38) $$\Delta z = \frac{\partial z}{\partial x}\Delta x + \varepsilon_2 \Delta x + \varepsilon_1 \Delta y + \frac{\partial z}{\partial y}\Delta y + \varepsilon_3 \Delta y,$$

d. h. der Flächenanstieg Δz besteht aus einem ersten Anteil dz, der nur aus den partiellen Ableitungen 1. Ordnung und den Differenzen der unabhängigen Veränderlichen besteht, sowie aus einer Reihe von Zusatzgliedern, die aber mit $\Delta x, \Delta y$ von höherer Ordnung klein werden. Diesen ersten Summanden, in dem man durch ähnliche Überlegungen wie beim Differential bei einer Veränderlichen Δx und Δy durch dx und dy ersetzen kann,

(2.4.39) $$\frac{\partial z}{\partial x}dx + \frac{\partial z}{\partial y}dy = dz = df(x,y),$$

nennt man das totale Differential der Funktion $z=f(x,y)$. Es gibt daher zwar nicht genau, aber angenähert den Flächenanstieg bei Übergang zu einem Nachbarpunkt an. Als Beispiel sei das Volumen eines Zylinders mit dem Radius r und der Höhe h

(2.4.40) $$V = \pi r^2 h$$

betrachtet. Es stellt eine Funktion der beiden Veränderlichen r und h dar. Vergrößern sich beide um die Beträge Δr bzw. Δh, so ist der eigentliche Volumenzuwachs ΔV gegeben durch

(2.4.41)
$$\Delta V = \pi(r+\Delta r)^2(h+\Delta h) - \pi r^2 h = 2\pi r h \Delta r + \pi r^2 \Delta h + \pi h (\Delta r)^2 + 2\pi r \Delta r \Delta h + \pi (\Delta r)^2 \Delta h,$$

das totale Differential dagegen, wenn es formal über (2.4.39) berechnet wird, durch

(2.4.42) $$dV = 2\pi r h\, dr + \pi r^2\, dh.$$

Man erkennt hierbei den Unterschied, der in Gliedern, die klein von mindestens 2. Ordnung sind, besteht, und mit Hilfe der Abb. 48 auch die geometrische Bedeutung dieser einzelnen Anteile.

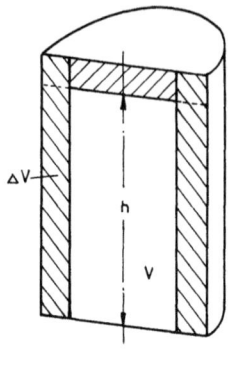

Abb. 48

Totaler Differentialquotient bei Funktionen zweier Veränderlicher. Dividiert man Gleichung (2.4.39) für das totale Differential durch dx, so erhält man

(2.4.43) $$\frac{dz}{dx} = \frac{\partial z}{\partial x} + \frac{\partial z}{\partial y}\frac{dy}{dx} = f_x + f_y \cdot y'.$$

Hier wird die linke Seite als totaler Differentialquotient von z nach x bezeichnet. Seine Bedeutung sei an einem Beispiel erläutert:

Es möge Q die Blutmenge sein, die durch eine kleine Arterie in der Zeiteinheit durch den Querschnitt strömt. Sie wird sowohl von dem Ort längs der Arterie x sowie von dem Zeitpunkt innerhalb der Herzperiode t abhängen, d. h. es ist $Q = Q(x,t)$ als Funktion zweier Veränderlicher anzusetzen. Will man nun die gesamte zeitliche Änderung der Blutströmung an einer bestimmten Stelle erfassen, so ist der totale Differentialquotient zu bilden. Er liefert unter Benutzung von (2.4.43)

(2.4.44) $$\frac{dQ}{dt} = \frac{\partial Q}{\partial x}\frac{dx}{dt} + \frac{\partial Q}{\partial t} = \frac{\partial Q}{\partial x}v + \frac{\partial Q}{\partial t}.$$

Hier gibt der zweite Summand die reine zeitliche Änderung der Strömung am Ort x an, der erste Summand den Anteil, den die örtliche Änderung der Strömung zusätzlich beiträgt, da ja diese örtliche Änderung mit der Strömungsgeschwindigkeit v auch an die Stelle x transportiert wird.

Eine häufig gebrauchte Anwendung des totalen Differentialquotienten ergibt sich, wenn man eine Funktion einer Veränderlichen $y = f(x)$ in der impliciten Form $F(x,y) = 0$ vorzuliegen hat. Man kann nämlich F als Funktion zweier Veränderlicher x und y auffassen und den totalen Differentialquotienten dieser Funktion gemäß (2.4.43) bilden. Es ergibt sich dann

(2.4.45) $$\frac{dF}{dx} = \frac{\partial F}{\partial x} + \frac{\partial F}{\partial y} y' = 0,$$

wobei natürlich, da $F = 0$ ist, auch die totale Ableitung den Wert 0 haben muß. Löst man (2.4.45) nach y' auf, so ergibt sich mit

(2.4.46) $$y' = -\frac{\frac{\partial F}{\partial x}}{\frac{\partial F}{\partial y}}$$

eine formale Regel zur Ableitungsbildung implicit gegebener Funktionen. Es sei z. B. die Gleichung einer Ellipse in der Mittelpunktsform

(2.4.47) $$\frac{x^2}{a^2} + \frac{y^2}{b^2} - 1 = 0$$

gegeben. Um die Steigung der Ellipsentangenten abzuleiten, ist es nicht mehr notwendig, (2.4.47) nach y aufzulösen und dann zu differenzieren, sondern man erhält das Resultat schneller unter Anwendung von (2.4.46) zu

(2.4.48) $$y' = -\frac{\frac{2x}{a^2}}{\frac{2y}{b^2}} = -\frac{b^2}{a^2} \frac{x}{y}.$$

Differentialform. Betrachtet man die linke Seite von (2.4.39), so ist sie von folgendem Bautyp:
$$P(x,y)dx + Q(x,y)dy.$$
Einen solchen Ausdruck nennt man eine Differentialform zweier Veränderlicher. Dieser Ausdruck kann, braucht aber nicht das totale Differential einer Funktion $z = f(x,y)$ zu sein. Um Kriterien zur Entscheidung dieses Sachverhalts zu gewinnen, gehen wir von folgender Gegenüberstellung aus:
$$P(x,y) = \frac{\partial z}{\partial x}, \quad Q(x,y) = \frac{\partial z}{\partial y}.$$
Bildet man die gemischten partiellen Ableitungen 2. Ordnung, so müssen sie, falls ein totales Differential vorliegt, nach dem Satz von *Schwarz* einander gleich sein. Es ergibt sich damit die Bedingungsgleichung

(2.4.49) $$\frac{\partial P}{\partial y} = \frac{\partial Q}{\partial x}$$

(*Cauchy-Riemann*sche Differentialgleichung), die dann und nur dann erfüllt ist, wenn die vorgelegte Differentialform ein totales Differential darstellt. Zum Beispiel stellt die Differentialform
$$2x \sin y \, dx + x^2 \cos y \, dy$$

ein totales Differential dar; denn die Bedingung (2.4.49) ist hier wegen

$$\frac{\partial P}{\partial y} = 2x\cos y \qquad \frac{\partial Q}{\partial x} = 2x\cos y$$

erfüllt. Dagegen würde die Form

$$2x^2 \sin y\, dx + x^3 \cos y\, dy$$

kein totales Differential darstellen, denn die Anwendung der Bedingung (2.4.49) liefert hier

$$\frac{\partial P}{\partial y} = 2x^2 \cos y \qquad \frac{\partial Q}{\partial x} = 3x^2 \cos y.$$

Als Beispiel einer Anwendung mag der erste Hauptsatz der Thermodynamik gewählt werden, er lautet

$$\delta Q = dU + \delta A,$$

was in Worten besagt, daß eine kleine Wärmemenge δQ, die einem System zugeführt wird, sowohl zur Erhöhung der inneren Energie des Systems dU wie auch zur Leistung äußerer Arbeit δA verwendet werden kann. In der Schreibweise ist angedeutet, daß von diesen drei Anteilen nur die Änderung der inneren Energie ein totales Differential darstellt. Angewendet auf ideale Gase, bei denen das Gasgesetz $pV = RT$ gilt und die innere Energie nicht vom Volumen abhängt, läßt sich der erste Hauptsatz in der Form

(2.4.50) $$\delta Q = C_V dT + p\, dV = C_V dT + \frac{RT}{V} dV$$

schreiben, wobei C_V die auf 1 Mol bezogene spezifische Wärme bei konstantem Volumen bezeichnet. Zur Prüfung, ob hier ein totales Differential vorliegt, sei das Kriterium (2.4.49) angewendet. Es ergibt

(2.4.51) $$\frac{\partial C_V}{\partial V} = 0, \qquad \frac{\partial}{\partial T}\left(\frac{RT}{V}\right) = \frac{R}{V} \neq 0,$$

d. h. die Bedingung ist nicht erfüllt, die zugeführte Wärmemenge läßt sich nicht als totales Differential schreiben. Multipliziert man jedoch auf beiden Seiten mit dem Faktor $1/T$, so ist die jetzt auf der rechten Seite stehende Differentialform wegen

(2.4.52) $$\frac{\partial}{\partial V}\left(\frac{C_V}{T}\right) = 0, \qquad \frac{\partial}{\partial T}\left(\frac{R}{V}\right) = 0$$

ein totales Differential, d.h. die auf der linken Seite stehende Funktion $\frac{\partial Q}{T}$ läßt sich als totales Differential einer Funktion S auffassen, es gilt

(2.4.53) $$dS = \frac{\partial Q}{T} = \frac{C_v}{T} dT + \frac{R}{V} dV.$$

Diese neue Funktion S, die hier durch ihr totales Differential gegeben ist, nennt man die Entropie.

Funktionen von mehr als zwei Veränderlichen. Alle bisherigen Betrachtungen lassen sich auch auf Funktionen von mehr als zwei Veränderlichen übertragen, verlieren dabei jedoch ihre geometrische Anschaulichkeit. Es sei $z = f(x_1, x_2, \ldots, x_n)$ eine Funktion von n unabhängigen Veränderlichen, dann lassen sich n partielle Differentialquotienten 1. Ordnung definieren $\dfrac{\partial z}{\partial x_\nu} = f_{x_\nu}$, und das totale Differential würde dann

(2.4.54) $$dz = \sum_{\nu=1}^{n} \frac{\partial z}{\partial x_\nu} dx_\nu$$

lauten. Eine wichtige Anwendung dieser Formel ergibt sich für die Fehlerrechnung durch den Ansatz

(2.4.55)
$$\varDelta z \approx \sqrt{(dz)^2} = \sqrt{\left(\sum_{\nu=1}^{n} \frac{\partial z}{\partial x_\nu} dx_\nu\right)^2} = \sqrt{\sum_{\nu=1}^{n} \left(\frac{\partial z}{\partial x_\nu}\right)^2 (\varDelta x_\nu)^2 + \sum_{\substack{\nu=1 \\ \nu \neq \mu}}^{n} \sum_{\mu=1}^{n} \frac{\partial z}{\partial x_\nu} \frac{\partial z}{\partial x_\mu} \varDelta x_\nu \varDelta x_\mu}.$$

Hierbei wird die Summe der gemischten Produkte im allgemeinen gegenüber der Summe der reinen Quadrate zu vernachlässigen sein, da sich zufällige Fehler gleichmäßig auf beide Vorzeichen verteilen und damit die gemischten Summanden sich großenteils gegeneinander aufheben werden. Es ergibt sich damit das Fehlerfortpflanzungsgesetz in seiner allgemeinen Form zu

(2.4.56) $$\varDelta z \approx \sqrt{\sum_{\nu=1}^{n} \left(\frac{\partial z}{\partial x_\nu}\right)^2 (\varDelta x_\nu)^2}.$$

Zum Beispiel ergibt sich die Leistung eines Wechselstromes mit der Stromstärke J und der Spannung U sowie der Phasenverschiebung φ zu

(2.4.57) $$W = J U \cos \varphi.$$

Wird nun bei der Strommessung ein Fehler $\varDelta J$, bei der Spannungsmessung ein Fehler $\varDelta U$ und bei der Messung des Phasenwinkels ein Fehler $\varDelta \varphi$ gemacht, so ergibt sich für die nach (2.4.57) errechnete Leistung nach (2.4.55) ein Fehler

(2.4.58) $$\varDelta W \approx \sqrt{(U \cos\varphi \, \varDelta J)^2 + (J \cos\varphi \, \varDelta U)^2 + (J U \sin\varphi \, \varDelta \varphi)^2}.$$

2.5 Die Technik des Integrierens I (Grundlagen)

Wie bei der Differentialrechnung sind auch zum Integrieren zweierlei Grundkenntnisse Voraussetzung: das „Kleine Einmaleins", d. h. eine Tabelle einfacher Stammfunktionen, und ein Schatz an Grundregeln, mit deren Hilfe es möglich ist, die Integration zusammengesetzter Funktionen auf die Grundaufgaben zurückzuführen. Zu einer Tabelle von Stammfunktionen gelangt man durch Übertragung aller bisher in der Differentialrechnung gewonnenen Ableitungsformeln in eine andere Schreibweise. Zum Beispiel folgt aus der Ableitungsformel $(x^n)' = n x^{n-1}$, daß x^{n-1} eine Stammfunktion zur Funktion $\dfrac{x^n}{n}$ ist. Ersetzt man $n-1$ durch n, so ergibt sich $\dfrac{x^{n+1}}{n+1}$ als eine Stammfunktion zu x^n, und da sich alle Stammfunktionen nur um eine Konstante unterscheiden können, wird $\dfrac{x^{n+1}}{n+1} + \text{const}$ die Stammfunktion zu x^n in allgemeiner Gestalt. Für diesen Sachverhalt hat sich die Schreibweise

$$\int x^n dx = \frac{x^{n+1}}{n+1} + \text{const}$$

eingebürgert, wobei das links stehende Integral, bei dem die Grenzen nicht eingetragen sind, als sogenanntes unbestimmtes Integral bezeichnet wird. Diese Formel gilt mit einer Ausnahme. Für $n=-1$ wird nämlich der Nenner auf der rechten Seite 0, d. h. die rechte Seite ist nicht erklärt. Für diesen Sonderfall liegt aber aus der Differentialrechnung bereits die zugehörige Stammfunktion vor; denn $\dfrac{1}{x}$ ist ja die Ableitung von $\ln x$. Damit haben wir ein erstes Grundintegral gewonnen:

(2.5.1) $$\int x^a dx = \begin{cases} \dfrac{x^{a+1}}{a+1} \\ \ln x \end{cases} \text{für} \begin{cases} a \neq -1 \\ a = -1. \end{cases}$$

Für den Exponenten ist diesmal a geschrieben, da die Differentiationsformeln, die diesem Integral zugrunde liegen, auch für beliebige reelle Zahlen als Exponenten Gültigkeit behalten. Weiter wird bei diesem wie bei den folgenden Grundintegralen die Integrationskonstante der Kürze halber fortgelassen.

In analoger Weise ergibt sich aus einfacher Umschreibung der in Abschnitt 2.3 gewonnenen Ableitungsformeln die folgende Aufstellung von Stammfunktionen (unbestimmte Integrale ohne Anführung einer Konstanten):

(2.5.2) $$\begin{cases} \int \sin x \, dx = -\cos x \\ \int \cos x \, dx = \sin x \end{cases}$$

$$\begin{cases} \int e^x dx = e^x \\ \int a^x dx = \dfrac{a^x}{\ln a} \end{cases}$$

$$\begin{cases} \int \dfrac{dx}{\sqrt{1-x^2}} = \arcsin x \\ \int \dfrac{dx}{1+x^2} = \operatorname{arctg} x. \end{cases}$$

Diese Reihe läßt sich bei Weiterführung der Differentialrechnung vervollständigen, da jede gewonnene Ableitungsformel gleichzeitig eine Formel für eine neue Stammfunktion liefert. Überblickt man die linken Seiten in (2.5.1) und (2.5.2), so fällt auf, daß für einige früher eingeführte Funktionen, z. B. $\operatorname{tg} x$, $\ln x$, $\arcsin x$, $\operatorname{arctg} x$ noch Stammfunktionen zu ermitteln sind. Um diese und weitere Integrationsaufgaben auf die Kenntnis der hier zusammengestellten 7 Grundintegrale zurückzuführen, werden folgende drei Sätze benötigt:

Satz I *(Satz von der Integration durch Zerlegung).*

(2.5.3) $$\int [u(x)+v(x)]\,dx = \int u(x)\,dx + \int v(x)\,dx.$$

Beweis. Es mögen gemäß

$$\int u(x)\,dx = U(x)$$
$$\int v(x)\,dx = V(x)$$

die zugehörigen Stammfunktionen eingeführt werden; dann gilt nach dem Hauptsatz der Differential- und Integralrechnung

$$U'(x) = u(x)$$
$$V'(x) = v(x),$$

d. h.
$$u(x)+v(x) = U'(x)+V'(x) = [U(x)+V(x)]'.$$

Damit ist aber $U(x)+V(x)$ eine Stammfunktion zu $u(x)+v(x)$, d. h. es gilt

$$\int [u(x)+v(x)]\,dx = U(x)+V(x).$$

Ersetzt man die Stammfunktionen der rechten Seite durch die zugehörigen Integrale, so wird Satz I erhalten.

Satz II *(Satz von der partiellen Integration).*

(2.5.4) $$\int u(x)v'(x)\,dx = u(x)v(x) - \int v(x)u'(x)\,dx.$$

Beweis. Aus

$$u(x)v'(x)+v(x)u'(x) = [u(x)v(x)]'$$

folgt nach dem Hauptsatz, daß uv eine Stammfunktion von $uv'+vu'$ darstellt, d. h. es gilt

$$\int [u(x)v'(x)+v(x)u'(x)]\,dx = u(x)v(x).$$

Anwendung von Satz I auf die linke Seite und Umordnung der Glieder liefert die Behauptung von Satz II.

Aus diesen beiden Sätzen lassen sich zwei weitere ableiten:

Satz II a.

(2.5.5) $$\int c \cdot f(x)\,dx = c \int f(x)\,dx.$$

Beweis. Man setze in II $u(x)=c$ und $v'(x)=f(x)$, d. h. $v(x)=\int f(x)\,dx$.

Satz II b.

(2.5.6) $$\int \sum_{v=1}^{n} c_v f_v(x) dx = \sum_{v=1}^{n} c_v \int f(x) dx.$$

Beweis. Wende I (der Satz gilt selbstverständlich auch für mehr als zwei Summanden) auf die linke Seite an und benutze II a für jeden einzelnen Summanden.

Satz III *(Satz von der Integration durch Substitution)*. Wenn durch die Vorschrift $x = \varphi(u)$ eine neue Variable u eingeführt wird, so gilt die Beziehung

(2.5.7) $$\int f(x) dx = \int F(u) du,$$

wobei

$$F(u) = f[\varphi(u)] \varphi'(u).$$

Beweis. Aus der Substitutionsgleichung folgt $dx = \varphi'(u) du$. Damit nimmt das Integral der linken Seite die Form $\int f[\varphi(u)] \varphi'(u) du$ an. (Durch geschickte Wahl einer solchen Substitution kann häufig erreicht werden, daß der neue Integrand eine einfachere Gestalt annimmt.)

Mit diesen Sätzen lassen sich eine Reihe von Aufgaben lösen:

a) Durch Anwendung der partiellen Integration ergibt sich schrittweise unter Benutzung der Formel $(x)' = 1$

(2.5.8)
$$\int \ln x \, dx = \int \ln x \cdot (x)' dx = \ln x \cdot x - \int (\ln x)' x \, dx = x \ln x - \int \frac{1}{x} x \, dx = x \ln x - x.$$

Anmerkung: Bei dieser und allen weiteren Integrationsaufgaben empfiehlt es sich, die Richtigkeit des Ergebnisses durch Bildung der Ableitung zu überprüfen. Die Ableitung der gewonnenen Stammfunktion muß den Integranden ergeben.

b) Durch Anwendung der Substitutionsmethode läßt sich folgende Integrationsaufgabe lösen:

(2.5.9) $$\int \mathrm{tg}\, x \, dx = \int \frac{\sin x \, dx}{\cos x} = -\int \frac{du}{u} \quad (\text{mit } \cos x = u, \ du = -\sin x \, dx),$$

d. h.

$$\int \mathrm{tg}\, x \, dx = -\ln u = -\ln \cos x.$$

c) Zur Lösung des folgenden Integrals werden sowohl partielle Integration wie Substitution erforderlich. Zunächst ergibt sich

(2.5.10) $$\int \arcsin x \, dx = \int \arcsin x \cdot (x)' dx = x \arcsin x - \int \frac{x}{\sqrt{1-x^2}} dx$$

durch partielle Integration. Das rechts stehende Integral läßt sich durch die Substitution $1 - x^2 = u$, d. h. $x = \sqrt{1-u}$ und $dx = \dfrac{-du}{2\sqrt{1-u}}$ auf die einfachere Form

(2.5.11) $$\int \frac{x}{\sqrt{1-x^2}} dx = -\frac{1}{2} \int \frac{\sqrt{1-u}\, du}{\sqrt{1-u}\sqrt{u}} = -\frac{1}{2} \int \frac{du}{\sqrt{u}}$$

bringen, wobei das nun erhaltene Integral nach der Grundformel (2.5.1) berechnet werden kann:

(2.5.12) $\quad -\frac{1}{2}\int\frac{du}{\sqrt{u}} = -\frac{1}{2}\int u^{-\frac{1}{2}}du = -\frac{1}{2}\frac{u^{\frac{1}{2}}}{\frac{1}{2}} = -\sqrt{u} = -\sqrt{1-x^2}.$

Faßt man die Ergebnisse von (2.5.10) bis (2.5.12) zusammen, so ergibt sich als weiteres Grundintegral die Formel

(2.5.13) $\quad\quad\quad\quad \int \arcsin x\,dx = x\arcsin x + \sqrt{1-x^2}.$

d) Analog läßt sich das folgende Integral sukzessive berechnen. Es ergibt sich

(2.5.14) $\quad \int \operatorname{arctg} x\,dx = \int \operatorname{arctg} x \cdot (x)'\,dx = x\operatorname{arctg} x - \int \frac{x\,dx}{1+x^2}$

durch partielle Integration und (mit $1+x^2=u$, $du=2x\,dx$)

(2.5.15) $\quad\quad\quad \int \frac{x\,dx}{1+x^2} = \frac{1}{2}\int \frac{du}{u} = \frac{1}{2}\ln u = \ln\sqrt{1+x^2}$

durch Substitution, d.h. es gilt

(2.5.16) $\quad\quad\quad \int \operatorname{arctg} x\,dx = x\operatorname{arctg} x - \ln\sqrt{1+x^2}$

als weiteres Grundintegral.

Damit liegen für alle bisher eingeführten Funktionen sowohl Differential- wie Integralformeln vollständig vor.

Zwei weitere Formeln werden gelegentlich benötigt:

a) Durch partielle Integration entsteht

(2.5.17) $\quad \int \sin^2 x\,dx = \int \sin x(-\cos x)'\,dx = -\sin x\cos x + \int \cos^2 x\,dx.$

Wegen

(2.5.18) $\quad\quad\quad \int \cos^2 x\,dx = \int(1-\sin^2 x)\,dx = x - \int \sin^2 x\,dx$

folgt daraus

(2.5.19) $\quad\quad\quad 2\int \sin^2 x\,dx = x - \sin x\cos x$

oder umgeformt

(2.5.20) $\quad\quad\quad \int \sin^2 x\,dx = \tfrac{1}{2}(x - \sin x\cos x).$

b) Die entsprechende Formel für $\cos^2 x$ läßt sich unter Zurückführung auf die eben gelöste Aufgabe einfacher gewinnen:

(2.5.21) $\quad\quad\quad \int \cos^2 x\,dx = x - \int \sin^2 x = \tfrac{1}{2}(x + \sin x\cos x).$

Im folgenden seien eine Reihe von Anwendungen der Integralrechnung auf geometrische Probleme behandelt.

a) Bestimmung von Flächeninhalten (Quadratur von Kurven): Diese Möglichkeit ist ohne weiteres klar; denn ausgehend vom Quadraturproblem ist das bestimmte Integral gerade entwickelt worden. Als Beispiel sei der Flächeninhalt einer Ellipse mit den Halbachsen a und b berechnet. Aus der Mittelpunktsgleichung dieser Ellipse (1.3.7) ergibt sich der Flächeninhalt als das Vierfache der Quadrantenfläche (Abb. 49) zu

(2.5.22)
$$F = 4\int_0^a \frac{b}{a}\sqrt{a^2 - x^2}\, dx.$$

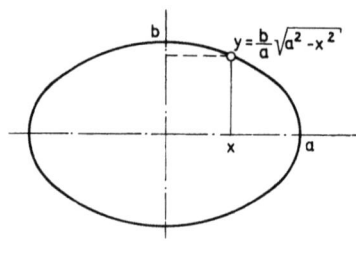

Abb. 49

Dieses Integral läßt sich durch die Substitution $u = \frac{x}{a}$, $x = au$, $dx = a\,du$ folgendermaßen umformen:

(2.5.23)
$$F = 4ab\int_0^1 \sqrt{1 - u^2}\, du,$$

wobei sich die neuen Integrationsgrenzen aus der Substitutionsformel ergeben (wenn z. B. $x = a$ wird, muß $u = \frac{a}{a} = 1$ sein). Eine weitere Substitution $u = \sin\varphi$, $du = \cos\varphi\, d\varphi$ führt auf

(2.5.24)
$$F = 4ab\int_0^{\frac{\pi}{2}} \cos^2\varphi\, d\varphi.$$

Für dieses Integral ist aber aus (2.5.21) die Stammfunktion bekannt, d.h. es läßt sich über

(2.5.25)
$$F = 4ab\left[\frac{1}{2}(x + \sin x \cos x)\right]_0^{\frac{\pi}{2}} = 4ab\left[\frac{1}{2}\frac{\pi}{2}\right]$$

zu

(2.5.26)
$$F = \pi ab$$

berechnen, womit eine Formel für den Flächeninhalt der Ellipse gewonnen ist. Für $a = b = r$ geht die Ellipse in einen Kreis mit dem Radius r über, dessen Flächenformel damit als $F = \pi r^2$ ebenfalls festliegt.

b) Bestimmung von Bogenlängen (Rektifikation von Kurven): Auch dieses Problem läßt sich mit Hilfe der Integralrechnung lösen. Aus Abb. 50 läßt sich die Beziehung

(2.5.27) $$\Delta s = \frac{\Delta x}{\cos \alpha} = \sqrt{1 + \text{tg}^2 \alpha}\, \Delta x = \sqrt{1 + [f'(x)]^2}\, \Delta x$$

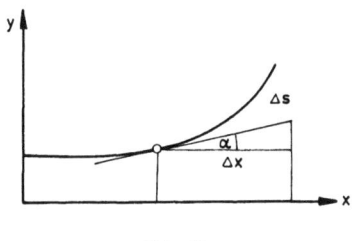

Abb. 50

für die Länge eines kleinen Tangentenstückchens zwischen zwei benachbarten Kurvenpunkten ablesen. Ähnlich wie bei der Ableitung der Quadraturformel läßt sich auch hier die Bogenlänge eines Kurvenabschnitts durch zwei solcher durch die Tangentenabschnitte gebildeten Polygonzüge annähern. Bei stetigen Funktionen ergibt der Grenzübergang das folgende Integral

(2.5.28) $$s = \int_a^b \sqrt{1 + [f'(x)]^2}\, dx$$

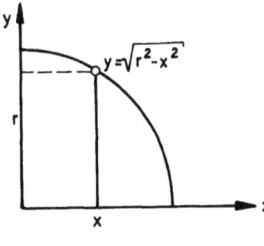

Abb. 51

als Ausdruck für die Bogenlänge einer Kurve zwischen zwei Punkten mit den Abszissen a und b. Gemäß Abb. 51 ergibt sich damit der Umfang eines Kreises mit dem Radius r als das Vierfache der Bogenlänge eines Quadranten zu

(2.5.29) $$U = 4 \int_0^r \sqrt{1 + \frac{x^2}{y^2}}\, dx,$$

wobei für $f'(x)$ der aus der Mittelpunktsgleichung des Kreises $x^2+y^2=r^2$ folgende Ausdruck $f'(x)=-\dfrac{x}{y}$ eingesetzt worden ist. Das Integral (2.5.29) läßt sich unter Benutzung der Kreisgleichung und der Substitution $\dfrac{x}{r}=u$ über die folgenden Umformungen

$$(2.5.30) \qquad U=4\int_0^r \sqrt{\frac{y^2+x^2}{y^2}}\,dx = 4r\int_0^r \frac{dx}{\sqrt{r^2-x^2}} = 4r\int_0^1 \frac{du}{\sqrt{1-u^2}}$$

auf die Form des vorletzten Grundintegrals von (2.5.2) bringen. Damit ist der Umfang des Kreises berechenbar und ergibt sich über

$$(2.5.31) \qquad U = 4r[\arcsin u]_0^1 = 4r\cdot\frac{\pi}{2}$$

zu

$$(2.5.32) \qquad U = 2\pi r.$$

c) Volumen von Rotationskörpern (Kubatur von Kurven): Mit der Flächenformel für den Kreis läßt sich aus der Volumenformel für ein Prisma der Grundfläche G und Höhe h sofort aus (1.2.16) über

$$(2.5.33) \qquad V = G\cdot h = \pi r^2 h$$

die Volumenformel für einen Kreiszylinder gewinnen.

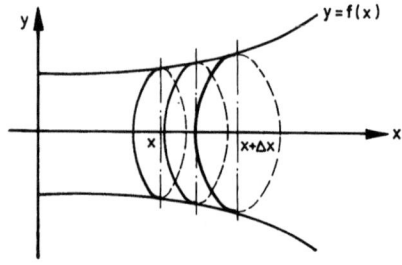

Abb. 52

Läßt man, wie Abb. 52 zeigt, eine gegebene Kurve um die x-Achse rotieren, so umschreibt sie einen zur x-Achse rotations-symmetrischen Körper. Sein Inhalt läßt sich ähnlich wie beim Quadraturansatz auf eine Summe kleiner Zylinderscheiben vom Radius $f(x)$, von der Höhe Δx und damit vom Volumen $\Delta V = \pi [f(x)]^2 \Delta x$ zurückführen. Durchführung des Grenzüberganges durch Vermehrung der Scheibenanzahl und gleichzeitige Verkleinerung ihrer Höhe liefert die folgende Formel für ein Rotationsvolumen:

$$(2.5.34) \qquad V = \pi \int_a^b [f(x)]^2\,dx,$$

wobei wieder a und b die Abszissen der Grenzflächen bezeichnen.

Wählt man als rotierende Grenzkurve die Gleichung einer durch den Nullpunkt verlaufenden Geraden $y = \frac{r}{h} x$ (Abb. 53), wobei $\frac{r}{h}$ den Tangens des Anstiegswinkels angibt, so folgt für das entstehende Rotationsvolumen bei gleicher Abszissenbegrenzung über

$$(2.5.35) \qquad V = \pi \int_0^h \frac{r^2}{h^2} x^2 \, dx = \pi \frac{r^2}{h^2} \int_0^h x^2 \, dx = \pi \frac{r^2}{h^2} \left[\frac{x^3}{3} \right]_0^h = \frac{1}{3} \pi r^2 h$$

die Formel für das Volumen eines Kreiskegels. Schließlich möge noch die Kreiskurve um die x-Achse rotieren. Es ergibt sich dann, wenn $a=0$, $b=r$ gewählt wird, ein Ansatz für das Volumen der Halbkugel:

$$(2.5.36) \qquad V_h = \pi \int_0^r (r^2 - x^2) \, dx.$$

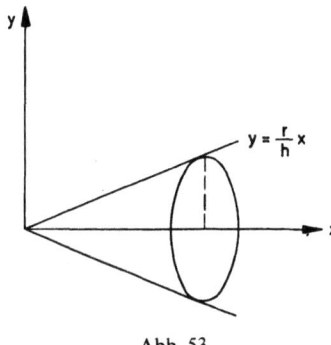

Abb. 53

Das Integral läßt sich nach der Zerlegungsmethode berechnen zu

$$(2.5.37) \qquad V_h = \pi \left(r^3 - \frac{r^3}{3} \right) = \frac{2}{3} \pi r^3,$$

womit das Volumen der Halbkugel und damit auch der Vollkugel über

$$(2.5.38) \qquad V = 2 V_h = \tfrac{4}{3} \pi r^3$$

gewonnen wird.

d) Oberfläche von Rotationskörpern (Komplanation von Kurven): Auch für dieses Problem läßt sich die Zerlegung in zylinderförmige Scheiben anwenden, wobei die Mantelfläche eines solchen Zylinderelements sich zu $\Delta M = 2\pi f(x) \Delta s$ ergibt. Durchführung des Grenzüberganges liefert dann die folgende Formel für die Mantelfläche:

$$(2.5.39) \qquad M = 2\pi \int_a^b f(x) \, ds = 2\pi \int_a^b f(x) \sqrt{1 + [f'(x)]^2} \, dx,$$

wobei gleichzeitig der Ansatz (2.5.28) für das Bogenelement benutzt worden ist. Anwendung auf den Kreisquadranten liefert unter Einsetzen von $y = \sqrt{r^2 - x^2}$ und $y' = -\dfrac{x}{y}$ für die Oberfläche der Halbkugel O_h

(2.5.40) $$O_h = 2\pi \int_0^r y \sqrt{1 + \dfrac{x^2}{y^2}}\, dx = 2\pi \int_0^r \sqrt{y^2 + x^2}\, dx = 2\pi r \int_0^r dx = 2\pi r^2.$$

Damit ist

(2.5.41) $$O = 2 O_h = 4\pi r^2$$

als Formel für die Kugeloberfläche erhalten.

2.6 Die Technik des Integrierens II (Ergänzungen)

Die Integralrechnung hat – wie alle umgekehrten Rechnungsarten – größere Schwierigkeiten bei der Lösung ihrer Probleme zu überwinden, und es sind deshalb über den Rahmen der elementaren Integrationstechniken, wie sie im vorhergehenden Abschnitt dargestellt wurden, hinausgehend noch eine Unzahl von Möglichkeiten zur exakten oder wenigstens angenäherten Lösung von Integrationsaufgaben entwickelt worden. Da sie im allgemeinen mathematisch recht aufwendig sind, können in diesem und zum Teil im folgenden Abschnitt nur einige wenige Verfahren beispielhaft dargestellt werden. Es wurden vor allem Integrale ausgewählt, die in den Anwendungen in Physiologie und medizinischer Statistik benötigt werden.

Als erstes Beispiel möge das Integral

(2.6.1) $$I_n = \int_{-\infty}^{+\infty} x^n e^{-x^2}\, dx$$

ausführlich besprochen werden. Es stellt eine Sonderform eines bestimmten Integrals, nämlich ein uneigentliches Parameter-Integral dar: ein Parameter-Integral, weil bei Durchführung der Integration die Lösung trotz der festgelegten Grenzen noch nicht eindeutig bestimmt ist, sondern von dem sogenannten Parameter, in diesem Fall dem Exponenten n von x, abhängt. Übrigens stellt beispielsweise die Integralformel für den Flächeninhalt eines Kreises bereits ebenfalls ein Parameter-Integral dar, wobei der Kreisradius r die Rolle eines Parameters spielt. Da das Integral einen Flächeninhalt angeben soll und dieser Flächeninhalt durch die Festlegung der Grenzen, d.h. abgesehen von der x-Achse der beiden Grenzabszissen (untere und obere Integrationsgrenze) sowie von der begrenzenden Kurve abhängt, so wird die Ermittlung eines Flächeninhalts dann problematisch, wenn mindestens eine von diesen Größen, d.h. eine der beiden Integrationsgrenzen, oder die Grenzfunktion an mindestens einer Stelle im Integrationsbereich den Wert ∞ annimmt. Man spricht in solchem Falle von einem uneigentlichen Integral, und es bleibt einer Grenzwertbetrachtung überlassen, um festzustellen, ob dieses Integral (der Flächeninhalt) trotzdem einen endlichen Wert behält oder, um eine frühere Ausdrucksweise zu benutzen, ob das Integral gegen einen endlichen Grenzwert konvergiert, wenn etwa die Integrationsgrenzen gegen ∞ streben. Um diese Fragen beim Integral (2.6.1) zu beantworten und gleichzeitig den Grenzwert zu bestimmen, möge schrittweise vorgegangen werden. Zunächst sei das zugehörige unbestimmte Integral berechnet. Es ergibt sich unter Anwendung der partiellen Integration die folgende Umformung:

(2.6.2)
$$\int x^n e^{-x^2} dx = \int x^{n-1}(-\tfrac{1}{2}e^{-x^2})' dx = -\tfrac{1}{2}x^{n-1}e^{-x^2} - \int (x^{n-1})'(-\tfrac{1}{2}e^{-x^2}) dx$$
$$= -\frac{1}{2}x^{n-1}e^{-x^2} + \frac{n-1}{2}\int x^{n-2}e^{-x^2} dx,$$

wobei benutzt wird, daß

$$(e^{-x^2})' = -2xe^{-x^2}, \quad \text{d.h.} \quad (-\tfrac{1}{2}e^{-x^2})' = xe^{-x^2}$$

gilt. Es liegt hiermit eine sogenannte Rekursionsformel vor; denn die Berechnung des Integrals für den Parameterwert n wird zurückgeführt auf die Berechnung des gleichen Integrals für den Parameterwert $n-2$. Schrittweise Weiterführung dieses Schlusses führt die Berechnung des Integrals, je nachdem, ob n eine gerade oder ungerade natürliche Zahl darstellt, auf die Lösung der beiden Integrale

$$\int e^{-x^2} dx \quad \text{bzw.} \quad \int x e^{-x^2} dx$$

zurück. Von ihnen hat das erste als unbestimmtes Integral keine Lösung in geschlossener Form, das zweite läßt sich über

(2.6.3)
$$\int x e^{-x^2} dx = \tfrac{1}{2}\int e^{-x^2} d(x^2) = -\tfrac{1}{2}e^{-x^2}$$

berechnen. Geht man jetzt zum bestimmten Integral mit den endlichen, symmetrisch zur Ordinatenachse liegenden Grenzen $-a$ und $+a$ über, so lautet die Rekursionsformel (2.6.2)

(2.6.4)
$$\int_{-a}^{+a} x^n e^{-x^2} dx = -\frac{1}{2}a^{n-1}e^{-a^2}\underbrace{[1-(-1)^{n-1}]}_{\substack{=0 \\ =2}} + \frac{n-1}{2}\int_{-a}^{+a} x^{n-2}e^{-x^2} dx.$$
$$\text{für } n \begin{cases} \text{ungerade} \\ \text{gerade}. \end{cases}$$

Dabei müssen wieder die Fälle n gerade bzw. ungerade unterschieden werden, da sie zwei unterschiedliche Werte für das erste Glied der rechten Seite liefern. Setzt man diese Werte ein, so folgt aus (2.6.4)

(2.6.5)
$$\int_{-a}^{+a} x^n e^{-x^2} dx = \begin{cases} \dfrac{n-1}{2}\displaystyle\int_{-a}^{+a} x^{n-2}e^{-x^2} dx & (n \text{ ungerade}) \\[2ex] \dfrac{n-1}{2}\displaystyle\int_{-a}^{+a} x^{n-2}e^{-x^2} dx - a^{n-1}e^{-a^2} & (n \text{ gerade}), \end{cases}$$

womit die Rekursionsformel auch für den Fall endlicher bestimmter Integrale aufgestellt ist. Für den Fall ungerader n kann wieder durch sukzessive Anwendung das Integral auf das aus (2.6.3) folgende Integral

(2.6.6) $$\int_{-a}^{+a} x e^{-x^2} dx = -\tfrac{1}{2}[e^{-x^2}]_{-a}^{+a} = -\tfrac{1}{2}(e^{-a^2} - e^{-a^2}) = 0$$

zurückgeführt werden, das aber offensichtlich bei symmetrisch liegenden Integrationsgrenzen stets 0 gibt. Damit läßt sich sofort sagen, daß das Parameter-Integral bei symmetrisch liegenden Grenzen und damit natürlich auch bei unendlichen Grenzen für alle ungeraden n stets $=0$ ist. Um den Wert von I_n bei geradzahligem n zu ermitteln, muß beim entsprechenden Teil der Rekursionsformel (2.6.5) der Grenzübergang $a \to \infty$ durchgeführt werden. Es folgt damit

(2.6.7) $$\lim_{a \to \infty} \int_{-a}^{+a} x^n e^{-x^2} dx = \frac{n-1}{2} \lim_{a \to \infty} \int_{-a}^{+a} x^{n-2} e^{-x^2} dx - \lim_{a \to \infty} \left[\frac{a^{n-1}}{e^{a^2}} \right].$$

Der zweite Grenzwert der rechten Seite läßt sich unter Benutzung der Reihenentwicklung für e^{a^2} (2.1.22) folgendermaßen umformen:

(2.6.8)

$$\lim_{a \to \infty} \left[\frac{a^{n-1}}{1 + \dfrac{a^2}{1!} + \dfrac{a^4}{2!} + \dfrac{a^6}{3!} + \cdots} \right] = \lim_{a \to \infty} \left[\frac{1}{\dfrac{1}{a^{n-1}} + \dfrac{1}{1! a^{n-3}} + \cdots \dfrac{1}{c_\nu \cdot a} + \dfrac{a}{c_{\nu+1}} + \dfrac{a^3}{c_{\nu+2}} + \cdots} \right]$$

(c_ν irgendwelche konstanten Faktoren)

$$\to \frac{1}{0 + 0 + \cdots + 0 + \infty + \infty + \cdots} = 0.$$

Es ergibt sich daraus, daß bei Grenzübergang die ersten Glieder im Nenner verschwinden, die anderen jedoch unendlich groß werden, so daß der Grenzwert 0 beträgt. Damit ergibt sich auch für den Fall geradzahliger Parameter eine einfache Rekursionsformel, die, wenn die bereits in (2.6.1) benützte Bezeichnung

(2.6.9) $$\lim_{a \to \infty} \int_{-a}^{+a} x^n e^{-x^2} dx = \int_{-\infty}^{+\infty} x^n e^{-x^2} dx = I_n$$

eingeführt wird, kürzer als

(2.6.10) $$I_n = \frac{n-1}{2} I_{n-2}$$

geschrieben werden kann. Der Wert von I_n ist damit endlich und bekannt, wenn der Nachweis erbracht ist, daß

(2.6.11) $$I_0 = \int_{-\infty}^{+\infty} e^{-x^2} dx$$

ebenfalls endlich bleibt und sich zahlenmäßig berechnen läßt. Der Nachweis der Endlichkeit, d. h. der Konvergenz, läßt sich durch Abschätzung aus dem geometrischen Bild der Funktion e^{-x^2} leicht erbringen, er sei jedoch hier übergangen, da wir gleich zur Berechnung des Wertes von I_0 schreiten wollen.

Dieses Problem führt uns gleichzeitig in eine neue Erweiterung der Integralrechnung ein, die Einbeziehung von Doppelintegralen. Ein solches Doppelintegral

$$\int_{y_1}^{y_2}\int_{x_1}^{x_2} f(x,y)\,dx\,dy$$

läßt sich analog wie das bisher betrachtete einfache bestimmte Integral in zweierlei Weisen auffassen: einmal arithmetisch als Grenzwert einer Doppelsumme

$$\lim_{\substack{n\to\infty \\ m\to\infty}} \sum_{\mu=1}^{m} \sum_{\nu=1}^{n} f(x_\nu;\,y_\mu)\,\Delta x\,\Delta y$$

und einmal geometrisch als Grenzwert des Volumens, das zwischen der xy-Ebene, der Fläche $z=f(x,y)$ und entsprechenden Flächen, die durch die Integrationsgrenzen festgelegt werden, liegt. Analog zur Annäherung eines Flächeninhalts durch eine Rechtecksumme wird hier das Volumen durch eine Summe von Säulen, die auf kleinen Bereichen der xy-Ebene errichtet werden und bis an die Fläche $z=f(x,y)$ heranreichen, angenähert. Zur arithmetischen Auffassung ist noch nachzutragen, daß für den Fall, daß sich der Integrand in ein Produkt zweier Faktoren, die jeweils nur von einer der beiden Veränderlichen abhängig sind, umformen läßt, das Doppelintegral sich, falls auch die Integrationsgrenzen für die beiden Veränderlichen voneinander unabhängig sind, in ein Produkt zweier Einzelintegrale überführen läßt. Zur Erleichterung des Verständnisses sei die folgende Gegenüberstellung gebracht:

$$(f(x_1)\Delta x + f(x_2)\Delta x)(\varphi(y_1)\Delta y + \varphi(y_2)\Delta y) = \sum_{\nu=1}^{2}\sum_{\mu=1}^{2} f(x_\nu)\varphi(y_\mu)\Delta x\,\Delta y$$

$$\sum_{\nu=1}^{n} f(x_\nu)\Delta x \cdot \sum_{\mu=1}^{m} \varphi(y_\mu)\Delta y = \sum_{\nu=1}^{n}\sum_{\mu=1}^{m} f(x_\nu)\varphi(y_\mu)\Delta x\,\Delta y$$

$$\int_a^b f(x)\,dx \cdot \int_c^d \varphi(y)\,dy = \int_a^b\int_c^d f(x)\varphi(y)\,dx\,dy.$$

Mit diesen Überlegungen und zugleich abwechselnder Benutzung der arithmetischen und der geometrischen Interpretation läßt sich die Berechnung von I_0 folgendermaßen durchführen: Es gilt, da der Wert eines bestimmten Integrals (auch bei unendlichen Grenzen) nicht von der Bezeichnung der Integrationsveränderlichen abhängt,

$$I_0 = \int_{-\infty}^{+\infty} e^{-x^2}\,dx = \int_{-\infty}^{+\infty} e^{-y^2}\,dy,$$

woraus sofort durch Produktbildung

(2.6.12) $$I_0^2 = \int_{-\infty}^{+\infty} e^{-x^2}\,dx \cdot \int_{-\infty}^{+\infty} e^{-y^2}\,dy = \int_{-\infty}^{+\infty}\int_{-\infty}^{+\infty} e^{-(x^2+y^2)}\,dx\,dy$$

folgt. Hierbei stellt das Doppelintegral den Wert des Volumens dar, das bei Rotation der Kurve $z=e^{-x^2}$ um die z-Achse entsteht (Abb. 54). Die hierzu gehörende Unterteilung der xy-Ebene in Elementarbereiche liefert quadratische Säulen mit der Grundfläche $dx \cdot dy$. Nun ergibt sich sicherlich das gleiche Volumen, wenn die xy-Ebene nach Polarkoordinaten r, φ unterteilt wird und die Elementarbereiche, auf denen die Säulen errichtet werden, kleine Kreisringabschnitte der angenäherten Größe $r \, d\varphi \cdot dr$ darstellen. Entsprechend müssen dann im Integranden die Veränderlichen x und y nach den Umrechnungsformeln für Polarkoordinaten

$$x = r\cos\varphi \qquad y = r\sin\varphi$$

ersetzt werden. Es ergibt sich damit für I_0^2 das folgende Doppelintegral:

(2.6.13) $$I_0^2 = \int_0^\infty \int_0^{2\pi} e^{-r^2} r \, dr \, d\varphi$$

(die neuen Integrationsgrenzen sorgen dafür, daß wie vorher die gesamte xy-Ebene erfaßt wird).

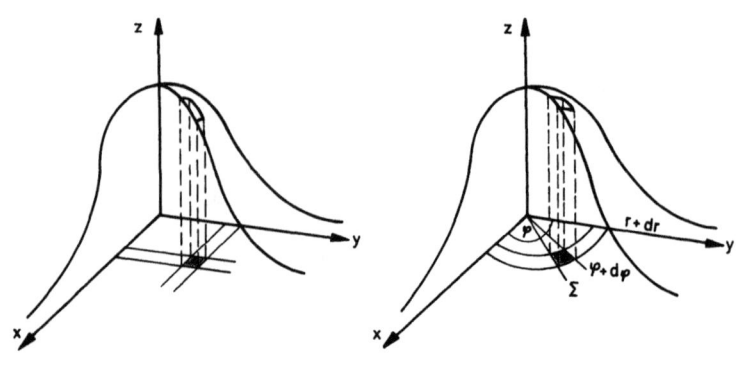

Abb. 54

Da auch hierbei der Integrand sich nach den Integrationsveränderlichen in Faktoren trennen läßt, so kann dieses Doppelintegral als Produkt zweier Einzelintegrale geschrieben werden

(2.6.14) $$I_0^2 = \int_0^\infty e^{-r^2} r \, dr \cdot \int_0^{2\pi} d\varphi = \tfrac{1}{2} \int_0^\infty e^{-r^2} dr^2 \cdot 2\pi = \pi \int_0^\infty e^{-u} du = \pi(e^{-0} - e^{-\infty}) = \pi.$$

Die Ausrechnung der beiden Einzelintegrale ist in diesem Fall bereits durchgeführt, und damit ergibt sich für I_0 der Wert

(2.6.15) $$I_0 = \sqrt{\pi}.$$

Mit der Festlegung dieses Wertes ist auch die Frage der Konvergenz mit erledigt. Weiter liegen damit die Werte von I_n für alle geradzahligen Parameter über (2.6.15) und die Rekursionsformel (2.6.10) fest. Insbesondere ergibt sich für $n=2$

(2.6.16) $$I_2 = \tfrac{1}{2} I_0 = \tfrac{1}{2}\sqrt{\pi}.$$

Für $n=1$ folgt aus (2.6.10)

(2.6.17) $$I_1 = 0.$$

Ein weiteres Beispiel für ein uneigentliches Parameter-Integral ist die sogenannte Gammafunktion $\Gamma(z)$

(2.6.18) $$\Gamma(z) = \int_0^\infty x^{z-1} e^{-x} dx.$$

Ihre Konvergenz kann auf ähnliche Weise untersucht werden, doch seien die dazugehörigen Betrachtungen übergangen. Durch Anwendung der partiellen Integration ergibt sich die folgende Rekursionsformel

(2.6.19)
$$\Gamma(z) = \int_0^\infty x^{z-1}(-e^{-x})' dx = [-x^{z-1} e^{-x}]_0^\infty + (z-1) \int_0^\infty x^{z-2} e^{-x} dx = (z-1)\Gamma(z-1),$$

da der erste Summand der rechten Seite auch für die obere Integrationsgrenze verschwindet. Man kann sich davon überzeugen, indem man analog den Betrachtungen zu (2.6.8) die Exponentialfunktion in eine Potenzreihe entwickelt. Ist im besonderen der Parameter z eine natürliche Zahl n, so folgt unter Benutzung von

(2.6.20) $$\Gamma(1) = \int_0^\infty e^{-x} dx = [-e^{-x}]_0^\infty = 1$$

aus (2.6.19) die Formel

(2.6.21) $$\Gamma(n) = (n-1)!.$$

Sie ist in der Statistik von Wichtigkeit, da sie erlaubt, Permutationsaufgaben auf Integrationen zurückzuführen. Auch läßt sich mit ihrer Hilfe eine Näherungsformel gewinnen, die gestattet, Fakultäten großer Zahlen angenähert ohne große Rechenarbeit zu bestimmen. Diese sogenannte *Stirling*sche Formel lautet

(2.6.22) $$n! \approx n^n e^{-n} \sqrt{2\pi n}.$$

Die ersten beiden Faktoren, die bei großem n die entscheidende Rolle spielen, lassen sich auch über eine Betrachtung des Integrals von $\ln x$, erstreckt über die Grenzen von 1 bis n, gewinnen. Wie die Abb. 55 zeigt, läßt sich diese Fläche durch eine Summe von Rechtecken der gleichen Breite 1 annähern, und diese Annäherung ist um so besser, je größer die obere Integrationsgrenze n ist. Es gilt also die angenäherte Beziehung

(2.6.23) $$\int_1^n \ln x \, dx \approx 1 \ln 2 + 1 \cdot \ln 3 + \cdots + 1 \cdot \ln n = \ln n!,$$

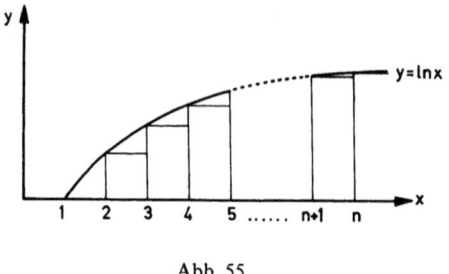

Abb. 55

woraus sich, wenn man für das links stehende Integral die Formel (2.5.8) benutzt,

(2.6.24) $$\ln n! \approx n \ln n - n + 1 \approx n \ln n - n = \ln n^n - \ln e^n = \ln\left(\frac{n^n}{e^n}\right)$$

ergibt. Damit ist aber die Näherung

$$n! \approx n^n e^{-n}$$

gewonnen.

Als letzte Erweiterung der Integralrechnung sei das sogenannte Linien-Integral

(2.6.25) $$L = \int_A^B [P(x,y)dx + Q(x,y)dy]$$

zwischen zwei Punkten der xy-Ebene betrachtet. Es nimmt gewissermaßen eine Zwischenstellung zwischen dem ganz in einer Ebene verlaufenden einfachen Integral und dem Doppelintegral, das ein Volumen angibt, ein. Es stellt, wie Abb. 56 zeigt, den Wert einer Fläche senkrecht zur xy-Ebene dar, wobei ihr Schnitt mit dieser

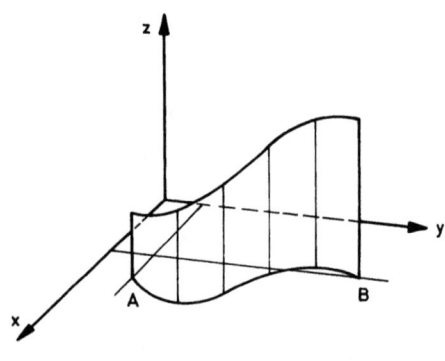

Abb. 56

Ebene eine im allgemeinen beliebige krummlinige Kurve liefert. *P* und *Q* stellen Funktionen der zwei Veränderlichen *x* und *y* dar, die meist als stetig und differenzierbar vorausgesetzt werden. Der Wert dieses Linien-Integrals ist im allgemeinen abhängig von der Art dieser beiden Funktionen, der Wahl der beiden Begrenzungspunkte *A* und *B* sowie von der Art des sie verbindenden Weges in der *xy*-Ebene. Nun ähnelt der Integrand in seinem Aufbau dem aus Abschnitt 4 bekannten totalen Differential einer Funktion $z = f(x,y)$ (2.4.39). Es erhebt sich damit die Frage, ob es nicht eine Funktion $z = f(x,y)$ gibt, deren totales Differential gerade dem Integranden des vorgelegten Linien-Integrals *L* entspricht. Ist das nämlich der Fall, so läßt sich (2.6.25) einfacher schreiben und auch sofort integrieren über

$$(2.6.26) \quad L = \int_A^B \left[\frac{\partial f(x,y)}{\partial x} dx + \frac{\partial f(x,y)}{\partial y} dy \right] = \int_A^B df(x,y) = f(x_B; y_B) - f(x_A; y_A).$$

In diesem Falle hängt somit das Linien-Integral nur von dem Wert der Funktion am Anfangs- und Endpunkt, nicht aber vom durchlaufenen Integrationsweg ab, es ist wegunabhängig. Da z. B. die Arbeit als Linien-Integral von Kraft und Weg geschrieben werden kann, so läßt sich damit die Frage beantworten, ob eine bestimmte Arbeit unabhängig oder abhängig von der Art des zurückgelegten Weges ist. Kräfte, die die erste Bedingung erfüllen, nennt man in der Physik konservative Kräfte, sie spielen eine wichtige Rolle. Zu ihnen gehören u. a. die Schwerkraft, die elektrische Feldstärke, aber z. B. nicht die Reibungskraft. Es bleibt somit übrig, ein Kriterium zu finden, mit dem entschieden werden kann, wann der Integrand von (2.6.25) als totales Differential geschrieben werden kann. Stellt man den Integranden von (2.6.25) dem totalen Differential einer Funktion $z = f(x,y)$ gegenüber

$$P(x,y)dx + Q(x,y)dy$$

$$\frac{\partial z}{\partial x} dx + \frac{\partial z}{\partial y} dy$$

und bildet die gemischten partiellen Ableitungen zweiter Ordnung, so müssen sich

$$\frac{\partial^2 z}{\partial y \partial x} = \frac{\partial P}{\partial y}, \quad \frac{\partial^2 z}{\partial x \partial y} = \frac{\partial Q}{\partial x}$$

wechselseitig entsprechen. Wegen (2.4.31) muß dann aber die Bedingung

$$(2.6.27) \quad \frac{\partial P}{\partial y} = \frac{\partial Q}{\partial x}$$

erfüllt sein, wenn der Integrand von (2.6.25) ein totales Differential darstellt. Der umgekehrte Nachweis, daß aus dem Bestehen von (2.6.27) die Existenz eines totalen Differentials gefolgert werden kann, läßt sich ebenfalls erbringen, sei aber hier übergangen.

2.7 Die Potenzreihen und ihre Anwendung

In einem früheren Abschnitt (2.1.22) wurde für die Exponentialfunktion die folgende Reihendarstellung

$$(2.7.1) \qquad e^x = 1 + \frac{x}{1!} + \frac{x^2}{2!} + \frac{x^3}{3!} + \cdots$$

abgeleitet und gleichzeitig bewiesen, daß die rechtsstehende Reihe für jeden Wert von x konvergiert. Hier ist somit eine definierte Funktion, die Exponentialfunktion, durch eine konvergierende unendliche Reihe, deren Glieder Potenzen der unabhängigen Veränderlichen x enthalten, eine sogenannte Potenzreihe dargestellt. Es liegt nun nahe zu untersuchen, wieweit eine solche Möglichkeit allgemein besteht, d. h. unter welchen Umständen für eine gegebene Funktion $f(x)$ die Darstellung

$$(2.7.2) \qquad f(x) = a_0 + a_1 x + a_2 x^2 + a_3 x^3 \ldots$$

möglich ist. Dazu müssen folgende drei Fragen geklärt werden:
a) Unter welchen Bedingungen ist die Entwicklung (2.7.2) möglich, d. h. für welche x konvergiert die Potenzreihe? Es ist eine Formel abzuleiten, mit deren Hilfe aus den Koeffizienten a_n der Potenzreihe der Bereich der x-Werte, für die die Reihe konvergiert, ermittelt werden kann.
b) Wie findet man zu einer gegebenen Funktion $f(x)$ die zugehörige Potenzreihe, d. h. wie lassen sich die Koeffizienten a_n aus $f(x)$ ermitteln?
c) Nach welchen Regeln läßt sich mit den Potenzreihen an Stelle der Funktionen selbst, die sie darstellen, rechnen?
Zu a: Falls $f(x)$ an der Stelle $x=0$ endlich bleibt, gilt $f(0)=a_0$, d. h. für den Wert $x=0$ ist die Potenzreihe stets konvergent. Zur Entscheidung, wieweit sie für irgendwelche $x \neq 0$ auch konvergiert, hilft der folgende Satz weiter.

Satz. *Eine gegebene Potenzreihe $a_0 + a_1 x + a_2 x^2 + \cdots$ konvergiert sicher für alle x, die im Bereich $-r < x < +r$ liegen, wobei der „Konvergenzradius" r etwa durch*

$$(2.7.3) \qquad r = \lim_{n \to \infty} \left| \frac{a_n}{a_{n+1}} \right|$$

bestimmt wird. Außerhalb dieses Bereiches divergiert sie sicher, für die Grenzwerte $x = \pm r$ ist die Konvergenz gesondert zu untersuchen.

Beweis. Der Inhalt des Satzes läßt sich in die Bedingung

$$|x| < \lim_{n \to \infty} \left| \frac{a_n}{a_{n+1}} \right|$$

für die Konvergenz zusammenfassen. Aus ihr folgt durch Umformung

$$\lim_{n \to \infty} \left| \frac{a_{n+1} x}{a_n} \right| < 1 \quad \text{oder weiter} \quad \left| \frac{a_{n+1} x}{a_n} \right| \leq k < 1.$$

Erweitert man Zähler und Nenner mit x^n, so läßt sich daraus die Ungleichung $|a_{n+1} x^{n+1}| \leq k |a_n x^n|$ für alle n ableiten. Anwendung auf die einzelnen Reihenkoeffizienten liefert nacheinander

$$|a_1 x| \leq k |a_0|$$
$$|a_2 x^2| \leq k |a_1 x| \leq k^2 |a_0|$$
$$|a_3 x^3| \leq k |a_2 x^2| \leq k^3 |a_0|$$

oder

$$|a_0| + |a_1 x| + |a_2 x^2| + \cdots \leq |a_0| [1 + k + k^2 + \cdots] = \frac{|a_0|}{1-k},$$

wobei die rechte Seite als geometrische Reihe mit dem Quotienten $k < 1$ sicher einen endlichen Wert besitzt. Da die Reihenglieder als absolute Beträge sämtlich positiv sind, stellt die zugehörige Teilsummenfolge eine monoton steigende und nach oben begrenzte Folge dar und ist somit nach dem zweiten Konvergenzkriterium konvergent. Dann erfüllt die Teilsummenfolge aber auch das Konvergenzkriterium von *Cauchy* (2.1.5), d. h. es gilt

$$\left\| a_{n+1} x^{n+1} | + | a_{n+2} x^{n+2}| + \cdots + |a_{n+p} x^{n+p}| \right\| < \varepsilon.$$

Wegen der für absolute Beträge stets geltenden Ungleichung gilt dann aber auch

$$|a_{n+1} x^{n+1} + a_{n+2} x^{n+2} + \cdots + a_{n+p} x^{n+p}| < \varepsilon,$$

d. h. die ursprüngliche Potenzreihe $a_0 + a_1 x + a_2 x^2 + a_3 x^3 + \cdots$ muß ebenfalls konvergent sein; denn das Konvergenzkriterium von *Cauchy*

$$|s_{n+p} - s_n| < \varepsilon$$

ist für sie eben wegen der letzten Ungleichung stets erfüllt.

Als Beispiel sei der Konvergenzradius für die Potenzreihe der Exponentialfunktion berechnet. Er ergibt sich aus (2.7.3) mit den aus (2.7.1) folgenden Koeffizienten zu

(2.7.4) $$r = \lim_{n \to \infty} \left| \frac{(n+1)!}{n!} \right| = \lim_{n \to \infty} |n+1| \to \infty,$$

d. h. die Reihe konvergiert für sämtliche reellen x.

Zu b: Bildet man von der ganzen rationalen Funktion n-ten Grades

$$g(x) = a_0 + a_1 x + a_2 x^2 + \cdots + a_n x^n$$

nacheinander die Ableitungen und bestimmt ihre Werte für $x = 0$, so ergeben sich über

$$g'(x) = a_1 + 2 a_2 x + 3 a_3 x^2 + \cdots + n a_n x^{n-1} \qquad g(0) = a_0$$
$$g''(x) = 2! a_2 + 3 \cdot 2 a_3 x + \cdots + n(n-1) a_n x^{n-2} \qquad g'(0) = a_1 \cdot 1!$$
$$\dotfill \qquad g''(0) = a_2 \cdot 2!$$
$$g^{(n)}(x) = n! \cdot a_n \qquad g^{(n)}(0) = a_n \cdot n!$$

die Gleichungen für die $n+1$ Koeffizienten, die wieder – eingesetzt in die ursprüngliche Gleichung – die Formel

(2.7.5) $$g(x) = g(0) + \frac{g'(0)}{1!} x + \frac{g''(0)}{2!} x^2 + \cdots + \frac{g^{(n)}(0)}{n!} x^n$$

(*McLaurin*sche Formel) für ganze rationale Funktionen liefert. Ihr Wert besteht darin, daß man bei Kenntnis des Funktionswertes sowie seiner n Ableitungen an einer bestimmten Bezugsstelle ($x=0$) den Funktionswert an jeder anderen Stelle berechnen kann. Auch hier taucht die Frage auf, wieweit dieses für ganze rationale Funktionen gewonnene Ergebnis auf beliebige Funktionen verallgemeinert werden kann. Nun lehrt eine geometrische Überlegung, daß man das Kurvenbild einer Funktion $f(x)$ beliebig genau durch eine Näherungsparabel n-ter Ordnung darstellen kann; denn in $n+1$ Punkten können beide zur Deckung gebracht werden. Man wird also versuchsweise für eine beliebige Funktion den Ansatz

(2.7.6) $$f(x) = f(0) + \frac{f'(0)}{1!} x + \frac{f''(0)}{2!} x^2 + \cdots + \frac{f^{(n)}(0)}{n!} x^n + R_n(x) = f_n(x) + R_n(x)$$

wählen, wobei das sogenannte Restglied $R_n(x)$ den Unterschied zwischen zu entwickelnder Funktion $f(x)$ und der durch die *McLaurin*sche Formel dargestellten n-ten Näherungsparabel $f_n(x)$ gemäß

(2.7.7) $$f(x) - f_n(x) = R_n(x)$$

angibt. Ohne auf Einzelheiten einzugehen, ist sofort ersichtlich, daß, falls die zur *McLaurin*schen Entwicklung gehörende Potenzreihe (*McLaurin*sche Reihe) konvergiert, gemäß der Konvergenzbedingung das Restglied verschwinden muß. Wir haben damit in der Formel für den allgemeinen Koeffizienten der *McLaurin*schen Reihe

(2.7.8) $$a_n = \frac{f^{(n)}(0)}{n!}$$

eine Anweisung gewonnen, um aus der gegebenen Funktion und ihren Ableitungen die Koeffizienten einer Potenzreihe zu gewinnen. Allerdings muß dabei zusätzlich vorausgesetzt werden, daß die zu entwickelnde Funktion Ableitungen beliebig hoher Ordnung bilden läßt. Der Konvergenzbereich der so entstandenen Reihe ist dann über (2.7.3) zu bestimmen. Es taucht hierbei allerdings die Frage auf, ob die nach der Rechenvorschrift (2.7.8) zu einer gegebenen Funktion ermittelte Potenzreihe die einzige oder nur eine unter vielen möglichen ist. Hier gilt jedoch der sogenannte Eindeutigkeitssatz, welcher besagt, daß, wenn eine Funktion in eine Potenzreihe entwickelt werden kann, dies nur auf eine Weise möglich ist. Vom Beweis dieses Satzes werde abgesehen.

Zu c: Hier seien nur einige Sätze über das Rechnen mit Potenzreihen ohne Beweis zusammengestellt. Sie laufen fast alle darauf hinaus, daß man mit Potenzreihen so rechnen kann wie mit endlichen algebraischen Summen. Man kann Potenzreihen zunächst gliedweise addieren, subtrahieren, aber auch multiplizieren.

Man kann – und das ist besonders wichtig – Potenzreihen innerhalb ihres Konvergenzbereiches gliedweise differenzieren und integrieren, und die Summen der so entstehenden Reihen bilden wieder die Ableitung bzw. das Integral der dargestellten Funktion $f(x)$.

Beispiele. Entwickelt man die Funktion $f(x) = e^x$ in eine *McLaurin*sche Reihe, so ergibt sich über

$$f(x) = f'(x) = f''(x) = \cdots = e^x$$
$$f(0) = f'(0) = f''(0) = \cdots = 1$$

wieder die Darstellung (2.7.1), deren Konvergenzradius $r = \infty$ bereits bestimmt worden ist. Bildet man die Ableitung durch gliedweises Differenzieren (was innerhalb des Konvergenzbereichs erlaubt ist), so entsteht

(2.7.9) $\qquad (e^x)' = \left(1 + \dfrac{x}{1!} + \dfrac{x^2}{2!} + \dfrac{x^3}{3!} + \cdots\right)' = 1 + \dfrac{x}{1!} + \dfrac{x^2}{2!} + \cdots = e^x.$

Man hat damit unter alleiniger Kenntnis der Ableitungen für die Potenzfunktion x^n die Ableitung der Exponentialfunktion gefunden, ein Beispiel für den vielseitigen Nutzen solcher Reihenentwicklungen. Entsprechende Entwicklung der Funktion $f(x) = \sin x$ liefert über

$$\begin{aligned} f(x) &= \sin x & f(0) &= 0 \\ f'(x) &= \cos x & f'(0) &= 1 \\ f''(x) &= -\sin x & f''(0) &= 0 \\ f'''(x) &= -\cos x & f'''(0) &= -1 \end{aligned}$$

die Reihenentwicklung für $\sin x$

(2.7.10) $\qquad \sin x = x - \dfrac{x^3}{3!} + \dfrac{x^5}{5!} - \dfrac{x^7}{7!} \pm \cdots.$

Auch ihr Konvergenzradius ist unendlich, da die Reihenkoeffizienten nach dem gleichen Gesetz gebildet sind wie bei der Exponentialfunktion. Durch entsprechende Überlegungen gelangt man zur Reihe für $\cos x$

(2.7.11) $\qquad \cos x = 1 - \dfrac{x^2}{2!} + \dfrac{x^4}{4!} - \dfrac{x^6}{6!} \pm \cdots.$

Nicht immer lassen sich die Potenzreihen auf diesem direkten Wege gewinnen. Schreibt man die geometrische Reihe mit dem Anfangsglied 1 und dem Quotienten $-x$ auf

(2.7.12) $\qquad \dfrac{1}{1+x} = 1 - x + x^2 - x^3 + x^4 \mp \cdots,$

die für $|x| < 1$ konvergiert, so läßt sich durch Integration der linken und gliedweise Integration der rechten Seite die Formel

(2.7.13) $\qquad \ln(1+x) = k + x - \dfrac{x^2}{2} + \dfrac{x^3}{3} - \dfrac{x^4}{4} \pm \cdots$

gewinnen. Da $\ln 1 = 0$ erfüllt sein muß, folgt aus (2.7.13) für $x=0$ die Bedingung $k=0$. Damit ist die logarithmische Reihe

(2.7.14) $$\ln(1+x) = x - \frac{x^2}{2} + \frac{x^3}{3} - \frac{x^4}{4} \pm \cdots$$

für $|x|<1$ gewonnen. Sie gilt gemäß der Konvergenzbedingung auch für $-1<x<0$

(2.7.15) $$\ln(1-x) = -x - \frac{x^2}{2} - \frac{x^3}{3} - \frac{x^4}{4} - \cdots.$$

Aus (2.7.14) und (2.7.15) gewinnt man durch Subtraktion die Reihe

(2.7.16) $$\ln\left(\frac{1+x}{1-x}\right) = 2\left(x + \frac{x^3}{3} + \frac{x^5}{5} + \cdots\right),$$

die zur Berechnung der Logarithmen angewendet werden kann; denn der Quotient $\frac{1+x}{1-x}$ stellt jetzt eine beliebige Zahl dar. Bildet man in ähnlicher Weise eine geometrische Reihe mit dem Anfangsglied 1 und dem Quotienten $-x^2$

(2.7.17) $$\frac{1}{1+x^2} = 1 - x^2 + x^4 - x^6 \pm \cdots,$$

die für $|x^2|<1$ konvergent ist, so folgt wieder durch Integration die Gleichung

(2.7.18) $$\operatorname{arctg} x = k + x - \frac{x^3}{3} + \frac{x^5}{5} - \frac{x^7}{7} \pm \cdots.$$

Wegen der Bedingung $\operatorname{arctg} 0 = 0$ muß auch hier $k=0$ werden, so daß die Reihenentwicklung für $\operatorname{arctg} x$ in der Form

(2.7.19) $$\operatorname{arctg} x = x - \frac{x^3}{3} + \frac{x^5}{5} - \frac{x^7}{7} \pm \cdots$$

gewonnen ist. Diese Reihe liefert u.a. Methoden zur praktischen Berechnung von π. Man erhält z.B. für $x = \frac{1}{\sqrt{3}}$ wegen $\operatorname{tg}\frac{\pi}{6} = \frac{1}{\sqrt{3}}$

(2.7.20) $$\frac{\pi}{6} = \operatorname{arctg}\frac{1}{\sqrt{3}} = \frac{1}{\sqrt{3}}\left(1 - \frac{1}{3\cdot 3} + \frac{1}{5\cdot 3^2} - \frac{1}{7\cdot 3^3} \pm \cdots\right).$$

Sie konvergiert allerdings noch langsam, so daß ihr praktischer Wert gering ist, doch lassen sich aus (2.7.19) durch geschickte Kombination schnell konvergierende Reihen für π gewinnen.

Als letztes Beispiel sei die binomische Funktion $f(x) = (1+x)^a$ betrachtet, wobei a eine beliebige reelle Zahl darstellen möge. Bildet man ihre aufeinanderfolgenden Ableitungen und deren Werte für $x=0$, so ergeben sich über

$$f(x) = (1+x)^a \qquad f(0) = 1 \qquad = \binom{a}{0} 0!$$

$$f'(x)=a(1+x)^{a-1} \qquad f'(0)=a \qquad = \binom{a}{1}1!$$

$$f''(x)=a(a-1)(1+x)^{a-2} \qquad f''(0)=a(a-1) \qquad = \binom{a}{2}2!$$

$$f'''(x)=a(a-1)(a-2)(1+x)^{a-3} \qquad f'''(0)=a(a-1)(a-2) = \binom{a}{3}3!$$

die Koeffizienten der folgenden Reihenentwicklung:

(2.7.21) $$(1+x)^a = \binom{a}{0} + \binom{a}{1}x + \binom{a}{2}x^2 + \binom{a}{3}x^3 + \cdots.$$

Diese sogenannte binomische Reihe stellt eine Verallgemeinerung des binomischen Satzes dar. Für $a=n$ (natürliche Zahl) werden alle Binomialkoeffizienten, bei denen die untere Zahl größer als n wird, $=0$ (im Zähler des entsprechenden Bruches tritt dann die 0 als Faktor auf), d.h. die Reihenentwicklung bricht nach dem $n+1$-ten Glied ab, und es entsteht der binomische Satz. Der Konvergenzradius der binomischen Reihe ergibt sich nach (2.7.3) über

(2.7.22) $$r = \lim_{n\to\infty} \left| \frac{\binom{a}{n}}{\binom{a}{n+1}} \right| = \lim_{n\to\infty} \left| \frac{a!}{n!(a-n)!} \cdot \frac{(n+1)!(a-n-1)!}{a!} \right| = \lim_{n\to\infty} \left| \frac{n+1}{a-n} \right|$$

zu $r=1$, d.h. die binomische Reihe gilt nur für $|x|<1$.

Anwendungsmöglichkeiten. Die Reihe der angeführten Beispiele von Potenzreihenentwicklungen ließe sich beliebig fortsetzen, doch sind die wesentlichsten Anwendungsmöglichkeiten bereits aus diesen Beispielen zu entnehmen. Man kann mit Hilfe der Potenzreihen zunächst einmal Funktionen wie e^x, $\sin x$, $\ln x$ numerisch berechnen und damit bei erträglichem Rechenaufwand Funktionstafeln herstellen. Ebenso lassen sich die numerischen Werte der beiden wichtigen Konstanten e und π gewinnen. Weiter geben die Reihen für kleine Werte von x Ansätze zur Gewinnung von Näherungsformeln, z.B. aus (2.7.10) und (2.7.11) folgend

(2.7.23) $$\sin x \approx x - \frac{x^3}{6}$$
$$\cos x \approx 1 - \frac{x^2}{2},$$

weiter aus (2.7.14) folgend

(2.7.24) $$\ln(1+x) \approx x - \frac{x^2}{2}$$

und aus (2.7.21) folgend

(2.7.25) $$(1+x)^a \approx 1 + ax.$$

Besonders die letzte Formel läßt sich vielseitig verwenden, etwa für $a = -1, +\frac{1}{2}, -\frac{1}{2}$ entstehen aus ihr

(2.7.26)
$$\frac{1}{1+x} \approx 1-x$$
$$\sqrt{1+x} \approx 1+\tfrac{1}{2}x \qquad \frac{1}{\sqrt{1+x}} \approx 1-\tfrac{1}{2}x$$

als häufig gebrauchte Näherungsformeln.

Alle bisher dargestellten Anwendungen waren im wesentlichen Rechenerleichterungen. Gelegentlich stellt die Entwicklung in eine Potenzreihe aber den einzig möglichen Weg zur Berechnung einer Funktion dar. So ist z. B. das Integral

(2.7.27)
$$\int_0^x \frac{\sin \xi}{\xi} d\xi = Si(x)$$

trotz des einfachen Baues des Integranden nicht in geschlossener Form darstellbar. Ähnlich wie zur Lösung der Aufgabe 2:3 die ganzen Zahlen nicht mehr ausreichen und der Zahlbereich erweitert werden muß, so ist auch das Integral (2.7.27) im Bereich der bisher eingeführten Funktionen nicht mehr lösbar, sondern stellt selbst eine neue Funktion, den sogenannten Integral-Sinus, abgekürzt als $Si(x)$, dar. Sein Zahlenwert für ein gegebenes x läßt sich gewinnen durch Entwicklung des Integranden in eine Potenzreihe und gliedweise Integration über

(2.7.28)
$$Si(x) = \int_0^x \left[1 - \frac{\xi^2}{3!} + \frac{\xi^4}{5!} \mp \cdots \right] d\xi = \left[\xi - \frac{\xi^3}{3 \cdot 3!} + \frac{\xi^5}{5 \cdot 5!} \mp \cdots \right]_0^x$$
$$= x - \frac{x^3}{3 \cdot 3!} + \frac{x^5}{5 \cdot 5!} \mp \cdots.$$

Für die Anwendung in der mathematischen Statistik ist die folgende, ebenfalls durch ein bestimmtes Integral definierte Funktion

(2.7.29)
$$\Phi(x) = \sqrt{\frac{2}{\pi}} \int_0^x e^{-\frac{\xi^2}{2}} d\xi,$$

das *Gauß*sche Fehlerintegral, von Bedeutung. Der Wert $\Phi(0)$ ist $= 0$, weil hier die Integrationsgrenzen zusammenfallen und damit das Integral verschwindet. Weiter läßt sich unter Rückgriff auf die früher abgeleitete Formel (2.6.15) der Einzelwert

(2.7.30) $\quad \Phi(\infty) = \sqrt{\dfrac{2}{\pi}} \displaystyle\int_0^\infty e^{-\frac{\xi^2}{2}} d\xi = \dfrac{2}{\sqrt{\pi}} \displaystyle\int_0^\infty e^{-u^2} du = \dfrac{1}{\sqrt{\pi}} \displaystyle\int_{-\infty}^{+\infty} e^{-u^2} du = \dfrac{1}{\sqrt{\pi}} I_0 = 1$

gewinnen. Um aber den Wert des Fehlerintegrals für einen beliebigen Zahlenwert zwischen diesen beiden Grenzen zu finden, muß wieder der Integrand in eine Potenzreihe entwickelt und dann die gliedweise Integration durchgeführt werden. Die entsprechenden Entwicklungen ergeben sich unter sinngemäßer Anwendung von (2.7.1) zu

(2.7.31)
$$\Phi(x) = \sqrt{\frac{2}{\pi}} \int_0^x \left[1 - \frac{\xi^2}{2^1 \cdot 1!} + \frac{\xi^4}{2^2 \cdot 2!} - \frac{\xi^6}{2^3 \cdot 3!} \pm \cdots \right] d\xi$$
$$= \sqrt{\frac{2}{\pi}} \left[\xi - \frac{\xi^3}{3 \cdot 2^1 \cdot 1!} + \frac{\xi^5}{5 \cdot 2^2 \cdot 2!} - \frac{\xi^7}{7 \cdot 2^3 \cdot 3!} \pm \cdots \right]_0^x$$
$$= \sqrt{\frac{2}{\pi}} \left[x - \frac{x^3}{3 \cdot 2^1 \cdot 1!} + \frac{x^5}{5 \cdot 2^2 \cdot 2!} - \frac{x^7}{7 \cdot 2^3 \cdot 3!} \pm \cdots \right].$$

Für $x=1$ ergibt sich dann über

$$\Phi(1) = \sqrt{\frac{2}{\pi}} \left[1 - \frac{1}{6} + \frac{1}{40} - \frac{1}{336} \pm \cdots \right]$$

der Zahlenwert
$$\Phi(1) = 0{,}68.$$

Eine letzte Anwendung sei noch kurz gestreift. Versteht man unter $z = x + iy$ eine komplexe Zahl, so ist es möglich, die Gleichung (2.7.1) zur Definition der Exponentialfunktion mit komplexem Argument gemäß

(2.7.32)
$$e^z = 1 + \frac{z}{1!} + \frac{z^2}{2!} + \frac{z^3}{3!} + \cdots$$

zu verwenden, da die Potenzen einer komplexen Zahl angebbar sind. Es läßt sich damit die rechtsstehende Reihe in eine Summe $U(x,y) + iV(x,y)$ zerlegen. Nun gilt für Reihen mit komplexen Gliedern der Satz, daß sie konvergieren, wenn die Reihe der absoluten Beträge ihrer Glieder konvergiert. Ohne auf diese Einzelheiten weiter einzugehen, sei die Gleichung (2.7.32) nur für den Sonderfall einer rein imaginären Zahl $z = ix$ angewendet. Es ergibt sich dann

(2.7.33)
$$e^{ix} = 1 + \frac{ix}{1!} + \frac{(ix)^2}{2!} + \frac{(ix)^3}{3!} + \cdots$$
$$= \left(1 - \frac{x^2}{2!} + \cdots\right) + i\left(x - \frac{x^3}{3!} + \cdots\right),$$

woraus unter Verwendung von (2.7.10) und (2.7.11) die Beziehung

(2.7.34)
$$e^{ix} = \cos x + i \sin x$$

folgt, die als *Euler*sche Gleichung bezeichnet wird. Diese sowie die aus ihr sofort folgende Beziehung

(2.7.35)
$$e^{-ix} = \cos x - i \sin x$$

stellen zwei wichtige Gleichungen dar, da sie zeigen, daß die im reellen Bereich so unterschiedlich definierten Kreis- und Exponentialfunktionen im komplexen Bereich auseinander hervorgehen. Dieser Fall einer Vereinfachung der Zusammenhänge bei Einbeziehung komplexer Zahlen ist nicht alleinstehend, so daß die Theorie der Funktionen einer komplexen Veränderlichen – meist kurz als Funktionentheorie bezeichnet – in der Mathematik eine große Rolle erlangt hat. Für unsere Zwecke sei nur auf zweierlei hingewiesen: Einmal kann man mit Hilfe der *Euler*schen Gleichung ohne viel Rechenarbeit die Fülle der goniometrischen Beziehungen gewinnen. So folgen z. B. aus der selbstverständlichen Gleichung

$$e^{ix} \cdot e^{iy} = e^{i(x+y)}$$

durch Anwendung der *Euler*schen Formel über

$$(\cos x + i \sin x)(\cos y + i \sin y) = \cos(x+y) + i \sin(x+y)$$

und Ausmultiplizieren der linken Seite

$$(\cos x \cos y - \sin x \sin y) + i(\sin x \cos y + \cos x \sin y) = \cos(x+y) + i \sin(x+y)$$

die Additionstheoreme; denn bei einer Gleichung zwischen zwei komplexen Zahlen müssen jeweils die reellen sowie die imaginären Bestandteile für sich gleich sein. Zum anderen ist es möglich, die Kreisfunktionen mit reellem Argument über die aus den *Euler*schen Gleichungen folgenden Beziehungen (Addition bzw. Subtraktion von (2.7.34) und (2.7.35))

(2.7.36) $$\cos x = \frac{e^{ix} + e^{-ix}}{2},$$

(2.7.37) $$\sin x = \frac{e^{ix} - e^{-ix}}{2i}$$

auf Exponentialfunktionen, allerdings mit komplexem Argument, zurückzuführen. Da aber Exponentialfunktionen viel leichter zu differenzieren und integrieren sind, wird dieser Umweg, besonders bei der mathematischen Behandlung von Schwingungsproblemen, gern benutzt.

2.8 Die gewöhnliche Differentialgleichung erster Ordnung

Unter einer Differentialgleichung versteht man eine Funktionsgleichung der Form
(2.8.1) $$F(x, y, y', y'', \ldots, y^{(n)}) = 0,$$

d. h. eine Gleichung, in der eine unabhängige Veränderliche x mit einer von ihr über $y = f(x)$ abhängigen Veränderlichen y sowie deren Ableitungen auch höherer Ordnung verknüpft ist. Die Aufgabe besteht darin, diejenige Funktionsgleichung $y = f(x)$ zu suchen, die in obige Differentialgleichung eingesetzt diese erfüllt. Genauer gesagt, handelt es sich bei (2.8.1) um eine gewöhnliche Differentialgleichung n-ter Ordnung. Gewöhnlich, da die gesuchte Funktion nur von einer unabhängigen Veränderlichen abhängt (den Gegensatz bilden die partiellen Differentialgleichungen, wobei y eine gesuchte Funktion von mehr als einer unabhängigen Veränderlichen darstellt); von n-ter Ordnung, weil die höchste in der Differentialgleichung auftretende Ableitung von dieser Ordnung ist.

In diesem Abschnitt sollen nur einige einfache Typen von gewöhnlichen Differentialgleichungen erster Ordnung besprochen werden. Die allgemeine Form einer solchen Differentialgleichung lautet

(2.8.2) $$F(x,y,y')=0$$

oder nach y' aufgelöst

(2.8.3) $$\frac{dy}{dx} = \Phi(x,y),$$

wobei die rechte Seite irgendeinen algebraischen Ausdruck mit x und y darstellt. Von den beiden Fragen, unter welchen Bedingungen überhaupt Lösungen vorhanden sind und wie man alle diese Lösungen findet, sei zur ersten nur bemerkt, daß unter sehr allgemeinen Bedingungen für $\Phi(xy)$ stets Lösungen vorhanden sind, und zur zweiten Frage seien nur drei Sondertypen hinsichtlich des Baues von Φ einzeln untersucht, bei denen das Auffinden einer Lösung nicht schwer ist, mit denen man aber bei medizinischen Fragestellungen meist auskommt.

Typ I:

(2.8.4) $$\Phi(x,y)=\varphi(x),$$

d. h. die rechte Seite hängt nur von x, nicht aber von y ab. Bei der hieraus entstehenden Differentialgleichung

(2.8.5) $$\frac{dy}{dx} = \varphi(x)$$

reduziert sich das Aufsuchen einer Lösung auf das Auffinden einer Stammfunktion zur gegebenen Funktion φ. Diese Aufgabe ist aber Gegenstand der Integralrechnung und in den vorhergehenden Abschnitten hinreichend behandelt worden. Doch sei hier bereits folgendes bemerkt: Da zum Auffinden einer Lösung stets integriert werden muß (man bezeichnet daher die Lösung einer Differentialgleichung auch als „ihr Integral"), entsteht bei jeder Integration eine unbestimmte Konstante. Bei einer Differentialgleichung n-ter Ordnung sind daher in der Lösung n unbestimmte Konstanten enthalten. Man bezeichnet diese noch unbestimmte Lösung als „allgemeines Integral". Damit ist es aber möglich, unter diesen unendlich vielen möglichen Lösungen solche herauszusuchen, die noch bestimmte, zusätzlich in der Aufgabe formulierte Bedingungen (Nebenbedingungen) erfüllen. Ihre Zahl ist, wie sofort einzusehen, gleich der Ordnung der Differentialgleichung. Eine Lösung, in der alle unbestimmten Konstanten entfernt sind, nennt man ein „partikuläres Integral" der Differentialgleichung.

Typ II:

(2.8.6) $$\Phi(x,y)=\varphi(x)\psi(y).$$

Hier ist die rechte Seite in zwei Faktoren zerlegbar, von denen der eine nur von x, der andere nur von y abhängig ist. Aus der entsprechenden Differentialgleichung

(2.8.7) $$\frac{dy}{dx} = \varphi(x)\psi(y)$$

ergibt sich durch Umformung

(2.8.8) $$\frac{dy}{\psi(y)} = \varphi(x)dx.$$

In dieser Gleichung enthält die linke Seite nur von y, die rechte nur von x abhängige Glieder. Man kann daher beide Seiten, jede für sich, integrieren, woraus

(2.8.9) $$\int \frac{dy}{\psi(y)} = \int \varphi(x)dx + \text{const}$$

als allgemeines Integral von (2.8.7) entsteht. Die bei beiden Integrationen auftretenden Konstanten sind in eine zusammengefaßt worden. Um die Lösung explicit hinzuschreiben, sind somit zwei Integrale zu berechnen. Dazu zwei Beispiele:

Beispiel a. Es sei gegeben die Differentialgleichung

(2.8.10) $$\frac{dy}{dx} = y \sin x.$$

Da die rechte Seite die Bedingung (2.8.6) erfüllt, lassen sich die Veränderlichen trennen und geben

(2.8.11) $$\frac{dy}{y} = \sin x \, dx,$$

woraus durch gliedweise Integration und Zufügung der Integrationskonstanten

(2.8.12) $$\int \frac{dy}{y} = \int \sin x \, dx + \text{const}$$

entsteht. Die Integrale lassen sich leicht (vgl. 2.5.1 und 2.5.2) lösen, und es entsteht

(2.8.13) $$\ln y = -\cos x + \text{const}.$$

Durch einfache Umformungen ergibt sich daraus über

(2.8.14) $$y = e^{-\cos x + \text{const}} = e^{\text{const}} e^{-\cos x} = C e^{-\cos x}$$

(eine Konstante läßt sich natürlich auch als Logarithmus einer anderen Konstante schreiben) schließlich

(2.8.15) $$y = C e^{-\cos x}$$

als allgemeines Integral der vorgelegten Differentialgleichung. Es empfiehlt sich, in jedem Fall nachträglich eine Probe zu machen, ob das gefundene y sowie das aus ihm folgende y' bei Einsetzen die vorgelegte Differentialgleichung befriedigen. Um die unbestimmte Konstante zu eliminieren, ist es möglich, noch eine Nebenbedingung für die Lösung zu fordern. Sie laute in unserem Fall etwa: für $x=0$ soll $y=1$ werden. Einsetzen dieser Bedingung in (2.8.15) ergibt

(2.8.16) $$1 = C e^{-\cos 0} = \frac{C}{e},$$

d. h.

(2.8.17) $$C = e,$$

womit die Konstante festgelegt ist. Einsetzen von (2.8.17) in (2.8.15) liefert

(2.8.18) $$y = e^{1-\cos x}$$

als partikuläres Integral. Auch hierbei empfiehlt sich wieder eine Probe, einmal durch Differenzieren und Einsetzen von y und y', ob die Differentialgleichung erfüllt ist, zum andern durch Einsetzen von $x=0$, ob die Nebenbedingung befriedigt wird.

Beispiel b. Blutkonzentration einer Substanz bei intravenöser Injektion: Es seien n Mole eines Pharmakons zur Zeit $t=0$ in den Plasmaraum V_p durch Injektion eingebracht. Sie werden durch Diffusion und chemische Vorgänge allmählich eliminiert werden (z. B. durch die Leber). Es ist zu untersuchen, wie sich die Plasmakonzentration $c(t)$ als Funktion der Zeit verhält. Betrachtet man ein hinreichend kleines Zeitintervall zwischen der Zeit t und $t + \Delta t$, so wird die Zahl der während Δt aus dem Plasmaraum eliminierten Mole $-\Delta n$ sowohl Δt wie auch der zur Zeit t noch vorhandenen Plasmakonzentration $c(t)$ proportional sein. (Gültigkeit des *Fick*schen Gesetzes bei Verschwinden der Außenkonzentration bzw. Annahme einer Reaktion erster Ordnung.) Es gilt somit der Ansatz

(2.8.19) $$-\Delta n(t) = k' c(t) \Delta t,$$

der sich unter Berücksichtigung der Gleichung

(2.8.20) $$c(t) = \frac{n(t)}{V_p}$$

und unter Durchführung des Grenzüberganges $\Delta t \to 0$ in

(2.8.21) $$\frac{dc(t)}{dt} = -\frac{k'}{V_p} c(t) = -k c(t),$$

d. h. eine Differentialgleichung erster Ordnung umwandeln läßt. Auch sie läßt sich durch Trennung der Veränderlichen über

(2.8.22) $$\frac{dc(t)}{c(t)} = -k\,dt$$

lösen und führt zum allgemeinen Integral

(2.8.23) $$\ln c(t) = -kt + \text{Const} = \ln e^{-kt} + \ln A,$$

aus dem nach einiger Umformung

(2.8.24) $$c(t) = A e^{-kt}$$

entsteht. Als Nebenbedingung sei gefordert, daß für $t=0$ die Anfangskonzentration durch die injizierte Dosis n_0 und das Plasmavolumen über

(2.8.25) $$c(0) = c_0 = \frac{n_0}{V_p}$$

bestimmt ist. Einsetzen von (2.8.25) in (2.8.24) liefert

(2.8.26) $$c_0 = A,$$

so daß das partikuläre Integral schließlich die Form

(2.8.27) $$c(t) = c_0 e^{-kt}$$

annimmt. Damit wäre der mathematische Teil des Problems gelöst. Diese Lösung läßt sich jedoch in dreifacher Form anwenden: Zunächst ist Gleichung (2.8.27) nur unter bestimmten Hypothesen (z. B. Gültigkeit des *Fick*schen Gesetzes, monomolekuläre Reaktionen, schnelle und gute Durchmischung des Plasmas durch die Blutströmung) gewonnen werden. Durch Messung der Konzentration zu mehr als zwei Zeitpunkten ist jedoch eine Prüfung der Gültigkeit dieser Hypothesen möglich. Trägt man etwa die zu den Zeitpunkten $t_1, t_2, \ldots$ gemessenen Konzentrationen $c(t_1), c(t_2), \ldots$ in einem $c; t$-Koordinatensystem auf, so muß sich durch die Punkte eine verbindende Exponentialkurve ziehen lassen. Diese Prüfung kann erleichtert werden durch Benutzung von halblogarithmischem Papier; denn aus (2.8.27) folgt durch Logarithmieren und Übergang zu *Briggs*schen Logarithmen

(2.8.28) $$\lg c(t) = \lg c_0 - 0{,}43\, kt,$$

d. h. $\lg c(t)$ ist linear von t abhängig. Liegen somit die Punkte einigermaßen linear, so können die vorausgesetzten Hypothesen als hinreichend gültig angesehen werden. Weiter kann, im einfachsten Fall nach Augenmaß, die Gerade gezeichnet werden und liefert damit die beiden konstanten Parameter c_0 und k (die sogenannte Eliminationskonstante). Aus der Anfangskonzentration läßt sich bei bekannter Dosis auf das Plasma- bzw. – allgemeiner – Verteilungsvolumen schließen. Über k läßt sich ein Einblick in die Geschwindigkeit der Eliminationsvorgänge gewinnen. Als dritte Anwendung schließlich kann man nach Kenntnis von c_0 und k die Plasmakonzentration für spätere Zeiten einigermaßen vorhersagen, so z. B. die Zeit abschätzen, nach der die Plasmakonzentration einen bestimmten kritischen Wert unterschreiten wird (Aufhören der Wirkung eines injizierten Medikaments, Aufwachen aus der Narkose usw.).

Typ III:

(2.8.29) $$\Phi(x, y) = -\varphi(x) y + \psi(x).$$

Hierbei ergibt sich aus (2.8.3)

(2.8.30) $$\frac{dy}{dx} + \varphi(x) y = \psi(x),$$

eine sogenannte inhomogene lineare Differentialgleichung erster Ordnung. Man nennt diese Differentialgleichung linear, weil in keinem der drei Glieder y bzw. y'

in höherem als erstem Grad vorkommen. Sie ist weiter inhomogen, da auch ein von y freies Glied (auf der rechten Seite) vorhanden ist. Wäre (2.8.30) homogen, d. h. $\psi(x)=0$, so ist die so entstehende zugehörige homogene Gleichung

(2.8.31) $$\frac{dy}{dx} + \varphi(x)y = 0$$

durch Trennung der Veränderlichen über

(2.8.32) $$\frac{dy}{y} = -\varphi(x)dx$$

lösbar und führt zum allgemeinen Integral

(2.8.33) $$y = A e^{-\int \varphi(x)dx} = A \cdot J(x),$$

wobei die Integrationskonstante wieder mit A bezeichnet worden ist. Um zu einer Lösung für (2.8.30) zu gelangen, sei der Ansatz (2.8.33) so verallgemeinert, daß man an Stelle der Konstanten A eine noch unbekannte Funktion $A(x)$ einführt und diese Funktion so bestimmt, daß die erweiterte Lösung (2.8.30) befriedigt (Methode der „Variation der Konstanten"). Es folgt nun aus

(2.8.34) $$y = A(x)J(x)$$

durch Differentiation unter Anwendung der Produktregel

(2.8.35) $$y' = A'(x)J(x) + A(x)J'(x).$$

Einsetzen von (2.8.34) und (2.8.35) in (2.8.30) liefert

(2.8.36) $$A'(x)J(x) + A(x)J'(x) + \varphi(x)A(x)J(x) = \psi(x)$$

oder umgeformt

(2.8.37) $$A'(x)J(x) + A(x)[J'(x) + \varphi(x)J(x)] = \psi(x).$$

Da nun $J(x)$ die zugehörige homogene Gleichung (2.8.31) befriedigt, denn $J(x)$ stellt nur einen Sonderfall von (2.8.33) dar, wird der Inhalt der eckigen Klammer $=0$, und (2.8.37) vereinfacht sich so zu

(2.8.38) $$A'(x)J(x) = \psi(x),$$

was sich über

(2.8.39) $$\frac{dA(x)}{dx} = \psi(x) e^{\int \varphi(x)dx}$$

sofort integrieren läßt und für die unbekannte Funktion $A(x)$ den Ausdruck

(2.8.40) $$A(x) = \int \psi(x) e^{\int \varphi(x)dx} dx + \text{Const}$$

ergibt. Einsetzen von (2.8.40) in (2.8.34) ergibt schließlich das allgemeine Integral der inhomogenen linearen Gleichung (2.8.30) in der Form

(2.8.41) $$y = \text{Const}\, e^{-\int \varphi(x)dx} + e^{-\int \varphi(x)dx} \int \psi(x) e^{\int \varphi(x)dx} dx.$$

Hierfür ein Beispiel.

Beispiel c. Verhalten der Blutkonzentration eines intramuskulär injizierten Pharmakons: Es werde ein i.m. Depot von n_0 Molen eines Pharmakons gesetzt. Sie verteilen sich in einem bestimmten Depotbereich V_D, so daß eine Anfangsdepotkonzentration $c_D(0)$ entsteht. Durch Diffusions- und Resorptionsvorgänge wird dieses Depot allmählich in den Plasmaraum entleert; für diesen „Eliminationsvorgang" führen ähnliche Überlegungen wie im Beispiel b) zur Differentialgleichung

$$(2.8.42) \qquad \frac{dc_D(t)}{dt} = -k_1 c_D(t).$$

Ihr allgemeines Integral ergibt sich analog (2.8.27) zu

$$(2.8.43) \qquad c_D(t) = a e^{-k_1 t},$$

wobei a zunächst als Integrationskonstante aufzufassen ist. Pro Zeiteinheit wird damit

$$(2.8.44) \qquad -\frac{dc_D(t)}{dt} = a k_1 e^{-k_1 t}$$

aus dem Depot in den Plasmaraum überführt. In der gleichen Zeiteinheit wird jedoch von dem bereits im Plasmaraum vorhandenen Anteil ein bestimmter Bruchteil durch Eliminationsvorgänge (Wirkung von Leber, Niere usw.) entfernt. Die Änderung der Plasmakonzentration $c(t)$ setzt sich damit additiv aus zwei Anteilen zusammen:

$$(2.8.45) \qquad \frac{dc(t)}{dt} = -k_2 c(t) + a k_1 e^{-k_1 t}.$$

In dieser Differentialgleichung entspricht der erste Summand der rechten Seite dem Übergang von Plasmaraum in Leber, Niere usw., der zweite Summand dem Übertritt vom Depot in den Plasmaraum. Entsprechend werden k_2 als Eliminationskonstante und k_1 als Invasionskonstante bezeichnet. Durch Umformung von (2.8.45) erhält man in

$$(2.8.46) \qquad \frac{dc(t)}{dt} + k_2 c(t) = a k_1 e^{-k_1 t}$$

eine (2.8.30) entsprechende lineare inhomogene Differentialgleichung erster Ordnung für $c(t)$. Durch Vergleich von (2.8.46) mit (2.8.30) ergibt sich

$$(2.8.47) \qquad \begin{array}{l} \varphi(x) = k_2 \\ \psi(x) = a k_1 e^{-k_1 t}, \end{array} \quad \text{und aus } \int \varphi(x) dx \text{ wird } k_2 t$$

so daß Anwendung von (2.8.41) über

$$(2.8.48) \qquad c(t) = \text{Const}\, e^{-k_2 t} + e^{-k_2 t} \cdot a k_1 \int e^{-k_1 t} e^{k_2 t} dt$$

schließlich

$$(2.8.49) \qquad c(t) = \text{Const}\, e^{-k_2 t} + a k_1 e^{-k_2 t} \int e^{(k_2 - k_1)t} dt$$

liefert. Bei der Ausführung der Integration ist zu unterscheiden, ob die beiden Konstanten voneinander verschieden oder gleich sind. Im ersten Fall ($k_1 \neq k_2$) ergibt sich über

$$c(t) = \text{Const}\, e^{-k_2 t} + \frac{a k_1}{k_2 - k_1} e^{-k_2 t} \cdot e^{(k_2 - k_1)t}$$

(2.8.50) $$c(t) = \text{Const}\, e^{-k_2 t} + \frac{a k_1}{k_2 - k_1} e^{-k_1 t},$$

im zweiten Fall ($k_1 = k_2 = k$) über

$$c(t) = \text{Const}\, e^{-kt} + a k e^{-kt} \int dt$$

(2.8.51) $$c(t) = (\text{Const} + a k t) e^{-kt}.$$

Führt man sowohl in (2.8.50) wie in (2.8.51) die Nebenbedingung

(2.8.52) $$c(0) = 0$$

(zum Zeitpunkt der Injektion befindet sich die gesamte injizierte Menge noch außerhalb der Blutbahn) ein, so entstehen nach kurzer Zwischenrechnung über

(2.8.53) $$0 = \text{Const} + \frac{a k_1}{k_2 - k_1} \qquad (k_1 \neq k_2)$$

bzw.

(2.8.54) $$0 = \text{Const} \qquad (k_1 = k_2 = k)$$

die partikulären Integrale

(2.8.55) $$c(t) = \frac{a k_1}{k_2 - k_1} (e^{-k_1 t} - e^{-k_2 t}) \qquad (k_1 \neq k_2)$$

bzw.

(2.8.56) $$c(t) = a k t e^{-kt} \qquad (k_1 = k_2 = k).$$

In beiden Fällen entsteht ein Konzentrationsverlauf, der mit $c(0) = 0$ beginnt, über ein Maximum erst steigt, dann abfällt und schließlich bei $t \to \infty$ wieder gegen 0 strebt. Der Zeitpunkt des Maximums läßt sich durch Differentiation von (2.8.55) bzw. (2.8.56)

$$\frac{dc(t)}{dt} = \frac{a k_1}{k_2 - k_1} [k_2 e^{-k_2 t} - k_1 e^{-k_1 t}] \qquad (k_1 \neq k_2)$$

$$\frac{dc(t)}{dt} = a k e^{-kt} [1 - t k] \qquad (k_1 = k_2 = k)$$

und Nullsetzen der Ableitung durch die Gleichungen

(2.8.57) $$\frac{k_1}{k_2} = e^{(k_1 - k_2) t_{\max}} \qquad (k_1 \neq k_2)$$

bzw.

(2.8.58) $$t_{\max} = \frac{1}{k}$$

ermitteln. Die praktische Anwendung dieser Gleichungen wird am besten in folgender Weise durchgeführt:

Aus einer i.v. Injektion wird analog dem Vorgehen im Beispiel b) die Eliminationskonstante k_2 getrennt ermittelt. Dann wird bei einem i.m. Versuch durch wiederholte Venenpunktion die Lage des Konzentrationsmaximums t_{max} bestimmt. Erfüllen k_2 und t_{max} (2.8.58), so liegt der zweite Fall vor, und k_1 ist damit ebenfalls bekannt. Ist das nicht der Fall, so kann aus k_2 und t_{max} über die aus (2.8.57) folgende transzendente Gleichung

$$k_2 t_{max} = \frac{\ln\left(\dfrac{k_1}{k_2}\right)}{\dfrac{k_1}{k_2} - 1}$$

$\dfrac{k_1}{k_2}$ und damit k_1 bestimmt werden. Aus Messung der Konzentrationen zu verschiedenen Zeiten läßt sich dann über (2.8.55) auch die letzte Konstante a zahlenmäßig festlegen.

In Erweiterung der Fragestellung sei noch folgendes Beispiel betrachtet:

Beispiel d. i.v. Injektion eines Pharmakons, das gleichzeitig liquorgängig ist: Hier werde eine bestimmte Menge eines Pharmakons zum Zeitpunkt $t=0$ i.v. injiziert. Die Plasmakonzentration $c_1(t)$ sowie die Konzentration im Liquorraum $c_2(t)$ sind zu ermitteln. Es werde angenommen, daß von dem Pharmakon zu jedem Zeitpunkt ein bestimmter Anteil vom Plasmaraum endgültig eliminiert wird (z. B. über Leber, Niere), daß ein weiterer Anteil vom Plasmaraum (vgl. Abb. 57) in den

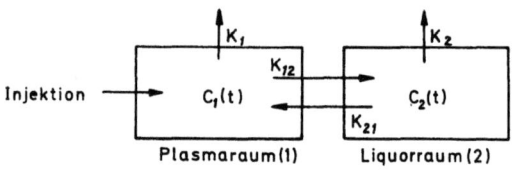

Abb. 57

Liquorraum übertritt. Gleichzeitig werde auch vom Liquorraum ein Anteil endgültig (z. B. durch chemische Bindung) eliminiert, ein anderer Teil möge wieder rückläufig vom Liquorraum in den Plasmaraum übertreten. Alle vier Anteile seien den zur Zeit herrschenden Konzentrationen im jeweiligen Ausgangsraum proportional. Es ergeben sich dann für die Plasmakonzentration $c_1(t)$ und die Liquorkonzentration $c_2(t)$ analog zum Ansatz (2.8.45) die beiden Differentialgleichungen erster Ordnung

$$(2.8.59) \quad \begin{cases} \dfrac{dc_1(t)}{dt} = -k_1 c_1(t) - k_{12} c_1(t) + k_{21} c_2(t) = a_{11} c_1(t) + a_{12} c_2(t) \\ \dfrac{dc_2(t)}{dt} = -k_2 c_2(t) - k_{21} c_2(t) + k_{12} c_1(t) = a_{21} c_1(t) + a_{22} c_2(t). \end{cases}$$

Sie stellen, wie man aus der zweiten Schreibweise besser ersieht, ein sogenanntes System von zwei gekoppelten Differentialgleichungen erster Ordnung dar. Beide sind im besonderen linear und homogen und haben konstante Koeffizienten, d. h. die a_{ik} sind von t unabhängig. Ähnlich wie bei zwei algebraischen Gleichungen mit zwei Unbekannten muß man auch hier versuchen, eine der beiden unbekannten Funktionen zu eliminieren. Zu diesem Zweck wird die erste der beiden Gleichungen (2.8.59) nach c_2 aufgelöst und weiter differenziert, was

(2.8.60)
$$c_2(t) = \frac{1}{a_{12}} \frac{dc_1(t)}{dt} - \frac{a_{11}}{a_{12}} c_1(t)$$
$$\frac{dc_2(t)}{dt} = \frac{1}{a_{12}} \frac{d^2 c_1(t)}{dt^2} - \frac{a_{11}}{a_{12}} \frac{dc_1(t)}{dt}$$

ergibt. Einsetzen von (2.8.60) in die zweite Gleichung (2.8.59) liefert

(2.8.61) $\quad \dfrac{1}{a_{12}} \dfrac{d^2 c_1(t)}{dt^2} - \dfrac{a_{11}}{a_{12}} \dfrac{dc_1(t)}{dt} = a_{21} c_1(t) + \dfrac{a_{22}}{a_{12}} \dfrac{dc_1(t)}{dt} - \dfrac{a_{11} a_{22}}{a_{12}} \cdot c_1(t)$

oder umgeformt

(2.8.62) $\quad \dfrac{d^2 c_1(t)}{dt^2} - (a_{11} + a_{22}) \dfrac{dc_1(t)}{dt} + (a_{11} a_{22} - a_{12} a_{21}) c_1(t) = 0.$

Da das System (2.8.59) hinsichtlich der Indices völlig symmetrisch aufgebaut ist, braucht man die entsprechende Rechnung für c_2 nicht gesondert durchzuführen, sondern nur in (2.8.62) an jeder Stelle den Index 1 durch den Index 2 zu ersetzen. Dabei zeigt sich sofort wegen der Symmetrie der Koeffizienten, daß die gleiche Gleichung (2.8.62) auch für c_2 gilt, d. h. es ist

(2.8.63) $\quad \dfrac{d^2 c_2(t)}{dt^2} - (a_{11} + a_{22}) \dfrac{dc_2(t)}{dt} + (a_{11} a_{22} - a_{12} a_{21}) c_2(t) = 0.$

Wir haben damit an Stelle von zwei gekoppelten linearen homogenen Differentialgleichungen erster Ordnung (2.8.59) in (2.8.62) und (2.8.63) zwei homogene Differentialgleichungen zweiter Ordnung, gleichfalls mit konstanten Koeffizienten gewonnen, die aber jede nur noch eine unbekannte Funktion enthalten, d. h. nicht mehr gekoppelt sind. Mit der Lösung solcher Differentialgleichungen wird sich der nächste Abschnitt beschäftigen, hier sei jedoch schon folgendes bemerkt: Bei der Integration von (2.8.62) und (2.8.63) werden jeweils zwei unbestimmte Integrationskonstanten auftreten. Da jedoch die beiden erhaltenen allgemeinen Integrale für $c_1(t)$ und $c_2(t)$ nicht unabhängig sind, sondern sie und ihre ersten Ableitungen das System (2.8.59) befriedigen müssen, so ergeben sich daraus für die vier Integrationskonstanten zwei Bestimmungsgleichungen erster Ordnung, wodurch sich ihre Zahl auf zwei reduziert. Diese zwei stehen für die Erfüllung von Nebenbedingungen zur Verfügung. Als solche der Aufgabe angepaßte Nebenbedingungen werden sich $c_1(0) = c_0$ (die anfängliche Plasmakonzentration entspricht der durch Injektion entstandenen) und $c_2(0) = 0$ (bei Versuchsbeginn ist noch kein Übertritt in den Liquorraum erfolgt) empfehlen.

2.9 Die lineare Differentialgleichung II. Ordnung mit konstanten Koeffizienten

Das letzte Beispiel des vorigen Abschnitts führte über ein System von gekoppelten linearen Differentialgleichungen I. Ordnung auf eine Differentialgleichung II. Ordnung der Form (2.8.63)

(2.9.1) $$y'' + ay' + by = 0.$$

Sie ist linear, denn kein Glied ist von höherem als erstem Grad in bezug auf y und seine Ableitungen; sie ist homogen, denn auch kein von y freies Glied ist vorhanden. Stünde an der rechten Seite anstelle von Null eine gegebene Funktion $f(x)$

(2.9.2) $$y'' + ay' + by = f(x),$$

so würde es sich um eine inhomogene lineare Differentialgleichung II. Ordnung mit konstanten Koeffizienten handeln. Gleichung (2.9.1) wird dann als die ihr zugeordnete homogene Differentialgleichung bezeichnet. Wenn die beiden Koeffizienten a und b keine Konstanten sind, sondern selbst wieder von x abhängige Funktionen darstellen, so ist

(2.9.3) $$y'' + a(x)y' + b(x)y = f(x)$$

ebenfalls eine lineare inhomogene Differentialgleichung II. Ordnung, aber jetzt mit veränderlichen Koeffizienten. Alle diese drei Typen sind Sonderfälle der gewöhnlichen Differentialgleichung II. Ordnung

(2.9.4) $$F(x, y, y', y'') = 0$$

überhaupt, doch wollen wir uns für unsere Zwecke auf die Besprechung der Formen (2.9.1) und (2.9.2) beschränken.

Zunächst seien zwei allgemeine Sätze abgeleitet.

Satz I. *Sind y_1 und y_2 zwei partikuläre Integrale der homogenen linearen Differentialgleichung $y'' + ay' + by = 0$, so ist auch die aus ihnen gebildete Linearform $c_1 y_1 + c_2 y_2 = y_h$ ein Integral dieser homogenen Gleichung. Dabei können c_1 und c_2 beliebige konstante Faktoren sein.*

Beweis. Setzt man y_h in die gegebene Differentialgleichung ein, so ergibt sich

$$(c_1 y_1 + c_2 y_2)'' + a(c_1 y_1 + c_2 y_2)' + b(c_1 y_1 + c_2 y_2) = 0,$$

woraus unter Berücksichtigung der Regeln für die Ableitung von Produkten und Summen sofort über

$$c_1(y_1'' + ay_1' + by_1) + c_2(y_2'' + ay_2' + by_2) = 0$$

die Behauptung folgt.

Satz II. *Ist y_i ein Integral der inhomogenen linearen Differentialgleichung $y'' + ay' + by = f(x)$ und y_h ein Integral der zugehörigen homogenen Differentialgleichung $y'' + ay' + by = 0$, so stellt ihre Summe $y_h + y_i$ ein Integral der inhomogenen Differentialgleichung dar.*

Beweis. Laut Voraussetzung gilt

$$y_i'' + a y_i' + b y_i = f(x)$$
$$y_h'' + a y_h' + b y_h = 0.$$

Durch Addition folgt wieder unter Berücksichtigung der Differentiationsformeln einer Summe sofort über

$$(y_i + y_h)'' + a(y_i + y_h)' + b(y_i + y_h) = f(x)$$

die Behauptung.

Da das allgemeine Integral einer Differentialgleichung II. Ordnung zwei willkürliche Konstanten enthalten muß, stellt damit unter Benutzung der Sätze I und II $y = c_1 y_1 + c_2 y_2 + y_i$ das allgemeine Integral der inhomogenen Differentialgleichung (2.9.2) und $y_h = c_1 y_1 + c_2 y_2$ das allgemeine Integral der homogenen Gleichung (2.9.1) dar. Damit müssen zur Lösung von (2.9.1) zwei verschiedene partikuläre Integrale gefunden werden. Zur Lösung der inhomogenen Gleichung (2.9.2) muß dazu noch irgendein partikuläres Integral von (2.9.2) bekannt sein.

Wir wenden uns zunächst der ersten Aufgabe zu, zwei partikuläre Integrale für die gegebene homogene Differentialgleichung (2.9.1) zu finden. Dazu wird nach *Bernoulli* versuchsweise der Ansatz $y = e^{\lambda x}$ mit noch zu bestimmendem λ in (2.9.1) eingesetzt

(2.9.5) $$\lambda^2 e^{\lambda x} + a \lambda e^{\lambda x} + b e^{\lambda x} = 0$$

oder

(2.9.6) $$e^{\lambda x}(\lambda^2 + a\lambda + b) = 0.$$

Diese Gleichung kann aber für beliebige x nur dann erfüllt sein, wenn die Klammer verschwindet. Die Konstante λ muß daher so gewählt werden, daß die Gleichung

(2.9.7) $$\lambda^2 + a\lambda + b = 0,$$

die sogenannte „charakteristische Gleichung" von (2.9.1), erfüllt ist. (Die charakteristische Gleichung läßt sich sofort aus der Differentialgleichung gewinnen, indem man anstelle des Buchstabens y den Buchstaben λ und anstelle der 0., 1., 2. Ableitung jeweils die 0., 1., 2. Potenz setzt.) Bei einer linearen Differentialgleichung II. Ordnung ist die charakteristische Gleichung vom zweiten Grad und hat daher zwei Wurzeln λ_1 und λ_2. Wie von den quadratischen Gleichungen her bekannt ist, können je nach der Beschaffenheit der Koeffizienten a und b diese beiden Wurzeln (die „Eigenwerte") entweder zwei verschiedene reelle, zwei konjugiert komplexe oder auch zwei gleiche reelle Zahlen (Doppelwurzel) sein. Falls λ_1 und λ_2 verschiedene Zahlen sind, liegen damit in $e^{\lambda_1 x}$ und $e^{\lambda_2 x}$ zwei verschiedene partikuläre Integrale von (2.9.1) vor, und nach Satz I lautet damit das allgemeine Integral der homogenen Differentialgleichung (2.9.1)

(2.9.8) $$y = c_1 e^{\lambda_1 x} + c_2 e^{\lambda_2 x}$$

mit

(2.9.9) $$\lambda_{1,2} = -\frac{a}{2} \pm \sqrt{\frac{a^2}{4} - b}.$$

Für den Fall $\lambda_1 = \lambda_2 = \lambda = -\dfrac{a}{2}$ läßt sich zeigen, daß dann außer der Funktion $e^{\lambda x}$ auch die Funktion $x e^{\lambda x}$ ein partikuläres Integral liefert. Der Nachweis ist durch Einsetzen dieses Ansatzes in (2.9.1) unter Berücksichtigung von $\dfrac{a^2}{4} - b = 0$ zu erbringen, sei hier aber übergangen.

Wichtig ist noch die Umformung des allgemeinen Integrals (2.9.8) bei konjugiert komplexen Eigenwerten. Dieser Fall tritt bekanntlich dann ein, wenn $\dfrac{a^2}{4} - b < 0$. Setzt man dann die positive Größe $b - \dfrac{a^2}{4} = \omega^2$, so folgt aus (2.9.9)

(2.9.10) $$\lambda_{1,2} = -\frac{a}{2} \pm i\omega$$

und damit aus (2.9.8)

(2.9.11) $$y = e^{-\frac{a}{2}x}(c_1 e^{i\omega x} + c_2 e^{-i\omega x}).$$

Nun können die beiden beliebigen Konstanten c_1 und c_2 auch über

(2.9.12) $$c_{1,2} = \frac{A}{2} e^{\pm i\delta}$$

durch zwei andere Konstanten A und δ ersetzt werden. Mit (2.9.12) folgt aus (2.9.11)

(2.9.13) $$y = A e^{-\frac{a}{2}x} \frac{e^{i(\omega x + \delta)} + e^{-i(\omega x + \delta)}}{2},$$

woraus sich unter Benutzung der aus der *Euler*schen Gleichung folgenden Beziehung (2.7.36)

(2.9.14) $$y = A e^{-\frac{a}{2}x} \cos(\omega x + \delta)$$

ergibt. In dieser Form wird erkennbar, daß das allgemeine Integral bei konjugiert komplexen Eigenwerten auf eine periodische Funktion von x führt, deren Amplituden mit x exponentiell abklingen (gedämpfte Schwingung) oder aufklingen oder (bei $a=0$) konstant bleiben.

Einige Beispiele mögen die Theorie erläutern.

Beispiel a. Die freie gedämpfte elektrische Schwingung: Ein Kondensator mit der Kapazität C sei mit einem *Ohm*schen Widerstand R und einer Selbstinduktion L hintereinander geschaltet (vgl. Abb. 58). Der Kondensator sei auf eine bestimmte Anfangsspannung U_0 aufgeladen, und zur Zeit $t=0$ werde der Stromkreis geschlossen. Es ist die Größe von Strom und Spannung zu jeder Zeit t zu ermitteln. Nach der *Kirchhoff*schen Maschenregel muß für jede beliebige Zeit die Bedingung $U_C = U_R + U_L$ gelten. Dabei ist bekanntlich der Spannungsverlust im Widerstand durch RJ, der in der Selbstinduktion durch $L\dfrac{dJ}{dt}$ gegeben. Damit lautet die Spannungsbedingung

$$U_C = U = RJ + L\frac{dJ}{dt}.$$

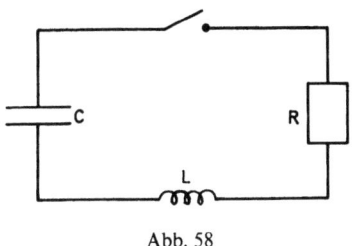

Abb. 58

Nun bestimmt sich die Stromstärke J durch den bei der Entladung des Kondensators entstehenden Strom

(2.9.15) $$J = -C \frac{dU}{dt}.$$

Setzt man diesen Ausdruck für J in die Spannungsgleichung ein, so ergibt sich über

$$U = -CR \frac{dU}{dt} - LC \frac{d^2 U}{dt^2}$$

schließlich die Differentialgleichung

(2.9.16) $$\frac{d^2 U}{dt^2} + \frac{R}{L} \frac{dU}{dt} + \frac{1}{LC} U = 0.$$

Sie entspricht der homogenen Differentialgleichung (2.9.1), ihre charakteristische Gleichung lautet

(2.9.17) $$\lambda^2 + \frac{R}{L} \lambda + \frac{1}{LC} = 0$$

mit den Wurzeln

(2.9.18) $$\lambda_{1,2} = -\frac{R}{2L} \pm \sqrt{\frac{R^2}{4L^2} - \frac{1}{LC}}.$$

Ist jetzt die Bedingung

(2.9.19) $$\frac{1}{LC} > \frac{R^2}{4L^2}$$

erfüllt, so werden die beiden Eigenwerte konjugiert komplex, und es kommt zum Auftreten von elektrischen Schwingungen. Vergleicht man (2.9.10) und (2.9.18), so ergeben sich die Entsprechungen

(2.9.20) $$a = \frac{R}{L}, \quad \omega = \sqrt{\frac{1}{LC} - \frac{R^2}{4L^2}},$$

und das allgemeine Integral (2.9.14) lautet für diesen Fall

$$(2.9.21) \quad U = A e^{-\frac{R}{2L}t} \cos(\omega t + \delta) = A e^{-\frac{R}{2L}t} \cos\left(\sqrt{\frac{1}{LC} - \frac{R^2}{4L^2}}\, t + \delta\right).$$

Man erkennt hieraus bereits, daß eine Wechselspannung mit abklingenden Amplituden entsteht, wobei die sogenannte Abklingzeit

$$\tau = \frac{2L}{R}$$

und die Schwingungskreisfrequenz ω durch die Parameter des Schwingungskreises festgelegt sind. Aus der Gleichung für die Spannung ergibt sich über (2.9.15) und Differentiation von (2.9.21) sofort

$$(2.9.22) \quad J = ACe^{-\frac{R}{2L}t}\left[\omega \sin(\omega t + \delta) + \frac{R}{2L}\cos(\omega t + \delta)\right],$$

wie man sieht, ebenfalls eine abklingende Schwingung. Die beiden noch unbestimmten Konstanten A und δ werden durch die Randbedingungen

$$(2.9.23) \quad \begin{aligned} U(0) &= U_0 \\ J(0) &= 0 \end{aligned}$$

festgelegt. Sie ergeben sich damit aus den aus (2.9.21) und (2.9.22) folgenden Bestimmungsgleichungen

$$(2.9.24) \quad \begin{aligned} U_0 &= A \cos \delta \\ 0 &= AC\left[\omega \sin \delta + \frac{R}{2L}\cos \delta\right]. \end{aligned}$$

Aus diesen Gleichungen lassen sich A und δ formelmäßig festlegen, doch sei die einzelne Durchrechnung übergangen.

Beispiel b. i. v. Injektion eines liquorgängigen Pharmakons (Weiterführung von Beispiel d des vorigen Abschnitts): Es ergaben sich (die Bezeichnungen entsprechen den im vorigen Abschnitt eingeführten) für den Konzentrationsverlauf im Blut- und Liquorraum die gleichen Differentialgleichungen (2.8.62) und (2.8.63) der Form

$$(2.9.25) \quad \frac{d^2 c_i}{dt^2} - (a_{11} + a_{22})\frac{dc_i}{dt} + (a_{11}a_{22} - a_{12}a_{21})c_i = 0 \quad (i=1,2).$$

Ihre charakteristische Gleichung lautet

$$(2.9.26) \quad \lambda^2 - (a_{11} + a_{22})\lambda + (a_{11}a_{22} - a_{12}a_{21}) = 0$$

und führt auf die Eigenwerte

$$(2.9.27) \quad \lambda_{1,2} = \frac{a_{11} + a_{22}}{2} \pm \frac{1}{2}\sqrt{(a_{11}+a_{22})^2 - 4a_{11}a_{22} + 4a_{12}a_{21}},$$

die sich umformen lassen zu

(2.9.28) $$\lambda_{1,2} = \frac{a_{11}+a_{22}}{2} \pm \frac{1}{2}\sqrt{(a_{11}-a_{22})^2 + 4a_{12}a_{21}}.$$

Nach den aus (2.8.59) folgenden Entsprechungen der Koeffizienten a_{ik} ist auch der zweite Summand unter der Wurzel eine positive Größe, d. h. hier liegt der Fall zweier reell verschiedener Eigenwerte vor. Die allgemeinen Integrale ergeben sich gemäß (2.9.8) zu

(2.9.29) $$\begin{cases} c_1 = A_{11}e^{\lambda_1 t} + A_{12}e^{\lambda_2 t} \\ c_2 = A_{21}e^{\lambda_1 t} + A_{22}e^{\lambda_2 t}, \end{cases}$$

wobei die A_{ik} vier unbestimmte Konstanten darstellen. Sie sind jedoch nicht unabhängig voneinander; denn es müssen die ursprünglichen Gleichungen zu (2.8.59) erfüllt werden. Wählt man die erste von ihnen aus und setzt für $c_1(t)$ und $\dot{c}_2(t)$ sowie ihre Ableitungen die aus (2.9.29) folgenden Ausdrücke ein, so entsteht

(2.9.30)
$$\lambda_1 A_{11}e^{\lambda_1 t} + \lambda_2 A_{12}e^{\lambda_2 t} - a_{11}A_{11}e^{\lambda_1 t} - a_{11}A_{12}e^{\lambda_2 t} - a_{12}A_{21}e^{\lambda_1 t} - a_{12}A_{22}e^{\lambda_2 t} = 0.$$

Durch Umordnung der Glieder läßt sich daraus

(2.9.31) $$(\lambda_1 A_{11} - a_{11}A_{11} - a_{12}A_{21}) + (\lambda_2 A_{12} - a_{11}A_{12} - a_{12}A_{22})e^{(\lambda_2-\lambda_1)t} = 0$$

gewinnen. Diese Gleichung muß für jeden beliebigen Wert von t erfüllt sein; das ist aber nur möglich, wenn jeder der beiden Klammerausdrücke einzeln verschwindet. Damit ergeben sich für die vier unbestimmten Konstanten die beiden folgenden Bedingungsgleichungen

(2.9.32) $$\begin{aligned}(\lambda_1 - a_{11})A_{11} &= a_{12}A_{21} \\ (\lambda_2 - a_{11})A_{12} &= a_{12}A_{22},\end{aligned}$$

aus denen

(2.9.33) $$A_{21} = \frac{\lambda_1 - a_{11}}{a_{12}} A_{11}, \quad A_{22} = \frac{\lambda_2 - a_{11}}{a_{12}} A_{12}$$

folgt. Damit sind zwei der vier Konstanten durch die beiden anderen bestimmt, und es liegen nur noch zwei beliebig wählbare Größen A_{11} und A_{12} vor. Mit (2.9.33) wird dann aus (2.9.29)

(2.9.34) $$\begin{aligned} c_1 &= A_{11}e^{\lambda_1 t} + A_{12}e^{\lambda_2 t} \\ c_2 &= \frac{\lambda_1 - a_{11}}{a_{12}} A_{11}e^{\lambda_1 t} + \frac{\lambda_2 - a_{11}}{a_{12}} A_{12}e^{\lambda_2 t}. \end{aligned}$$

Um nun die vorgegebenen Nebenbedingungen

(2.9.35) $$\begin{cases} c_1(0) = c_0 \\ c_2(0) = 0 \end{cases}$$

zu erfüllen, müssen die beiden verbleibenden Konstanten entsprechend festgelegt werden. Unter Einsetzen von (2.9.35) in (2.9.34) für $t=0$ ergibt sich

(2.9.36) $$\begin{cases} c_0 = A_{11} + A_{12} \\ 0 = (\lambda_1 - a_{11})A_{11} + (\lambda_2 - a_{11})A_{12}. \end{cases}$$

Hiermit liegen zur Bestimmung der beiden noch verbleibenden Konstanten zwei lineare Gleichungen vor. Ihre Lösung führt zu

(2.9.37)
$$A_{11} = \frac{\lambda_2 - a_{11}}{\lambda_2 - \lambda_1} c_0$$
$$A_{12} = \frac{\lambda_1 - a_{11}}{\lambda_2 - \lambda_1} c_0,$$

womit sich aus (2.9.34) schließlich

(2.9.38) $$c_1 = \frac{c_0}{\lambda_2 - \lambda_1} \left[(\lambda_2 - a_{11}) e^{\lambda_1 t} + (\lambda_1 - a_{11}) e^{\lambda_2 t} \right]$$

und

(2.9.39) $$c_2 = \frac{c_0}{\lambda_2 - \lambda_1} \frac{(\lambda_1 - a_{11})(\lambda_2 - a_{11})}{a_{12}} \left[e^{\lambda_1 t} + e^{\lambda_2 t} \right]$$

als Lösung der Aufgabe ergibt.

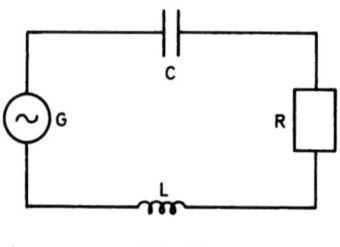

Abb. 59

Beispiel c. Die erzwungene elektrische Schwingung: Erweitert man den Ansatz von Beispiel a) durch Einfügung eines Wechselspannungsgenerators G, der eine Wechselspannung der Größe

(2.9.40) $$U_G = U_{G_0} e^{j\omega_G t}$$

liefert, so nimmt der Stromkreis das in Abb. 59 dargestellte Aussehen an, und die Ansatzgleichung erweitert sich zu

(2.9.41) $$U - U_G = RJ + L\frac{dJ}{dt}.$$

Aus ihr läßt sich analog der Rechnung zum Beispiel a) die folgende Differentialgleichung für den Spannungsverlauf gewinnen:

(2.9.42) $$\frac{d^2 U}{dt^2} + \frac{R}{L}\frac{dU}{dt} + \frac{1}{LC}U = \frac{1}{LC}U_{G_0}e^{j\omega_G t}.$$

Sie stellt damit eine inhomogene Verallgemeinerung der homogenen Gleichung (2.9.16) dar. Um ihr allgemeines Integral zu erhalten, muß das bereits bekannte allgemeine Integral von (2.9.16) additiv um irgendein partikuläres Integral von (2.9.42) erweitert werden (vgl. Satz II). Um es zu finden, macht man den naheliegenden Ansatz

(2.9.43) $$U = A e^{j(\omega_G t + \varphi)},$$

d. h. man wählt als Lösung versuchsweise eine periodische Funktion mit der gleichen Frequenz wie die Generatorspannung, nur mit noch offener Amplitude A und Phasenverschiebung φ. Einsetzen von (2.9.43) in (2.9.42) liefert

(2.9.44) $$A e^{j(\omega_G t + \varphi)}\left[-\omega_G^2 + j\frac{R}{L}\omega_G + \frac{1}{LC}\right] = \frac{U_{G_0}}{LC}e^{j\omega_G t},$$

woraus sich

(2.9.45) $$\left(\frac{1}{LC} - \omega_G^2\right) + j\frac{R\omega_G}{L} = \frac{U_{G_0}}{ALC}e^{-j\varphi}$$

ergibt. Hier liegt eine Gleichung zwischen zwei komplexen Zahlen vor, von denen die eine in rechtwinkligen, die andere in Polarkoordinaten dargestellt ist (vgl. Abb. 60).

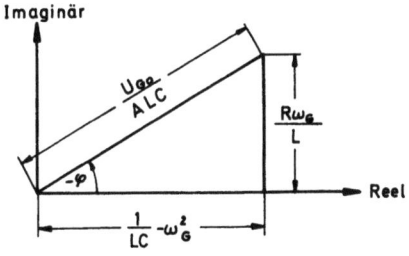

Abb. 60

Aus dieser Abbildung lassen sich aber sofort die beiden folgenden Beziehungen ablesen:

(2.9.46) $$\mathrm{tg}\,\varphi = -\frac{\dfrac{R\omega_G}{L}}{\dfrac{1}{LC} - \omega_G^2}, \quad \frac{U_{G_0}}{ALC} = \sqrt{\left(\frac{1}{LC} - \omega_G^2\right)^2 + \frac{R^2\omega_G^2}{L^2}},$$

aus ihnen ergeben sich in

(2.9.47)
$$A = \frac{U_{G_0}}{LC\sqrt{\left(\frac{1}{LC} - \omega_G^2\right)^2 + \frac{R^2 \omega_G^2}{L^2}}}$$

$$\varphi = -\arctg \frac{\frac{R\omega_G}{L}}{\frac{1}{LC} - \omega_G^2}$$

zwei Bestimmungsgleichungen für A und φ. Setzt man die aus ihnen folgenden Werte in den Ansatz (2.9.43) ein, so erhält man das gesuchte partikuläre Integral. Ohne die einzelnen Rechnungen weiter durchzuführen, sei auf folgendes hingewiesen: Auch bei diesem Beispiel entsteht für Spannungs- und selbstverständlich auch Stromverlauf eine periodische Zeitfunktion, d. h. eine Schwingung. Sie setzt sich aber entsprechend Satz II und den erhaltenen Lösungen (2.9.21) und (2.9.43) mit (2.9.47) additiv aus zwei Gliedern zusammen. Das erste Glied stellt eine zeitlich abklingende Schwingung mit einer Frequenz, die durch die Kenngrößen des Schwingungskreises (R, L, C) gegeben ist, dar, der zweite Anteil eine mit konstanter Amplitude verlaufende Schwingung mit der Frequenz des erregenden Generators. Der Einfluß der Kenngrößen des Schwingkreises wirkt sich hier nur auf die Größe von Amplitude und Phasenverschiebung aus. Nach einer gewissen Einschwingzeit wird daher der Einfluß des ersten Gliedes zu vernachlässigen sein und der Kreis nur noch im Takt der erregenden Generatorfrequenz schwingen. Aus (2.9.47) ist weiter zu ersehen, daß die Amplitude um so größer wird, je näher die Eigenfrequenz des Kreises $\omega_0^2 = \frac{1}{RC}$ an der Generator- (bzw. Sender-)Frequenz liegt. Die maximale Amplitude wird bei vollständiger Übereinstimmung erreicht (Resonanzfall). Wie ebenfalls aus (2.9.47) hervorgeht, wird im Resonanzfall die Phasenverschiebung $= \frac{\pi}{2}$.

2.10 Eine partielle Differentialgleichung II. Ordnung

Partielle Differentialgleichungen stellen Beziehungen dar zwischen einer unbekannten Funktion $z = z(x_1, x_2, \ldots, x_n)$, den unabhängigen Veränderlichen $x_1, x_2, \ldots, x_n$ und ihren verschiedenen partiellen Ableitungen $\frac{\partial z}{\partial x_1}, \ldots, \frac{\partial z}{\partial x_2}$, $\frac{\partial^2 z}{\partial x_1^2}, \ldots, \frac{\partial^2 z}{\partial x_1 \partial x_2}$ in der Form

(2.10.1) $\quad F\left(x_1, \ldots, x_n, z, \frac{\partial z}{\partial x_1} \cdots \frac{\partial z}{\partial x_n}, \frac{\partial^2 z}{\partial x_1^2}, \ldots, \frac{\partial^2 z}{\partial x_1 \partial x_2}, \ldots, \frac{\partial^3 z}{\partial x_1^3} \ldots\right) = 0.$

Auch hier gibt die höchste Ordnung der in der Gleichung vorkommenden Ableitungen die Ordnung der Differentialgleichung an. Es ist leicht einzusehen, daß bei den partiellen Differentialgleichungen die Mannigfaltigkeit der Lösungen, die Vielfalt der Nebenbedingungen sowie die Schwierigkeit im Auffinden von Lösungswegen ungleich größer sind als bei den gewöhnlichen Differentialgleichungen. Wir beschränken uns hier auf die Herleitung und Besprechung eines einzigen, allerdings für die Medizin wichtigen Gleichungstyps sowie die Auffindung einiger Lösungen. Diese Differentialgleichung ist von II. Ordnung, und die gesuchte Funktion hängt nur von zwei unabhängigen Veränderlichen x_1 und x_2 ab, ihre allgemeine Form läßt sich daher gemäß (2.10.1) zu

(2.10.2) $$F\left(x_1, x_2, z, \frac{\partial z}{\partial x_1}, \frac{\partial z}{\partial x_2}, \frac{\partial^2 z}{\partial x_1^2}, \frac{\partial^2 z}{\partial x_2^2}, \frac{\partial^2 z}{\partial x_1 \partial x_2}\right) = 0$$

schreiben. Auf eine solche partielle Differentialgleichung II. Ordnung führt folgendes Beispiel:

In ein mit ruhender Flüssigkeit gefülltes Rohr werde an einer Stelle ($x=0$) zur Zeit $t=0$ eine kleine Menge gelöster Substanz eingespritzt (dieser Fall ist annähernd realisiert bei der intralumbalen Injektion eines Pharmakons). Durch die Verteilung der Substanz infolge osmotischer Ausgleichsvorgänge stellt sich eine bestimmte Konzentration $c(x,t)$ ein, die – wie bereits durch die Schreibweise angedeutet – sowohl vom Ort, d. h. der Entfernung von der Injektionsstelle, sowie von der Zeit nach der Injektion abhängen wird, d. h. es liegt eine Funktion von zwei unabhängigen Veränderlichen vor. Führt man eine zweite orts- und zeitabhängige Funktion $\Phi(x,t)$, den Substanzfluß in der Längsrichtung des Rohres (gemessen in $\mu M\,cm^{-2}\,sec^{-1}$) ein, so muß für ein in Gedanken herausgegriffenes Rohrelement der Länge Δx und ein Zeitelement Δt wegen des Erhaltungssatzes der Materie die folgende Bilanz gelten (vgl. Abb. 61):

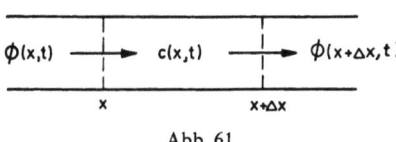

Abb. 61

Die Menge der durch den Rohrquerschnitt an der Stelle x innerhalb Δt einströmenden Substanzmenge vermindert um die durch den Rohrquerschnitt an der Stelle $x+\Delta x$ in der gleichen Zeit ausströmende ist gleich der Änderung der Substanzmenge im betrachteten Teilvolumen während Δt.

In Zeichen unter Verwendung der beiden eingeführten Größen läßt sich diese Bilanz durch die Gleichung

(2.10.3) $$\Phi(x,t)\pi r^2 \Delta t - \Phi(x+\Delta x,t)\pi r^2 \Delta t = \frac{\partial}{\partial t}\left[\pi r^2 \Delta x\, c(x,t)\right]\Delta t$$

ausdrücken. Durch einfache Umformung erhält man über

(2.10.4) $$\frac{\partial c(x,t)}{\partial t} = -\frac{\Phi(x+\Delta x,t)-\Phi(x,t)}{\Delta x}$$

schließlich durch Grenzübergang

(2.10.5) $$\frac{\partial c(x,t)}{\partial t} = -\frac{\partial \Phi(x,t)}{\Delta x},$$

d. h. eine partielle Differentialgleichung I. Ordnung zwischen den beiden unbekannten Funktionen c und Φ. Eine zweite Beziehung zwischen diesen beiden Funktionen ergibt sich durch die Art der den Substanzfluß verursachenden Kräfte. Es war vorausgesetzt worden, daß als treibende Kraft nur osmotische Kräfte in Frage kommen. Diese sind aber nach dem ersten *Fick*schen Gesetz der Diffusion dem Konzentrationsgefälle proportional, so daß sich als Ausdruck dieses Strömungsgesetzes die Gleichung

(2.10.6) $$\Phi(x,t) = -D\frac{\partial c(x,t)}{\partial x}$$

ergibt. D bedeutet die Diffusionskonstante. Damit ist es möglich, den Teilchenstrom Φ zu eliminieren, indem (2.10.6) partiell nach x differenziert und der entsprechende Ausdruck in (2.10.5) eingesetzt wird. Man erhält dabei

(2.10.7) $$\frac{\partial c(x,t)}{\partial t} = \frac{\partial}{\partial x}\left[D\frac{\partial c(x,t)}{\partial x}\right].$$

Setzt man weiter voraus, daß die Diffusionskonstante nicht vom Ort, d. h. von x, abhängt, so läßt sich (2.10.7) weiter vereinfachen zu

(2.10.8) $$\frac{\partial c(x,t)}{\partial t} = D\frac{\partial^2 c(x,t)}{\partial x^2},$$

dem zweiten *Fick*schen Gesetz der Diffusion. Damit liegt zur Bestimmung der unbekannten Funktion c eine partielle Differentialgleichung II. Ordnung vor. Vergleicht man (2.10.8) mit der allgemeinen Form (2.10.2), so erkennt man, daß von den möglichen Bestandteilen einer partiellen Differentialgleichung II. Ordnung die meisten gar nicht vorkommen. Bemerkenswert ist noch, daß in (2.10.8) die unbekannte Funktion hinsichtlich der Zeit nur als I., hinsichtlich des Ortes nur als II. Ableitung auftreten. Für diese Differentialgleichung seien, immer im Hinblick auf das methodische Beispiel, einige Lösungsmethoden diskutiert.

Zunächst gilt folgender Satz: Wenn c_1 und c_2 Funktionen sind, die die Differentialgleichung (2.10.8) befriedigen, so stellt auch jede Linearkombination $k_1 c_1 + k_2 c_2$ wieder eine Lösung von (2.10.8) dar.

Beweis: Nach Voraussetzung soll gelten

$$\frac{\partial c_1}{\partial t} = D\frac{\partial^2 c_1}{\partial x^2},$$

$$\frac{\partial c_2}{\partial t} = D\frac{\partial^2 c_2}{\partial x^2},$$

Multiplikation der ersten Gleichung mit k_1, der zweiten mit k_2 und gliedweise Addition ergibt nach den Regeln der Differentialrechnung

$$\frac{\partial}{\partial t}[k_1 c_1 + k_2 c_2] = D \frac{\partial^2}{\partial x^2}[k_1 c_1 + k_2 c_2],$$

womit die Behauptung bewiesen ist.

Dieser Satz läßt sich ohne weiteres auf n-gliedrige lineare Ausdrücke erweitern, ja er gilt sogar noch, wenn die Anzahl der Summanden unendlich groß wird, d. h. eine unendliche Reihe aus partikulären Integralen stellt wieder ein Integral dar.

Um zu einem partikulären Integral zunächst zu gelangen, kann man nach *Bernoulli* den Ansatz

(2.10.9) $$c(x,t) = T(t)X(x)$$

machen, d. h. zunächst unterstellen, daß sich die unbekannte Funktion c in zwei Faktoren aufspalten läßt, von denen der eine eine Funktion von x, der andere eine von t allein darstellt. Einsetzen von (2.10.9) in (2.10.8) liefert

(2.10.10) $$X(x)\frac{dT(t)}{dt} = D T(t)\frac{d^2 X(x)}{dx^2},$$

woraus durch Umformung

(2.10.11) $$\frac{1}{T(t)}\frac{dT(t)}{dt} = D \frac{1}{X(x)}\frac{d^2 X(x)}{dx^2} = \alpha$$

entsteht. Da hierbei die linke Seite nur noch von der Zeit, die rechte nur vom Ort abhängt, kann diese Beziehung für beliebige t und x nur dann erfüllt sein, wenn beide Seiten gleich einer gemeinsamen Konstanten α sind. Damit zerfällt aber (2.10.11) in die beiden gewöhnlichen Differentialgleichungen I. bzw. II. Ordnung

(2.10.12)
$$\frac{dT(t)}{dt} = \alpha T(t)$$

$$\frac{d^2 X(x)}{dx^2} = \frac{\alpha}{D} X(x).$$

Die Gleichung für T läßt sich sofort nach der Methode der Trennung der Veränderlichen integrieren und liefert als allgemeines Integral

(2.10.13) $$T(t) = A e^{\alpha t},$$

wobei A eine unbestimmte Konstante darstellt. Die zweite der Gleichungen (2.10.12) läßt sich mit der Abkürzung (neue Konstante λ^2)

(2.10.14) $$\alpha = -\lambda^2 D$$

umformen zu

(2.10.15) $$\frac{d^2 X(x)}{dx^2} + \lambda^2 X(x) = 0.$$

Dies ist eine gewöhnliche lineare Differentialgleichung II. Ordnung mit konstanten Koeffizienten und kann nach den Regeln des vorigen Abschnitts integriert werden. Ihr allgemeines Integral läßt sich damit in der Form

(2.10.16) $$X(x) = B\cos\lambda x + C\sin\lambda x$$

darstellen. Damit ergibt sich durch Multiplikation von (2.10.13) und (2.10.16) eine Form des partikulären Integrals von (2.10.8)

(2.10.17) $$c(x,t) = e^{-\lambda^2 Dt}(a\cos\lambda x + b\sin\lambda x),$$

wobei die Konstanten entsprechend zusammengefaßt sind. Nach dem oben abgeleiteten Satz stellt dann aber auch die Summe

(2.10.18) $$c(x,t) = \sum_{i=0}^{\infty} e^{-\lambda_i^2 Dt}(a_i\cos\lambda_i x + b_i\sin\lambda_i x)$$

ein Integral von (2.10.8) dar. Damit liegen aber in den unendlichen vielen Konstanten a_i, b_i und λ_i Möglichkeiten zur Anpassung dieser Lösung an vorgegebene Nebenbedingungen vor. Solche Nebenbedingungen können im vorliegenden Fall rein örtliche (sogenannte Randbedingungen) und rein zeitliche (sogenannte Anfangsbedingungen) sein. Zum Beispiel können die Werte für $c(x_1,t)$ und $c(x_2,t)$ vorgegeben sein, und weiter kann die Anfangsverteilung der Konzentration $c(x,0)$ festliegen. Es ist dann eine im allgemeinen nicht ganz einfache mathematische Aufgabe, die Konstanten im Ansatz (2.10.18) so zu bestimmen, daß sie diesen drei Bedingungen genügen. Doch würde die vollständige Durchführung dieser Aufgabe den Rahmen des Buches sprengen. Wir wollen uns daher auf ein bereits etwas eingeengtes Anfangswertproblem beschränken, indem wir voraussetzen, daß durch die Injektion des Pharmakons – sie möge an der Stelle $x=0$ erfolgen – zur Zeit $t=0$ in der Umgebung dieser Injektionsstelle die Konzentration nach Art einer *Gauß*-Verteilung nach beiden Seiten hin abfällt. Die Anfangsbedingung lautet somit

(2.10.19) $$c(x,0) = \frac{1}{\sigma_0\sqrt{2\pi}} e^{-\frac{1}{2}\frac{x^2}{\sigma_0^2}},$$

wobei σ_0 (wie im Abschnitt über Statistik später gezeigt werden wird, die sogenannte Standardabweichung) eine gegebene Konstante darstellt, die von der Schnelligkeit der Injektion abhängt und ein Maß für die mittlere Weite der glockenförmigen Konzentrationsverteilungskurve darstellt. Auf die Festlegung von Randbedingungen möge der Einfachheit halber abgesehen werden. Es sei etwa angenommen, daß die Länge des Lumbalrohres so groß ist, daß es mathematisch durch das Modell eines unendlich langen Rohres wiedergegeben werden kann.

Um die Werte für die Konzentrationsverteilung zu späteren Zeiten zu ermitteln, sei angenommen, was rein physikalisch plausibel ist, daß der Charakter einer Normalverteilung über die Längskoordinate x erhalten bleibt, daß sich jedoch das

Maß für die „Glockenweite" σ_0 mit der Zeit ändert. Es werde somit der Lösungsansatz

(2.10.20) $$c(x,t) = \frac{1}{\sigma(t)\sqrt{2\pi}} e^{-\frac{1}{2}\frac{x^2}{\sigma^2(t)}}$$

versuchsweise aufgestellt, wobei σ eine Funktion der Zeit sei. Damit ergibt sich die Aufgabe, diese Funktion $\sigma = \sigma(t)$ so zu bestimmen, daß der Ansatz (2.10.20) die Differentialgleichung (2.10.8) befriedigt. Zu diesem Zweck müssen von (2.10.20) die erste zeitliche sowie die ersten beiden örtlichen partiellen Ableitungen gebildet werden. Unter Benutzung der Kettenregel ergeben sich dabei (die Schreibweise möge bei c und σ vereinfacht werden)

(2.10.21) $$\begin{cases} \dfrac{\partial c}{\partial t} = \dfrac{1}{\sqrt{2\pi}} e^{-\frac{1}{2}\frac{x^2}{\sigma^2}} \left[+\dfrac{1}{\sigma}\dfrac{x^2}{2}\dfrac{2}{\sigma^3}\dfrac{d\sigma}{dt} - \dfrac{1}{\sigma^2}\dfrac{d\sigma}{dt} \right] \\[6pt] \dfrac{\partial c}{\partial x} = \dfrac{1}{\sigma\sqrt{2\pi}} e^{-\frac{1}{2}\frac{x^2}{\sigma^2}} \left[-\dfrac{1}{2\sigma^2} 2x \right] = -\dfrac{x}{\sigma^2} c \\[6pt] \dfrac{\partial^2 c}{\partial x^2} = -\dfrac{1}{\sigma^2}\left[-x\dfrac{x}{\sigma^2} c + c \right] = \dfrac{c}{\sigma^2}\left[\dfrac{x^2}{\sigma^2} - 1 \right]. \end{cases}$$

Durch Umformung und Vereinfachung, indem wieder (2.10.20) eingesetzt wird, ergeben sich daraus die beiden Gleichungen

(2.10.22) $$\frac{\partial c}{\partial t} = c \cdot \frac{1}{\sigma}\frac{d\sigma}{dt}\left[\frac{x^2}{\sigma^2} - 1\right]$$

und

(2.10.23) $$\frac{\partial^2 c}{\partial x^2} = c \cdot \frac{1}{\sigma^2}\left[\frac{x^2}{\sigma^2} - 1\right].$$

Setzt man diese beiden Ausdrücke in (2.10.8) ein, so ergibt sich

(2.10.24) $$\frac{1}{\sigma}\frac{d\sigma}{dt} = \frac{D}{\sigma^2},$$

woraus zur Bestimmung von σ die gewöhnliche Differentialgleichung

(2.10.25) $$\sigma\frac{d\sigma}{dt} = D$$

folgt. Sie läßt sich durch Trennung der Veränderlichen über

(2.10.26) $$\sigma\, d\sigma = D\, dt$$

lösen und führt zum allgemeinen Integral

(2.10.27) $$\sigma^2 = 2Dt + \text{Const.}$$

Die Integrationskonstante ergibt sich aus der Anfangsbedingung $t=0$, $\sigma = \sigma_0$ zu σ_0^2, und das partikuläre Integral lautet dann

(2.10.28) $$\sigma^2 = 2Dt + \sigma_0^2.$$

Einsetzen von (2.10.28) in (2.10.20) ergibt dann das der Anfangsbedingung (2.10.19) angepaßte Integral der Diffusionsgleichung in der Form

(2.10.29) $$c(x,t) = \frac{1}{\sqrt{2\pi(2Dt+\sigma_0^2)}} e^{-\frac{1}{2}\frac{x^2}{2Dt+\sigma_0^2}}.$$

Aus dieser Gleichung ist sofort der zeitliche Konzentrationsverlauf an der Injektionsstelle $x=0$ abzulesen. Er berechnet sich gemäß

(2.10.30) $$c(0;t) = \frac{1}{\sqrt{2\pi(2Dt+\sigma_0^2)}},$$

so daß für $t=0$

(2.10.31) $$c(0,0) = \frac{1}{\sigma_0\sqrt{2\pi}}$$

angibt, wie die Weite der Anfangsverteilung σ_0 durch die initiale Konzentration der injizierten Flüssigkeit gegeben ist. Im ganzen läßt sich aus (2.10.29) ablesen, daß eine anfänglich normalverteilte Konzentration weiter normalverteilt bleibt, nur werden die entsprechenden Glockenkurven weiter und ihr Gipfel flacher.

Natürlich stellt diese Rechnung nur eine sehr grobe Näherung für den Konzentrationsverlauf nach einer intralumbalen Injektion dar; eine genauere Rechnung müßte unbedingt die Randbedingungen, d. h. die endliche Längsausdehnung des Lumbalkanals, weiter die endliche Querausdehnung und schließlich die Resorptions- und Permeabilitätsvorgänge an der begrenzenden Wandung berücksichtigen. Das Problem ist in dieser Form durchaus mathematisch zu behandeln, doch übersteigen Umfang und Hilfsmittel der erforderlichen Rechnungen die Grenzen dieses Buches. Mit diesem Beispiel sollte nur ein erster Einblick in die vielfältigen Möglichkeiten partieller Differentialgleichungen bei der Behandlung medizinisch-biologischer Probleme gegeben werden.

Mit diesen Betrachtungen möge der Grundriß über Funktionen abgeschlossen werden; denn hier wird die Grenze für medizinische „Amateurmathematiker" erreicht sein.

3. Zur Anwendung mathematischer Methoden in der Physiologie

3.1 Die Aufgabe und mathematische Hilfsmittel zu ihrer Lösung

Im vorhergehenden Teil handelte es sich stets darum, aus einer vorgelegten Funktionsgleichung auf ihr graphisches Bild zu schließen. Das war möglich, indem Rechenverfahren erarbeitet wurden, die es erlaubten, aus dem Gleichungstyp Rückschlüsse auf das Verhalten der Funktion (Vorhandensein und Lage von Nullstellen, Extremwerte, Krümmungsverhältnisse usw.) zu ziehen. Weiterhin konnte bei zahlenmäßig festgelegten Parametern der Funktionsgleichung der Verlauf der Funktion Punkt für Punkt bestimmt werden. In der physiologischen Praxis, wobei das gleiche für alle verwandten Teildisziplinen der Medizin gilt, liegt die Aufgabe gerade umgekehrt. Als empirische Daten, wie sie bei einer Beobachtung bzw. bei einem Experiment gewonnen werden können, mögen für zwei verschiedene Meßgrößen eine Reihe von Wertepaaren vorliegen. Ihre graphische Darstellung liefert damit eine Folge von endlich vielen Meßpunkten. Es ist daraus zu entscheiden, ob zwischen den beiden Meßgrößen ein funktionaler Zusammenhang besteht und, wenn möglich, dieser Zusammenhang in die Form einer Funktionsgleichung zu kleiden. Aus einem so erschlossenen formalen Zusammenhang bzw. einem formalen Verknüpfungsgesetz zwischen beiden Meßgrößen ist dann unter Zuhilfenahme von Modellvorstellungen der Physik und Chemie zu versuchen, ein kausales Verknüpfungsgesetz zu gewinnen, d. h. eine Hypothese über das zugrunde liegende Naturgesetz zu erarbeiten. Es handelt sich also darum, aus einem Teilausschnitt des graphischen Bildes (einer Reihe diskreter Meßpunkte) Aussagen für das allgemeine Verhalten der zugrunde liegenden Funktion (Typ der Funktionsgleichung) zu gewinnen sowie die Möglichkeit zu haben, weitere Werte mit Hilfe der erschlossenen Parameter der Funktionsgleichung vorauszuberechnen (Interpolation, Extrapolation).

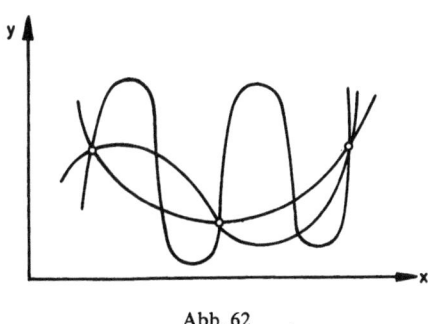

Abb. 62

Nun können, wie Abb. 62 zeigt, durch n Punkte viele verschiedene Kurven gezogen werden, die ihrerseits die verschiedenartigsten Funktionsgleichungen bestimmen und damit auch kein eindeutiges Verknüpfungsgesetz erahnen lassen. Eine weitere Schwierigkeit ergibt sich durch die Tatsache, daß im allgemeinen die zugrunde liegenden Meßgrößen nicht eindeutig bestimmt werden können, da sie stets durch eine Reihe von zusätzlichen Störgrößen überlagert werden. Diese Störgrößen können eine Folge der biologischen Variabilität sein, aber auch ebenso auf der endlichen Genauigkeit der benutzten Meßanordnungen beruhen. An dem Beispiel von drei Meßpunkten, die jeweils genau auf einer horizontalen bzw. ansteigenden Geraden liegen, sei dieser Einfluß veranschaulicht (Abb. 63). Es ist daraus zu entnehmen, wie durch das Zusammenwirken von Störfaktoren die Meßpunkte ihre Lage verändern können, so daß im ersten Fall an Stelle der horizontal laufenden eine ansteigende Gerade, im zweiten Fall an Stelle einer ansteigenden eine horizontal verlaufende Gerade die Punkte verbindet. Da eine horizontal verlaufende Gerade bedeutet, daß die y-Werte unabhängig von der Größe des x-Wertes stets gleich bleiben, somit also keine funktionale Verknüpfung zwischen beiden Meßgrößen besteht, bewirkt der Einfluß dieser Störfaktoren im ersten Fall, daß irrtümlich eine funktionale Abhängigkeit zwischen x und y angenommen wird, obwohl sie in Wirklichkeit gar nicht vorhanden ist (Fehler erster Art), im zweiten Fall führt sie zur fälschlichen Ablehnung eines in Wirklichkeit doch vorhandenen Zusammenhanges zwischen beiden Größen (Fehler zweiter Art). Mit diesen beiden Schwierigkeiten, der Vieldeutigkeit in der Zuordnung einer Funktionsgleichung einerseits und der durch Störgrößen verfälschten Zuordnung andererseits, muß immer gerechnet werden, und mit ihnen beschäftigt sich dieser und der nächste Teil.

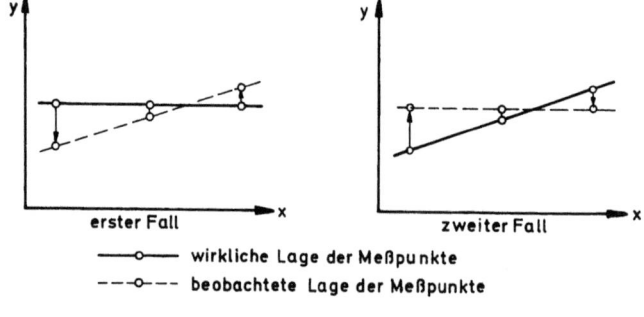

Abb. 63

Zur Beseitigung der Vieldeutigkeit wird meist die Annahme zugrunde gelegt, daß die einfachste Funktion, die gerade noch mit den Meßergebnissen verträglich ist, unter allen möglichen Funktionen die optimale sein wird (Prinzip der optimalen Einfachheit bei der Beschreibung biologischer Zusammenhänge). Mathematisch gesprochen handelt es sich dann um die Aufgabe, zu gegebenen n Punkten die Näherungsparabel $(n-1)$ten Grades

$$y = a_0 + a_1 x + a_2 x^2 + \cdots a_{n-1} x^{n-1}$$

so zu finden, daß ihre Gleichung vor allen n Punkten erfüllt wird. Doch läßt sich das Problem noch weiter vereinfachen, wenn man die Überlagerung durch Störfaktoren berücksichtigt. Man wird dann etwa im Beispiel der Abb. 64 nicht eine Näherungsparabel 4. Grades konstruieren, die alle 5 Punkte miteinander verbindet, sondern wird davon ausgehen, daß die zugrunde liegende Funktion eine gerade Linie darstellt, wobei die Abweichung des 3. Punktes nur auf Grund von Störgrößen entstanden ist. Mit der Entscheidung, wieweit Störgrößen vorliegen und wie groß ihr Einfluß auf den eigentlichen Meßwert ist (Festlegung seiner Schwankungsbreite), wird sich im wesentlichen der Teil 4 befassen. Im vorliegenden Teil 3 werden wir versuchen, Regeln aufzustellen, um die am besten angepaßten und gleichzeitig einfachsten Kurventypen aufzufinden und sie im Hinblick auf zugrunde liegende Naturgesetze zu interpretieren. Dabei werden nacheinander folgende vier Aufgaben zu behandeln sein:

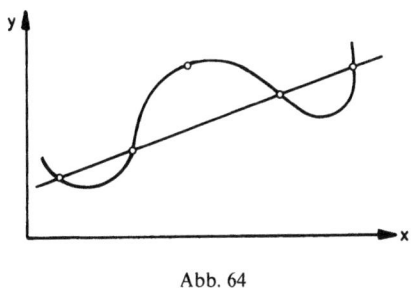

Abb. 64

1. Aufstellen eines Katalogs von einfachen Typen empirischer Funktionen;
2. Regeln zur Auswahl des richtigen Funktionstyps und seine optimale Zuordnung an die Meßpunkte (Aufstellung des formalen Verknüpfungsgesetzes);
3. Befreiung des Verknüpfungsgesetzes von Nebenbedingungen durch Zurückgehen auf die zugrunde liegende Differentialgleichung (Aufstellen eines kausalen Verknüpfungsgesetzes);
4. Aufstellen eines Katalogs von kausalen Verknüpfungsgesetzen, bezogen auf die einzelnen Meßgrößen in der Physiologie (Aufstellen von Modellvorstellungen);
5. Regeln für die Zuordnung von empirisch gewonnenen kausalen Verknüpfungsgesetzen zu einer Modellvorstellung (Erarbeiten des zugrunde liegenden Naturgesetzes in Form einer Hypothese).

3.2 Wichtige Typen empirischer Funktionen

In der Differentialrechnung wurde gezeigt, daß alle in der Analysis gebräuchlichen Funktionen sich auf die drei Grundfunktionen x^n (n eine natürliche Zahl), e^x und $\sin x$ zurückführen lassen. Es sei daher bei der Aufstellung eines Katalogs von empirischen Funktionen ebenfalls von diesen drei Grundfunktionen ausgegangen.

Ersetzt man in der Potenzfunktion x^n die natürliche Zahl n durch eine beliebige reelle Zahl b, so stellt die Funktion $y=x^b$ die in Abb. 65 dargestellten Kurven dar. Dabei ist $x \geq 0$ vorausgesetzt, was sich stets durch Verschiebung der x-Skala erreichen läßt. Wie aus der Abbildung zu entnehmen ist, gehen alle Kurven durch den

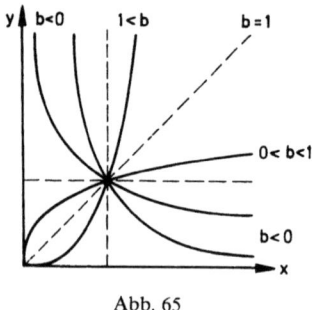

Abb. 65

gemeinsamen Punkt (1;1) und steigen für $b>0$ von 0 bis ∞, für $b<0$ fallen sie von ∞ nach 0 ab (der Fall $b=0$ ist uninteressant, ihm entspricht die durch den Punkt (1;1) parallel zur x-Achse verlaufende Gerade). Die abfallenden Kurven verlaufen sämtlich konvex zur x-Achse, die ansteigenden Kurven für $b>1$ konvex, $b=1$ linear und $b<1$ konkav. Aus dieser Stammgleichung läßt sich durch Einfügung zweier weiterer Parameter a und c die allgemeinere Funktionsgleichung

(3.2.1) $$y = ax^b + c \quad (a \neq 0, \; b \neq 0)$$

gewinnen. Dabei bedeutet die Einführung des Faktors $a \neq 1$ eine Maßstabsänderung auf der y-Skala, so daß das Kurvendiagramm der Abb. 65 verzerrt bzw. zusätzlich ($a<0$) an der x-Achse gespiegelt wird. Das geometrische Verhalten der Kurven bleibt sonst das gleiche, nur hat der gemeinsame Schnittpunkt jetzt die Koordinaten (1;a). Die Zufügung der zweiten additiven Konstanten c bewirkt eine Parallelverschiebung zur y-Achse, so daß der Anstieg bei $x=0$ jetzt bei $y=c$ beginnt und der Abfall für $x=\infty$ auf den Wert $y=c$ führt. In der folgenden Tabelle seien diese Verhältnisse noch einmal übersichtlich zusammengestellt.

a \ b	$b>0$	$b<0$
$a>0$	Anstieg von c bis ∞	Abfall von ∞ bis c
$a<0$	Abfall von c bis $-\infty$	Anstieg von $-\infty$ bis c

Aus (3.2.1) lassen sich mehrere ähnliche Gleichungstypen ableiten, zunächst für $b=2$ und Ergänzung mit einem linearen Glied

(3.2.2) $$y = ax^2 + bx + c,$$

die Gleichung einer quadratischen Parabel. Durch Einführung der neuen Konstanten

(3.2.3) $$\alpha = -\frac{b}{2a}, \quad \beta = c - \frac{b^2}{4a}$$

folgt aus (3.2.2) weiter

(3.2.4) $$y - \beta = a(x - \alpha)^2.$$

Verschiebt man den Koordinatenursprung zum Punkt $(\alpha; \beta)$ und nennt die Koordinaten im neuen System x_1 bzw. y_1, so lautet die Gleichung

(3.2.5) $$y_1 = a x_1^2.$$

Das bedeutet eine Parabel zweiten Grades, deren Extremwert mit dem Koordinatenanfangspunkt zusammenfällt. Da diese Kurve durch eine Parallelverschiebung des Koordinatensystems entstanden ist, so stellen die Kurven der Gleichung (3.2.2) für $x > 0$ Parabeln mit zweiphasigem Verlauf (Abstieg–Anstieg oder umgekehrt) dar.

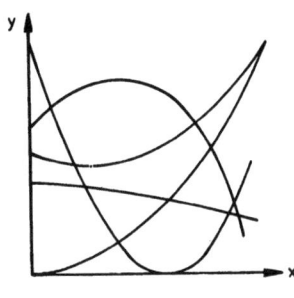

Abb. 66

Die Fülle der durch diese Funktionsgleichung wiederzugebenden Kurven ist in Abb. 66 angedeutet. Aus (3.2.2) sind, indem man nacheinander y durch $\frac{1}{y}$, $\frac{x}{y}$ und $x^2 y$ ersetzt, die abgeleiteten Gleichungstypen

(3.2.6) $$y = \frac{1}{ax^2 + bx + c}$$

bzw.

(3.2.7) $$y = \frac{x}{ax^2 + bx + c}$$

und schließlich

(3.2.8) $$y = a + \frac{b}{x} + \frac{c}{x^2}$$

zu gewinnen. Die ihnen entsprechenden Kurventypen sind in den Abb. 67 bis 69 angedeutet. Aus den Abbildungen ist zu entnehmen, daß mit diesen Typen besonders

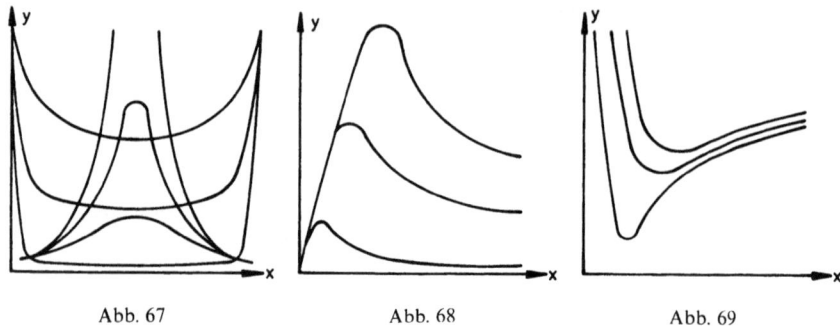

Abb. 67   Abb. 68   Abb. 69

Vorgänge mit isolierten Resonanzstellen oder auch Einschwingvorgänge gedämpfter Systeme darstellbar sind.

Aus der zweiten Grundfunktion e^x läßt sich durch Einfügen einer unbestimmten Konstanten b die Funktion $y = e^{bx}$ gewinnen. Die ihr für positive x-Werte entsprechende Kurvenschar ist in Abb. 70 dargestellt. Aus der Abbildung ist ersichtlich, daß alle Kurven durch den gemeinsamen Punkt $(0;1)$ verlaufen und daß sie für $b > 0$ von 1 nach ∞ steigen, für $b < 0$ von 1 auf 0 abfallen. Ähnlich wie bei der Potenzfunktion entspricht der Fall $b = 0$ wieder einer Parallelen zur x-Achse im Abstand 1.

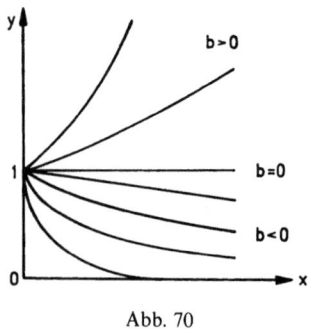

Abb. 70

Besonders der Fall $b < 0$ ist in der Physiologie von Bedeutung, da die Ordinaten hierbei durchweg endlich bleiben. Auch diese Grundfunktion läßt sich durch Zufügung zweier weiterer Parameter a und c zur zweiten Grundfunktion

(3.2.9) $$y = a e^{bx} + c \quad (a \neq 0, \; b \neq 0)$$

erweitern. Auch hier bedeutet der Faktor $a \neq 1$ eine Dehnung bzw. Stauchung des Kurvenbildes in der y-Richtung, bei $a < 0$ gleichzeitig verbunden mit einer Spiegelung an der x-Achse, sowie der Summand $c \neq 0$ eine Parallelverschiebung zur y-Achse. Die verschiedenen Möglichkeiten im Kurvenverlauf seien auch hier in einer kurzen Tabelle zusammengestellt.

a \ b	$b > 0$	$b < 0$
$a > 0$	Anstieg von $a+c$ bis ∞	Abfall von $a+c$ bis c
$a < 0$	Abfall von $a+c$ bis $-\infty$	Anstieg von $a+c$ bis c

Für den Fall negativer Exponenten lautet die Funktion (3.2.9)

(3.2.10) $$y = ae^{-bx} + c.$$

Für sie gilt

(3.2.11) $$y_0 = a + c$$
$$y_\infty = c \quad \text{d.h.} \quad a = y_0 - y_\infty,$$

und damit läßt sie sich in den Formen

(3.2.12) $$y = y_\infty + (y_0 - y_\infty) e^{-bx}$$

bzw.

(3.2.13) $$y = y_0 e^{-bx} + y_\infty (1 - e^{-bx})$$

schreiben. Aus (3.2.12) wird deutlich, daß sich die Kurve mit wachsendem x asymptotisch der Geraden $y = y_\infty$ nähert, aus Gleichung (3.2.13) ist ersichtlich, daß sich die Funktion auch als Superposition von zwei Exponentialfunktionen ergibt.

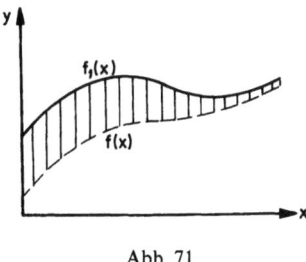

Abb. 71

Dieser Sachverhalt läßt sich verallgemeinern, indem als Asymptote, der sich die Kurve exponentiell annähert, nicht eine zur x-Achse parallele Gerade, sondern eine beliebige zweite Funktion $f_1(x)$ vorgegeben ist (Abb. 71). Die entsprechende Funktionsgleichung läßt sich dann über

(3.2.14) $$y - f_1(x) = [y_0 - f_1(0)] e^{-bx}$$

zu

(3.2.15) $$y = [y_0 - f_1(0)] e^{-bx} + f_1(x)$$

gewinnen. Aus der letzten Gleichung ist ohne weiteres abzulesen, daß für $x=0$ die Funktion den vorgeschriebenen Anfangswert y_0 annimmt und für $x \to \infty$ mit der Asymptote $f_1(\infty)$ zusammenfällt. Ein etwas einfacherer Sonderfall liegt dann vor, wenn die Asymptote $f_1(x)$ wieder eine Exponentialfunktion mit einer der x-Achse parallelen Geraden als Asymptote darstellt, in Zeichen

(3.2.16) $$f_1(x) = [f_1(0) - f_1(\infty)] e^{-b_1 x} + f_1(\infty).$$

Einsetzen von (3.2.16) in (3.2.15) ergibt nach einfacher Umformung schließlich

(3.2.17) $$y = [y_0 - f_1(0)] e^{-bx} + [f_1(0) - f_1(\infty)] e^{-b_1 x} + f_1(\infty).$$

Faßt man die einzelnen Faktoren in einfachere Bezeichnungen zusammen, so ergibt sich eine Kurve vom Typ

(3.2.18) $$y = a e^{-bx} + a_1 e^{-b_1 x} + c.$$

Aus ihr ist zu entnehmen, wie sich eine Summe von zwei (oder auch mehr) Exponentialgliedern auf das Kurvenbild auswirkt. Ein Beispiel für einen physiologischen Vorgang, der diesem Kurvenbild entspricht, bildet die Konzentrationszeitkurve einer in den Plasmaraum injizierten Substanz, bei der sich der Verteilungsraum vom Plasmaraum auf den Extrazellulärraum erweitert.

Ein weiterer Sonderfall läßt sich aus der Gleichung (3.2.9) gewinnen, wenn die additive Konstante verschwindet, dafür aber der Exponent zusätzlich ein quadratisches Glied enthält. Es entsteht dann eine Gleichung des Typs

(3.2.19) $$y = a e^{bx + cx^2}.$$

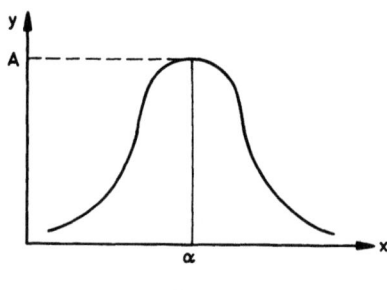

Abb. 72

Auch diese Gleichung läßt sich durch Einführung neuer Konstanten

(3.2.20) $$\begin{aligned} A &= a e^{-\frac{b^2}{4c}} \\ h^2 &= -c \\ \alpha &= -\frac{b}{2c} \end{aligned}$$

in die Form
(3.2.21) $$y = A e^{-h^2(x-\alpha)^2}$$

umwandeln, die uns als Glockenkurve (Abb. 72) oder Gleichung der Normalverteilung bereits mehrfach begegnet ist. Ganz allgemein wird eine glockenförmig oberhalb der x-Achse verlaufende Kurve bereits durch die Gleichung $y = e^{-x^2}$ wiedergegeben ($y \geq 0$ für alle x und y-Achse Symmetrie-Achse, da x nur in zweiter Potenz auftritt, d.h. positive und negative x-Werte jeweils zum gleichen y führen). Durch die Verschiebung des Koordinatensystems in Richtung der x-Achse um die Strecke α und Dehnung des y-Maßstabes um den Faktor A entsteht in der Funktion $y = A e^{-(x-\alpha)^2}$ eine Glockenkurve, deren Maximum im Punkt $(\alpha; A)$ liegt. Fügt man dem Exponenten noch den nicht negativen Faktor h^2 zu, so besteht noch die Möglichkeit, die Lage der Wendepunkte, d.h. die „Öffnungsweite der Glocke", willkürlich zu variieren.

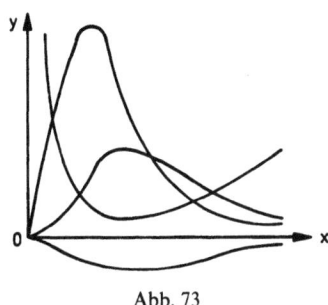

Abb. 73

Ein weiterer Sonderfall der Gleichung (3.2.9) ergibt sich, wenn anstelle des konstanten Faktors a ein nach Art einer Potenzfunktion zusammengesetzter Faktor ax^d tritt. Es entsteht – der Koeffizient von x in e^{bx} soll negativ werden – damit eine Gleichung vom Typ

(3.2.22) $$y = a x^d e^{-bx},$$

die ein asymmetrisches Kurvenbild (Abb. 73) liefert. Wichtig ist der Sonderfall $d=1$, d.h. die Funktion

(3.2.23) $$y = a x e^{-bx},$$

die, noch addiert mit einer einfachen Exponentialfunktion und einer Konstanten c, eine Gleichung vom Typ

(3.2.24) $$y = a(1 + bx)e^{-bx} + c$$

liefert. Mit dieser Gleichung läßt sich eine S-förmig abfallende Kurve gewinnen, die sich mit Hilfe der aus (3.2.24) folgenden Gleichungen

(3.2.25) $$\begin{aligned} y_0 &= a + c \\ y_\infty &= c \end{aligned}$$

auf die leichter übersehbare Form

(3.2.26) $$y = y_\alpha - (y_\alpha - y_0) e^{-bx}(1 + bx)$$

bringen läßt (Abb. 74).

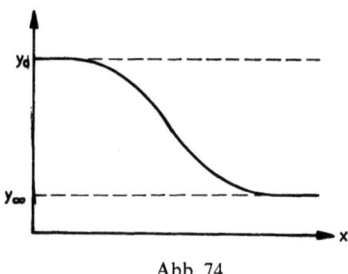

Abb. 74

Aus der dritten Grundfunktion der Analysis $y = \sin x$ schließlich, d.h. einer periodischen Funktion mit der festen Periodenlänge 2π der Amplitude 1 und einer Phasenlage, die durch den Punkt (0;0) festgelegt ist, läßt sich durch Erweiterung ein dritter Grundtyp von empirischen Funktionen

(3.2.27) $$y = a \sin(bx + c)$$

gewinnen. Auch (3.2.27) stellt eine periodische Funktion dar, bei der a die Amplitude angibt, b die Periodenlänge bestimmt ($\frac{2\pi}{b}$ ist die Periodenlänge) und c die Phasenlage festlegt (für $x = 0$ ist $y = a \sin c$). Aus Überlagerung mehrerer derartig gebauter periodischer Funktionen lassen sich periodische Funktionen mit beliebigem Amplitudenprofil wiedergeben

(3.2.28) $$y = \sum_{\nu=0}^{n} a_\nu \sin(b_\nu x + c_\nu).$$

Dabei wird zweckmäßigerweise $b_\nu = \nu b_1$ gewählt (b_1 gibt die sog. Grund-, b_ν die Oberschwingung an); dann ist $a_0 \sin c_0$ ein konstantes Glied. Entsprechend besteht umgekehrt die Möglichkeit, durch eine empirische Gleichung dieser Form einen beliebig vorgegebenen periodisch verlaufenden Kurvenzug algebraisch darzustellen. Zum Beispiel läßt sich das EKG durch eine Reihe von 106 solcher Oberschwingungen so genau wiedergeben, daß der dann noch verbleibende Fehler innerhalb der Wiedergabegenauigkeit von EKG-Geräten liegt.

Schließlich sei noch darauf hingewiesen, daß durch Kombination dieser drei Funktionsstammbäume gemischte Gleichungstypen entstehen, von denen einige bereits besprochen worden sind, so z.B. eine Kombination von Exponential- und Potenzfunktion (3.2.19), die auf die Gleichung der Normalverteilung führt, bzw. in der Form der Gleichung (3.2.22), die u.a. die Kurve des S-förmigen Verlaufs ergab. Eine Kombination von Exponential- und Sinusfunktion führt in der Gestalt

(3.2.29) $$y = a e^{-dx} \sin(bx + c)$$

auf die Beschreibung gedämpft verlaufender Schwingungsvorgänge; gelegentlich wird auch eine Kombination von Sinus- und Potenzfunktion etwa der Form

(3.2.30) $$y = a \sin^2(bx+c)$$

benötigt, die ebenfalls einen periodischen Verlauf aufzeigt, ohne jedoch jemals negativ zu werden.

Aus dieser Aufzählung ist ersichtlich, daß es noch viele weitere Möglichkeiten zur analytischen Darstellung empirischer Funktionen gibt, doch wird man mit den hier angeführten Typen im allgemeinen sein Auslangen finden. Die Auswahl wird anhand der beigegebenen Abbildungen nicht schwierig sein, in Zweifelsfällen entscheide man sich für die einfachere Gleichungsform.

3.3 Das Auffinden eines formalen Verknüpfungsgesetzes

Das Problem, vor dem der Physiologe und ebenso jeder experimentell arbeitende Mediziner steht, ist, einer gegebenen Folge von Versuchspunkten $x_i; y_i$ eine passende formale mathematische Beschreibung in Form einer Funktionsgleichung zuzuordnen. Dieses Problem enthält zwei Teilaufgaben: Zunächst muß aus dem im vorigen Abschnitt aufgestellten Katalog von empirischen Funktionen und ihren Gleichungen diejenige herausgesucht werden, die den allgemeinen Trend der Punktfolge am besten wiedergibt. Dann sind den in der definierenden Gleichung auftretenden Parametern solche Zahlenwerte zu geben, daß die Kurve sich möglichst gut an die Versuchspunkte anpaßt, d.h. daß die Abweichungen zwischen Versuchspunkten und zugehörigen Kurvenordinaten minimal werden.

Das praktische Vorgehen bei der ersten Teilaufgabe wird in einem Durchblättern des Kurvenkatalogs, z.B. der Abbildungen im vorhergehenden Abschnitt bestehen, aus welchem man die den Trend der Punktfolge am besten wiedergebende Kurve mit ihrer definierenden Gleichung auswählt. Im allgemeinen wird man Punktfolgen mit einem periodischen Verlauf schneller erkennen. Bei diesen wird man durch eine Überlagerung von periodischen Funktionen entsprechend der Gleichung (3.2.28) versuchen, den Funktionsverlauf formelmäßig wiederzugeben. Für die numerische Festlegung der einzelnen Konstanten gibt es festgelegte Rechenverfahren in der sogenannten harmonischen Analyse, oder – und das wird für den Mediziner meist der Weg der Wahl sein – mechanisch bzw. elektrisch arbeitende Apparate, harmonische Analysatoren, die durch einfaches Nachfahren des vermuteten Kurvenverlaufs mit einem Führungsstift sofort die Zahlenwerte für Grund- und Oberschwingungen liefern.

Bei nicht periodisch verlaufenden Punktfolgen wird man sich nacheinander folgende Fragen vorlegen:

Ist der Verlauf einphasig, d.h. nur steigend oder nur fallend, oder mehrphasig, d.h. durchläuft er ein Maximum oder ein Minimum?

Weiter wird man zu entscheiden haben, ob beim Steigen oder Fallen die Werte unendlich groß bzw. klein werden können oder ob sie bestimmte Grenzen nach oben oder unten nicht überschreiten, sondern sich ihnen asymptotisch annähern. Durch

Festlegung dieser Bedingungen gelingt es meist, die ungeeigneten Kurven des Katalogs auszuscheiden und die in Frage kommenden zu sammeln. Sollten, was gelegentlich der Fall sein kann, zur Wiedergabe des Punktverlaufs zwei oder mehrere Kurven in Frage kommen, zwischen deren Eignung man nicht entscheiden kann, so gilt die Regel, die mathematisch einfachste unter ihnen zu wählen.

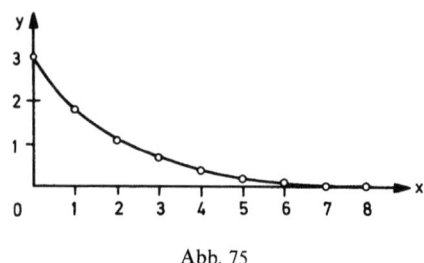

Abb. 75

Als Beispiel für das praktische Vorgehen möge die in Abb. 75 wiedergegebene Punktfolge betrachtet werden. Wie man sieht, kommen nur positive x-Werte in Frage; die y-Werte sind ebenfalls sämtlich positiv, fangen bei einem endlichen Anfangswert an und fallen erst schneller, dann langsamer gegen 0 ab, ohne 0 exakt zu erreichen. Für die Beschreibung einer derart liegenden Punktfolge bieten sich aus der Fülle der möglichen Kurvenzüge drei Kurventypen mit ihren Gleichungen an:

a) die Gleichung einer geneigten geraden Linie

(3.3.1) $$y = a - bx$$

b) die Gleichung eines abfallenden Hyperbel-Astes

(3.3.2) $$y = a + \frac{b}{x^n}$$

c) die Gleichung einer abklingenden Exponentialfunktion

(3.3.3) $$y = a + be^{-kx}.$$

Bei (3.3.1) wird zwar bei $x=0$ ein endlicher Anfangswert $y=a$ gewährleistet; jedoch verlaufen die y bei genügend großen x im negativen Bereich. Man kann daher, wenn man diese Gleichung der formalen Beschreibung des Punktverlaufs zugrunde legen will, nur den ersten Teil der Geraden, soweit sie oberhalb der x-Achse verläuft, benutzen und hat sie auf die Form

(3.3.4) $$y = y_0 - bx$$

zu bringen.

Bei der hyperbolischen Funktion (3.3.2) ist umgekehrt die zweite Bedingung erfüllt; denn bei positiven a und b liegen alle y-Werte oberhalb der x-Achse und nähern sich mit wachsendem x asymptotisch gegen 0, wenn man nur $a=0$ wählt. Dann allerdings ergibt sich für $x=0$ ein unendlich großer Anfangswert.

Man muß daher, um auch diese Gleichung zur Beschreibung des Punktverlaufs heranziehen zu können, den Anfangspunkt auf $x=1$ legen und den links von diesem Anfangspunkt liegenden Kurventeil verwerfen. Damit also auch diese Gleichung die Bedingungen erfüllt, muß sie in die Form

(3.3.5) $$y = \frac{y_0}{(x+1)^n}$$

gebracht werden. Bei der Exponentialfunktion (3.3.3) schließlich sind beide Bedingungen, der endliche Anfangswert sowie der asymptotische Verlauf, erfüllt, wenn man $a=0$ und $b=y_0$ wählt, d. h. anstelle von (3.3.3) den Ansatz

(3.3.6) $$y = y_0 e^{-kx}$$

zugrunde legt.

Die drei so gewonnenen Funktionsgleichungen (3.3.4–6) geben sämtlich Funktionen wieder, die beim Punkt $x=0$; $y=y_0$ beginnen und gegen 0 abfallen. Bei der Gleichung (3.3.4) ist dieser Punkt bei $x = x_G = \frac{y_0}{b}$ erreicht, und für größere x-Werte verliert die Gleichung ihren Sinn.

Zur Entscheidung, welche der drei Funktionen nun am besten den Kurvenverlauf wiedergibt, vergleicht man die Kurventypen mit der Punktfolge. Dabei ist sofort zu erkennen, daß der lineare Verlauf, d. h. eine gleichmäßige Abnahme der y mit wachsendem x, am schlechtesten die empirischen Werte wiedergibt. Überhaupt muß hier gesagt werden, daß die Entscheidung, ob eine Punktfolge noch annähernd linear liegt, d.h. sich einer Geraden anpaßt, im allgemeinen schon mit bloßem Auge genügend gut getroffen werden kann. Es ist daher anzustreben, auch die Entscheidung zwischen der Güte der Gleichungen (3.3.5) bzw. (3.3.6) auf eine Prüfung auf Geradlinigkeit abzustellen. Dies kann erreicht werden, indem man die Gleichun-

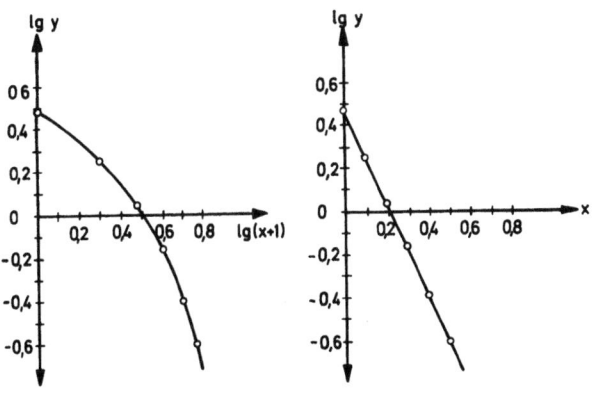

Abb. 76

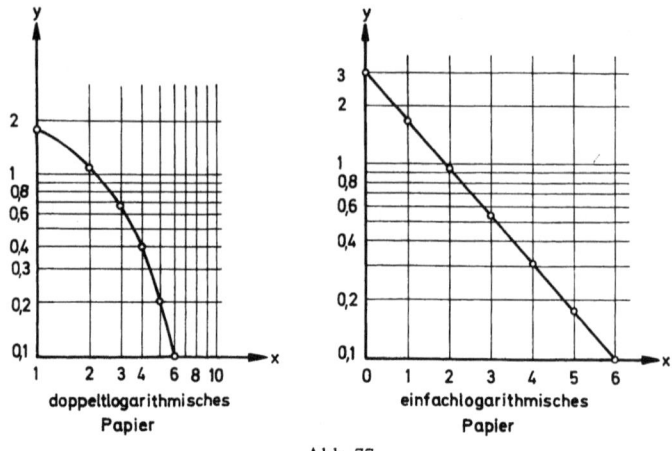

Abb. 77

gen (3.3.5) und (3.3.6) auf beiden Seiten logarithmiert. Man erhält dabei anstelle von (3.3.5) die Gleichung

(3.3.7) $$\lg y = \lg y_0 - n \lg(x+1)$$

bzw. anstelle von (3.3.6) die Gleichung

(3.3.8) $$\lg y = \lg y_0 - k \cdot x \cdot \lg e.$$

Trägt man daher anstelle der ursprünglichen Punktfolge $(x_i; y_i)$ die beiden abgeleiteten Punktfolgen $(\lg(x_i+1); \lg y_i)$ und $(x_i; \lg y_i)$ in gewöhnlichem Millimeter-

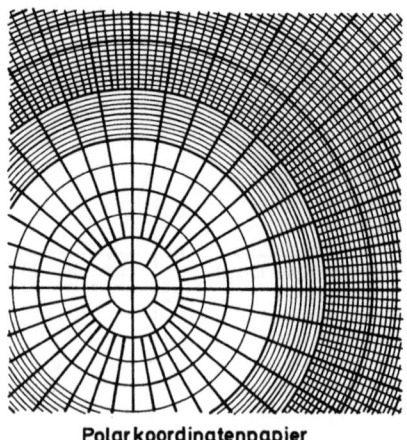

Polarkoordinatenpapier

Abb. 78

papier auf, so erhält man zwei weitere Punktfolgen, deren Linearität erfüllt ist, wenn die zugrunde liegende Funktionsgleichung optimal war (Abb. 76). Die Arbeit des Umrechnens kann man sich ersparen, wenn man besonders unterteiltes Koordinatenpapier benutzt. Für den Fall der hyperbolischen Funktion (Gleichung (3.3.5) bzw. (3.3.7)) wird die Linearisierung auf sogenanntem doppelt-logarithmischem Koordinatenpapier optimal erreicht, dagegen im Fall der Exponentialfunktion (Gleichung (3.3.6) bzw. (3.3.8)) auf einfach-logarithmisch geteiltem Koordinatenpapier (Abb. 77). Die praktische Arbeit reduziert sich daher darauf, eine gegebene Punktfolge in den verschiedenen Koordinatenpapieren aufzutragen und mit dem Auge zu entscheiden, auf welchem Papier die Punkte am ehesten geradlinig liegen.

Zu den Spezialpapieren sei noch bemerkt, daß neben den eben erwähnten Sondertypen noch das Polar-Koordinatenpapier (Abb. 78) sowie das lineare und logarithmische Wahrscheinlichkeitspapier (Abb. 79) gebräuchlich sind, das erste bei periodisch verlaufenden Punktfolgen, die letzten zur leichteren Erkennung und Berechnung von zufälligen Schwankungen. Hierauf wird im Teil 4 noch einzugehen sein.

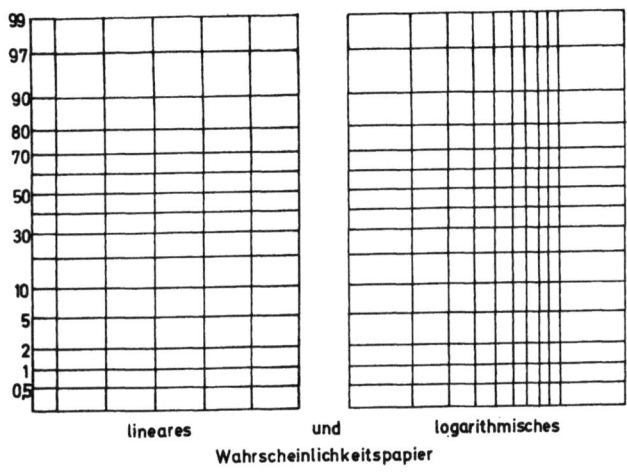

Abb. 79

Nach der Entscheidung über den Gleichungstyp ergibt sich die zweite Teilaufgabe der Festlegung der Parameter, d. h. der in der Funktionsgleichung noch frei verfügbaren Konstanten a, b, c, n usw. Die Methoden, die hierzu dienen, lassen sich in zwei Gruppen unterteilen. Einmal benutzt man zur Bestimmung die Lage sämtlicher Punkte, zum andern nur einige als besonders sicher anzusehende. Denn die Zahl der zur Bestimmung notwendigen Punkte ist genauso groß wie die Zahl der in die Gleichung eingehenden Parameter. Legt man somit alle Punkte der Parameterbestimmung zugrunde, so wird man bei Einsetzen aller Einzelkoordinaten nacheinander in die Funktionsgleichung so viele Bestimmungsgleichungen für die Parameter bekommen, wie Punkte gemessen wurden, d. h. im allgemeinen mehr Gleichungen als Unbekannte zur Verfügung haben. Nach einer Idee von *Gauß* bildet man für jeden einzelnen Punkt die Differenzen zwischen Punktordinate und zugehöriger Geradenordinate d_i, d. h. wenn die empirische Gleichung mit den Parametern a, b und c kurz als $y = f(x, a, b, c)$ geschrieben wird, die Ausdrücke

(3.3.9) $$d_i = y_i - f(x_i, a, b, c).$$

Je nachdem, ob die einzelnen Punkte nun oberhalb oder unterhalb der gesuchten empirischen Funktion liegen, sind die d_i teils positiv, teils negativ. Bildet man daher die Summe Q der quadrierten Abweichungen über alle n Versuchspunkte gemäß

(3.3.10) $$Q(a,b,c) = \sum_{i=1}^{n} d_i^2 = \sum_{i=1}^{n} [y_i - f(x_i, a, b, c)]^2,$$

so stellt dieses Q eine stets positive Funktion der zu bestimmenden Parameter a, b und c dar. *Gauß* verlangt nun, die Parameter so zu bestimmen, daß diese quadratische Abweichungsfunktion ein Minimum wird. Mathematisch gesprochen handelt es sich somit darum, die partiellen Ableitungen

$$\frac{\partial Q}{\partial a}, \quad \frac{\partial Q}{\partial b}, \quad \frac{\partial Q}{\partial c}$$

zu bilden und einzeln $= 0$ zu setzen. Damit werden so viele Bestimmungsgleichungen gewonnen wie Parameter vorliegen.

Für den einfachsten Fall der linearen Funktion $y = a + bx$ wird dieses Verfahren zur Bestimmung der beiden Parameter a und b im Teil 4 ausführlich besprochen. Der Rechengang ist hierbei noch einigermaßen übersichtlich und führt auf zwei lineare Bestimmungsgleichungen. Setzt man als empirische Funktion Parabeln von zweiter und höherer Ordnung an, so entstehen entsprechend Systeme von drei oder mehr linearen Gleichungen mit ebensovielen Unbekannten, die nach den Regeln der elementaren Algebra zu lösen sind. Schwieriger wird das Verfahren bei der Wahl transzendenter empirischer Gleichungen, z. B. bei der Exponentialfunktion etwa vom Typ (3.3.6). Die exakte Durchführung des *Gauß*schen Verfahrens führt hier zur Bestimmung der beiden unbekannten Parameter y_0 und k auf zwei transzendente Gleichungen, bei denen die Unbekannten zum Teil im Exponenten vorkommen und die nur mit Hilfe von meist recht rechenaufwendigen Näherungsverfahren gelöst werden können. Im allgemeinen wird hier die Hilfe eines Computers nicht zu entbehren sein. Es gibt allerdings einen Ausweg, nämlich anstelle von (3.3.6) die logarithmierte Gleichung (3.3.8) der Parameterbestimmung zugrunde zu legen. Führt man die abkürzenden Bezeichnungen

(3.3.11)
$$\eta = \lg y$$
$$\lg y_0 = a$$
$$k \lg e = b$$

in (3.3.8) ein, so entsteht die lineare Gleichung

(3.3.12) $$\eta = a - bx,$$

aus der mit geringem Rechenaufwand die optimalen Werte für die Parameter a und b ermittelt werden können. Aus ihnen lassen sich rückläufig über (3.3.11) dann die Bestwerte von y_0 und k ermitteln. Es muß jedoch darauf hingewiesen werden, daß die so indirekt über den Umweg über eine Linearisierung erhaltenen Werte für die Parameter y_0 und k etwas anders ausfallen als die bei direkter Rechnung. Man wird daher dieses Verfahren nur im Notfall verwenden und gut daran tun, sich nur auf die ungefähre Größenordnung zu stützen.

Das andere Verfahren, die Parameter nur aus einigen ausgewählten Punkten der gegebenen Punktfolge zu ermitteln, sei an Hand einiger Beispiele erläutert:

1. Für die allgemeine Potenzfunktion

(3.3.13) $$y = ax^b + c$$

wählt man am besten drei Punkte, deren Abszissen x_1, x_2 und x_3 durch die Relation

(3.3.14) $$x_3 = \sqrt{x_1 x_2}$$

verbunden sind (die Abszisse des dritten Punktes stellt somit das geometrische Mittel aus den beiden anderen dar). Setzt man die drei Punktkoordinaten in (3.3.13) ein, so entstehen die folgenden drei Bestimmungsgleichungen

(3.3.15) $$\begin{cases} y_1 - c = ax_1^b \\ y_2 - c = ax_2^b \\ y_3 - c = ax_3^b = \sqrt{ax_1^b}\sqrt{ax_2^b} = \sqrt{(y_1 - c)(y_2 - c)}, \end{cases}$$

von denen die weiteren Umformungen der dritten aus (3.3.14) ohne weiteres folgen. Quadriert man diese dritte Gleichung, so ergibt sich über

(3.3.16) $$y_3^2 - 2cy_3 + c^2 = y_1 y_2 - c(y_1 + y_2) + c^2$$

schließlich

(3.3.17) $$c = \frac{y_3^2 - y_1 y_2}{2y_3 - (y_1 + y_2)}$$

zur Bestimmung des Parameters c aus den drei Punkten. Durch Division der ersten beiden Gleichungen (3.3.15) erhält man weiter

(3.3.18) $$\frac{y_1 - c}{y_2 - c} = \left(\frac{x_1}{x_2}\right)^b,$$

woraus sich bei nun bekanntem c der zweite Parameter b über

(3.3.19) $$b = \frac{\lg\left(\dfrac{y_1 - c}{y_2 - c}\right)}{\lg\left(\dfrac{x_1}{x_2}\right)}$$

bestimmen läßt. Der noch fehlende dritte Parameter a folgt bei bekanntem b und c sofort aus der ersten der drei Gleichungen (3.3.15) über

(3.3.20) $$a = \frac{y_1 - c}{x_1^b}.$$

Man wird, nachdem man so aus drei ausgewählten Punkten die Zahlenwerte für a, b, c ermittelt hat, die ihnen zugeordnete Kurve zeichnen und die wirkliche Lage der restlichen Punkte beobachten. Ist sie nicht befriedigend, so empfiehlt es sich, die Rechnung mit drei anderen ausgewählten Punkten zu wiederholen. Wie man sieht, ist dieses Verfahren nicht frei von Willkür, und es muß überlegt werden, welche von den einzelnen Meßergebnissen besonders vertrauenswürdig sind, daß die Parameterbestimmung überwiegend auf sie gestützt werden kann.

2. Für die empirische Exponentialfunktion

(3.3.21) $$y = ae^{bx} + c$$

ist ein analoges Vorgehen möglich, indem drei Bezugspunkte so gewählt werden, daß ihre Abszissen in der Relation

(3.3.22) $$x_3 = \frac{x_1 + x_2}{2}$$

miteinander stehen (d. h. diesmal ist die Abszisse des dritten Punktes gleich dem arithmetischen Mittel der beiden anderen). Die Gewinnung der drei Bestimmungsgleichungen sowie der davon abgeleiteten Formeln für die Parameterberechnung gestaltet sich analog dem eben geschilderten Verfahren und mag daher in den Einzelheiten übergangen werden.

3. Bei der quadratischen Parabel

(3.3.23) $$y = ax^2 + bx + c$$

empfiehlt es sich, Versuchspunkte mit äquidistanten Abständen $\Delta x = h$ zu wählen. Es ergibt sich dann für die Ordinatendifferenz zweier benachbarter Punkte die Gleichung

(3.3.24) $$\Delta y = a(x_1^2 - x_2^2) + b(x_1 - x_2) = a(2x_1 + h)h + bh$$

oder

(3.3.25) $$\Delta y = 2ahx + (ah^2 + bh).$$

Trägt man daher zu jedem x die Differenz der Ordinate von der des nächstfolgenden x-Wertes auf, so entsteht eine lineare Funktion, deren Parameter leicht zu ermitteln sind und aus denen sich bei bekanntem h die Parameter a und b der ursprünglichen Gleichung (3.3.23) leicht ergeben. Der noch fehlende Parameter c ist dann aus einem der Bezugswerte zu gewinnen.

4. Das Verfahren der Parameterbestimmung bei den Kurven

(3.3.26) $$y = \frac{x}{ax^2 + bx + c}$$

und
(3.3.27) $$y = a + \frac{b}{x} + \frac{c}{x^2}$$

ist auf die eben beschriebene Rechenvorschrift zurückzuführen, indem man als neue Veränderliche y einmal die Größe $\frac{x}{y}$, zum andern die Größe $x^2 y$ einführt; denn in beiden Fällen entsteht eine Gleichung vom Typ (3.3.23).

Im allgemeinen wird man versuchen, beide Möglichkeiten zur Parameterbestimmung zu kombinieren. Man wird z. B. aus besonders charakteristischen Kurvenwerten (z. B. Anfangswerte, asymptotische Werte ...) wenigstens einige der Parameter getrennt zu ermitteln versuchen. Die dann noch verbleibenden Parameter können bei genügender Vereinfachung der Kurvengleichung durch Elimination der ersten oft durch die Methode der kleinsten Quadrate nach *Gauß* aus allen restlichen Punkten bestimmt werden. Jedoch sind, wie man sieht, alle diese Verfahren nicht frei von einer gewissen Willkür desjenigen, der sie auswählt. Es können daher keine verbindlichen Richtlinien aufgestellt werden. Die in diesem Abschnitt gegebenen Rechenanweisungen stellen daher nur eine Auswahl von Empfehlungen dar, die jeder einzelne sich mit wachsender eigener Erfahrung leicht selbst vervollständigen kann.

3.4 Das Auffinden eines realen (kausalen) Verknüpfungsgesetzes

Wenn für den Zusammenhang zweier physiologischer Größen (bzw. einer physiologischen und einer physikalischen oder chemischen Größe, z. B. der Zeit, der Konzentration) aus einer Folge von Meßpunkten gemäß den Überlegungen der letzten Abschnitte ein formales Verknüpfungsgesetz in Form einer empirischen Funktionsgleichung gewonnen worden ist, so besteht die nächste Aufgabe darin, diese Gleichung mit einem realen Gehalt zu erfüllen, d. h. ihr eine physikalische oder chemische interpretierbare Aussage zuzuordnen. Dazu ist die formale Gleichung von den Besonderheiten des Experiments zu befreien, was bedeutet, von den Parametern diejenigen zu eliminieren, die wesentlich vom Versuchsleiter her bestimmt sind, z. B. die Anfangskonzentration, der Zeitpunkt des Versuchsbeginns usw. Das ist gelegentlich bereits durch entsprechende Verschiebung des Koordinatenanfangspunktes möglich. Zum Beispiel können aus den meist gebrauchten Typen von formalen Verknüpfungsgesetzen – sie seien im folgenden noch einmal zusammengestellt –

(3.4.1)
a) lineare Funktion $\quad y = ax + c$
b) allgemeine Potenzfunktion $\quad y = ax^b + c$
c) allgemeine Exponentialfunktion $\quad y = ae^{bx} + c$
d) quadratische Potenzfunktion $\quad y = ax^2 + bx + c$
e) erweiterte Exponentialfunktion $\quad y = ae^{bx^2} + cx$

durch geeignete Koordinaten-Transformation, wie im vorigen Abschnitt gezeigt worden ist, die einfacheren Typen gewonnen werden. In Zeichen:

(3.4.2)
a) $y = ax$ $\qquad (x; y-c)$
b) $y = ax^b$ $\qquad (x; y-c)$
c) $y = ae^{bx}$ $\qquad (x; y-c)$
d) $y = ax^2$ $\qquad \left(x + \dfrac{b}{2a};\ y - c + \dfrac{b^2}{4a}\right)$
e) $y = Ae^{-h^2 x^2}$ $\qquad \left(x + \dfrac{b}{2c};\ y\right)\quad A = ae^{-\frac{b^2}{4c}}\quad h^2 = -c.$

Dabei geben die rechtsstehenden Klammerausdrücke an, in welcher Weise die neuen Veränderlichen x, y denen der ursprünglichen Gleichungen (3.4.1) entsprechen. Bei (3.4.2e) sind zusätzlich noch zwei neue Parameter gemäß den rechtsstehenden Gleichungen zu bilden.

Aus diesen durch Koordinaten-Transformation vereinfachten formalen Funktionsgleichungen lassen sich durch Bildung der ersten Ableitung unter Verwendung von (3.4.2) die folgenden fünf Differentialgleichungen erster Ordnung gewinnen:

(3.4.3)
a) $\qquad \dfrac{dy}{dx} = a$
b) $\qquad \dfrac{dy}{dx} = \dfrac{b}{x} y$
c) $\qquad \dfrac{dy}{dx} = by$
d) $\qquad \dfrac{dy}{dx} = 2ax$
e) $\qquad \dfrac{dy}{dx} = -2h^2 xy.$

Aus diesen Differentialgleichungen ist zu entnehmen, in welcher Beziehung die Änderungen der beiden gemessenen Größen zueinander stehen. Man erkennt das besser, indem man auf die entsprechenden Differenzengleichungen zurückgeht und sie unter Fortlassen der konstanten Faktoren als Proportionalitätsbeziehungen schreibt. Es ergeben sich dabei die folgenden fünf Typen von Proportionalitätsbeziehungen:

(3.4.4)
a) $\qquad \Delta y \sim \Delta x$
b) $\qquad \dfrac{\Delta y}{y} \sim \dfrac{\Delta x}{x}$
c) $\qquad \dfrac{\Delta y}{y} \sim \Delta x$
d) $\qquad \Delta y \sim x \Delta x$
e) $\qquad \dfrac{\Delta y}{y} \sim x \Delta x.$

In Worten besagen sie: Die absoluten Änderungen beider Größen sind einander proportional (3.4.4a), die relativen Änderungen beider Größen sind einander proportional (3.4.4b), die relative Änderung von y ist der absoluten Änderung von x proportional (3.4.4c), die absolute Änderung von y ist sowohl der anderen Größe x sowie ihrer absoluten Änderung proportional (3.4.4d) und die relative Änderung von y ist x und seiner absoluten Änderung proportional (3.4.4e). Allerdings sei hier noch einmal darauf hingewiesen, daß diese Gesetzmäßigkeiten oft erst bei geeigneter Größentransformation (im einfachsten Fall einer Koordinatenverschiebung) erkennbar werden. Alle fünf Möglichkeiten (3.4.4a-e) der wechselseitigen Beeinflussung von zwei Meßgrößen tauchen mehr oder weniger häufig in den Gesetzen der Physik und Chemie auf. Einige Hinweise mögen hier genügen:

Zu a: Diese Verknüpfung, wobei der Proportionalitätsfaktor größer oder kleiner als 0 sein kann, führt auf eine lineare Beziehung. Sie ist oft nur näherungsweise erfüllt, läßt sich aber bei Beschränkung auf einen kleinen Bereich zugelassener Änderungen häufig erfolgreich anwenden.

Zu b: Diese Verknüpfung zweier relativer Änderungen führt bei negativen Proportionalitätsfaktoren auf eine hyperbolische Beziehung, sie ist immer dann gegeben, wenn das Produkt aus beiden Größen bzw. das Produkt aus einer und der geeigneten Potenz der anderen Größe konstant bleibt. Es sei hier besonders auf die Intensitäts-Zeitregel, d.h. das *Bunsen-Roscoe*sche Gesetz $It = \text{const}$ bzw. auf das verwandte *Schwarzschild*sche Gesetz $It^p = \text{const}$ hingewiesen. In der Physiologie findet es Verwendung zur Beschreibung des Zusammenhanges zwischen Reizdauer und Reizstärke.

Zu c: Diese Verknüpfung tritt mit am häufigsten bei biologischen Größen auf; immer dann, wenn die Änderung einer Größe von ihrem gerade vorhandenen Betrag abhängig ist. Als Beispiel seien das Gesetz organischen Wachstums, die Theorie der chemischen Umsetzungen, der radioaktive Zerfall erwähnt.

Zu d: Hierbei kommt zum Ausdruck, daß die eine Größe (y) sich bei sehr großen (bzw. sehr kleinen) x-Werten besonders stark ändert. Es gibt daher einen Bereich von x-Werten, in dem die y-Änderungen gering sind. Diese Beschreibung findet daher Verwendung bei allen physiologischen Größen, für die ein bestimmter Optimalbereich (Bereich optimaler Anpassung an andere Größen) gegeben ist.

Zu e: Diese Verknüpfung, allerdings bei negativem Proportionalitätsfaktor, ist deswegen so wichtig, weil sie auf die *Gauß*sche Normalverteilung führt. Von ihr wird im nächsten Teil noch ausführlich zu sprechen sein, hier sei nur darauf hingewiesen, daß, wenn unter x ein Meßfehler und unter y seine Häufigkeit verstanden wird, die Verknüpfung besagt, daß mit zunehmender Größe der Fehler ihre relative Häufigkeit abnimmt.

Eine weitere Hilfe bei der Interpretation der so gewonnenen fünf Beziehungstypen (3.4.4a-e) ergibt sich, wenn man für die einzelnen Größen Bilanzbetrachtungen durchführt. Das ist immer möglich; denn die in der Physiologie in Frage kommenden Größen stellen entweder stoffliche oder energetische Größen dar, und für beide gelten Erhaltungssätze. Diese Erhaltungssätze, angewendet auf eine bestimmte Größe und einen durch die morphologische Struktur des Organismus gekennzeichneten Teilraum, lassen sich stets in der Form

(3.4.5) $$\frac{dG}{dt} = F\sum_i \Phi_i + V\sum_i g_i$$

bilden. Dabei bedeuten G die im Teilraum vorhandene Menge der betrachteten Größe, Φ den Fluß dieser Größe durch die begrenzende Fläche F des Teilraumes (der Fluß hat die Dimension Menge pro Zeit- und Flächeneinheit), g die Erzeugungs- bzw. Verbrauchsrate pro Volumeneinheit dieser Größe und V das Volumen des betrachteten Teilraumes. Die Gleichung besagt damit nichts anderes, als daß die Differenz von Ein- und Ausfuhr einer Größe zusammen mit der Differenz von Erzeugung und Verbrauch dieser Größe pro Zeiteinheit der zeitlichen Änderung der im betrachteten Teilraum vorhandenen Menge dieser Größe gleich ist. Durch Kombination solcher Bilanzgleichungen für y und x mit der empirisch gefundenen Differentialgleichung (3.4.3 a–e) lassen sich oft Aussagen über Ein- bzw. Ausfluß sowie über Bildung und Verbrauch erhalten. Auf die vielseitige Möglichkeit der Durchführung dieses allgemeinen Gedankenganges kann hier nicht eingegangen werden, doch seien noch einige Hinweise über Flußgrößen und Erzeugungsraten zusammengestellt.

Bei den Flußgrößen (Transportgrößen) können sowohl für Stoff- wie für Energietransport verschiedene Möglichkeiten des Transports unterschieden werden. Man unterscheidet einen passiven Transport, bei stofflichen Größen nennt man ihn Strömung, bei Energiegrößen Leitung. Charakteristisch ist bei den Stoffgrößen das Vorhandensein einer treibenden Kraft. Bei Energieleitung tritt anstelle der treibenden Kraft gelegentlich eine Zustandsfunktion. Zum Beispiel kann beim passiven stofflichen Fluß Φ_{Stoff} als treibende Kraft eine Konzentrationsdifferenz Δc, ein Druckgefälle Δp oder ein elektrisches Potentialgefälle ΔE wirksam werden. Beim passiven Energiefluß Φ_{Energie} (Energieleitung) kann die Rolle einer treibenden Kraft ebenfalls von einer Potentialdifferenz ΔE, aber auch von einer Temperaturdifferenz ΔT übernommen werden. Die zweite Möglichkeit des Transports besteht in einem aktiven Stoff- bzw. Energietransport, der in beiden Fällen auch als Konvektion bezeichnet wird. Hierbei ist entscheidend das Vorhandensein einer wandernden Trägersubstanz, die imstande ist, stoffliche bzw. energetische Größen mit sich zu führen. Für den aktiven Stofftransport ergibt sich dabei, daß er proportional dem Quotienten aus $\dfrac{c}{c+\text{const}}$ wird, wobei c die Konzentration, d.h. die Stoffmenge bezogen auf die Volumeneinheit bedeutet. Aus dieser Beziehung ist ersichtlich, daß bei sehr hohen Konzentrationen (die Konstante im Nenner kann dann gegenüber der Konzentration vernachlässigt werden) der Stoffluß eine bestimmte maximale Größe nicht überschreiten kann. Als Beispiel des aktiven Energietransports sei der Wärmefluß durch Konvektion angeführt. Er ist proportional der Temperatur T und der Flußgröße des Trägermediums. Bei energetischen Größen schließlich existiert noch eine dritte Möglichkeit des Transports, die Strahlung. Auch hier sind aus der Physik eine Reihe von Gesetzen bekannt, z. B. ist die Wärmestrahlung unter bestimmten Bedingungen proportional T^4.

Für die Erzeugung bzw. den Verbrauch von stofflichen Größen (g_{Stoff}) kommen chemische Umsetzungsprozesse, d.h. die Umwandlung in andere stoffliche Größen sowie die Umwandlung in energetische Größen, d.h. Zerstrahlung von Materie bzw. Materialisation von Energie in Frage. (Die beiden letzten Mechanismen haben allerdings in der Medizin noch keine Bedeutung erlangt.) Für die entsprechenden Größen beim Energiewechsel ($g_{Energie}$) kommen Wärmetönung von chemischen Prozessen sowie die einzelnen Gesetze der Umwandlung von einer Energieform in eine andere in Frage.

Mit diesen durch Physik und Chemie erarbeiteten Möglichkeiten muß versucht werden, die formale (empirische Gleichung) über die reale (Differentialgleichung) Verknüpfung zu einer kausalen auszugestalten, d. h. die Differentialgleichung durch eine physikalisch-chemische Deutung zu interpretieren. Dieses Ziel, das bisher nur bei einer Reihe beobachteter biologischer Verknüpfungen erreicht worden ist, ist jedenfalls allgemein anzustreben, da es das Ziel der physiologischen Forschung, allgemein jeder biologischen Grundlagenforschung, darstellt. Einzelheiten über diese Deutungsversuche und deren Erfolge sind der physiologischen Literatur zu entnehmen; die allgemeinen mathematischen Hilfsmittel, d.h. die empirische Funktion und ihre Gleichungen sowie das Gewinnen einfacher Differentialgleichungen und das Umgehen mit ihnen sind hier zusammengestellt worden. Die zur Deutung notwendigen Kataloge von Bilanz-, Fluß- und Umwandlungsgesetzen müssen den Physik- und Chemie-Lehrbüchern entnommen werden.

4. Zur Anwendung mathematischer Methoden in der medizinischen Statistik

4.0 Ein Gedankenversuch zur Einführung

Es sei (vgl. Abb. 80) eine Menge von 5 Versuchspersonen gegeben. Jede von ihnen weist zu einem bestimmten Zeitpunkt eine bestimmte Anzahl Erythrozyten im strömenden Blut (gemessen in Millionen Erythrozyten pro mm^3) auf. Wenn diese Menge nur aus vergleichbaren Elementen besteht, d.h. die Versuchspersonen hinsichtlich Alter, Geschlecht, Gesundheitszustand übereinstimmen, evtl. zusätzliche Gemeinsamkeit hinsichtlich der Rassenzugehörigkeit und der Höhenlage ihres Aufenthaltsortes während der letzten Zeit aufweisen, so fallen die Werte zwar verschieden aus, doch liegen sie nicht zu sehr auseinander, etwa wie in der obersten Zeile der Abbildung angegeben. Es liegt nahe, aus diesen 5 Werten das arithmetische Mittel als einen diese Versuchsgruppe kennzeichnenden Wert μ zu errechnen.

Der Statistiker nennt eine solche annähernd homogene Menge eine Grundgesamtheit, die gemessene Größe das Merkmal und μ den Mittelwert in der Grundgesamtheit.

Nun sei es – und das wird der Normalfall sein – nicht möglich, das Merkmal für jeden einzelnen Angehörigen der Gesamtheit zu ermitteln. In unserem Beispiel seien etwa die Versuchspersonen 2 und 5 nicht erreichbar. Es können somit nur aus einer Teilmenge der Grundgesamtheit (in unserem Beispiel aus den Versuchspersonen 1, 3 und 4) die Merkmalswerte erfaßt werden, sie geben daher einen etwas veränderten Mittelwert μ'. Man nennt eine solche Teilmenge der Grundgesamtheit, auf die man sich bei der Merkmalsbestimmung meist beschränken muß, eine Stichprobe, wenn die Auswahl der Stichprobe aus der Grundgesamtheit nicht direkt oder indirekt vom zu messenden Merkmal abhängt. Die Zahl der Versuchspersonen in der Stichprobe N (in unserem Fall $N=3$) heißt ihr Umfang.

Nun kann es vorkommen, wie in der Abbildung in der 3. Zeile dargestellt, daß aus Unachtsamkeit eine Versuchsperson aus einer ganz anderen Grundgesamtheit (in unserem Beispiel Versuchspersonen, die alle pathologisch erhöhte Erythrozytenwerte aufweisen) mit in die Stichprobe übernommen wird. Es ergibt sich damit durch diesen systematischen Fehler ein weiter veränderter Mittelwert μ''. Damit sind jedoch nicht alle Fehlermöglichkeiten erschöpft; denn um diese Werte wirklich zu bestimmen, muß eine Untersuchung im Laboratorium nach einer vorgegebenen Vorschrift durchgeführt werden (in unserem Beispiel Entnahme einer Blutprobe aus Fingerbeere oder Ohrläppchen mit Pipette, Verdünnen mit *Haym*scher Lösung, Füllen einer Zählkammer, Auszählung unter dem Mikroskop und Errechnen des gesuchten Wertes). Bei dieser Methode können bestimmte Genauigkeitsgrenzen auch unter optimalen Arbeitsbedingungen nicht überschritten werden, d.h. die gemessenen Werte sind nicht mit den wirklich zugrunde liegenden Meßgrößen im strömenden Blut identisch, sondern differieren um die zufälligen Fehler der Meßanordnung. Es entsteht so die 4. Zeile von Meßwerten in unserer Abbildung mit dem nun wirklich erfaßbaren Mittelwert der Meßergebnisse in der Stichprobe $\bar{x}''$.

Schließlich muß noch an eine letzte Fehlermöglichkeit gedacht werden. Es kann sich bei der Bestimmung – in unserem Beispiel bei Nr. 3 – ein systematischer Meßfehler einschleichen (etwa falsche Pipette, falsche Verdünnung usw.). Die dann erhaltenen 4 Werte sind in der 5. Zeile angegeben. Sie würden den Mittelwert $\bar{x}'$ liefern.

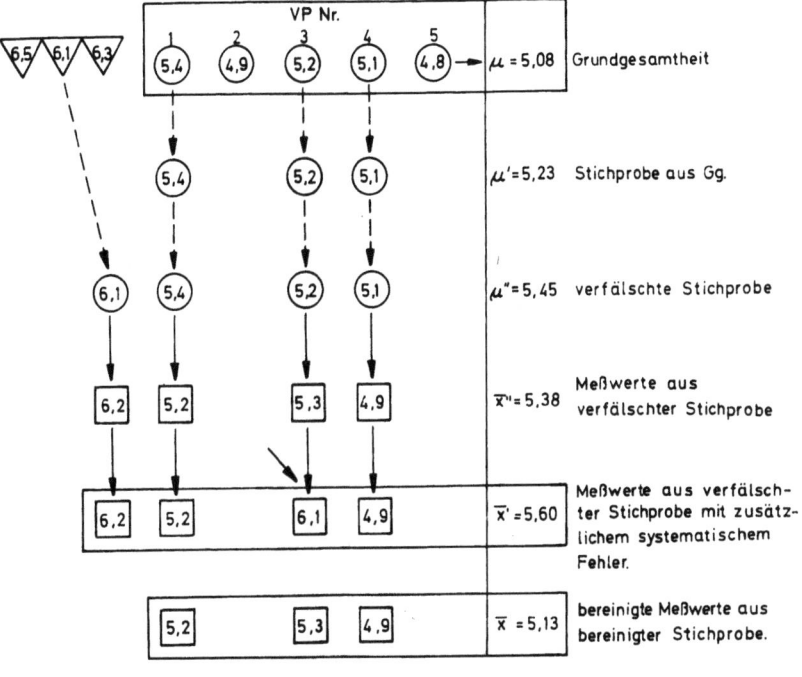

Abb. 80

Vergleicht man nun den so erhaltenen Mittelwert der Meßergebnisse $\bar{x}'$ mit dem Wert μ, den man eigentlich bestimmen oder wenigstens abschätzen wollte, so zeigt sich eine erhebliche Differenz. Diese Differenz kommt durch folgende 4 Faktoren zustande:

1. Zufällige Auswahl einer begrenzten Stichprobe;
2. irrtümliche Aufnahme von Merkmalsträgern aus anderen Grundgesamtheiten in die Stichprobe;

3. zufällige Fehler bei der Messung;
4. systematische Fehler bei der Messung.

Von diesen 4 Fehlern *müssen* 2 und 4, die systematischen Fehler oder „bias", rechtzeitig erkannt und beseitigt werden. Man würde in unserem Beispiel etwa über die zu hoch ausgefallenen Werte Nr. 1 und 3 stutzen, sie durch Mehrfachbestimmung überprüfen. Dabei würde sich vermutlich der systematische Fehler bei Nr. 3 erkennen lassen, und man könnte einen richtigen Wert einsetzen. Der erhöhte Wert bei Nr. 1 würde bleiben, und man müßte die Versuchsperson 1 noch einmal auf ihre Zugehörigkeit zur Grundgesamtheit überprüfen, was dann zu ihrem Ausschluß aus der Stichprobe führen würde. Man erhält so eine von systematischen Auswahl- und systematischen Meßfehlern bereinigte Stichprobe, deren 3 Werte in der 6. und letzten Zeile dargestellt sind. Sie ergeben ein Stichprobenmittel $\bar{x}$. Auch dieses Stichprobenmittel weicht noch vom Mittelwert der Grundgesamtheit ab, aber diese Abweichungen sind nur durch Überlagerung von zufälliger Auswahl und zufälligen Meßfehlern bedingt, sie können sowohl vergrößernd wie verkleinernd wirken und werden sich daher – und das ist die Grundkonzeption der Statistik – bei nicht zu kleinem Stichprobenumfang mehr oder weniger kompensieren. Das Problem der Statistik besteht nun darin, aus alleiniger Kenntnis der Stichprobenwerte zu Aussagen über die Grundgesamtheiten und deren Maßzahlen zu gelangen. Es ist klar, daß solche Aussagen stets nur mit einer gewissen Unsicherheit formuliert werden können; aber, und das hebt die statistische Methode über das Niveau bloßer Mutmaßungen hinaus, für das Maß dieser Unsicherheit, die sogenannte Irrtumswahrscheinlichkeit, lassen sich konkrete Zahlenangaben gewinnen.

Die erste hierhergehörende Grundaufgabe der Statistik lautet:

Gegeben sei eine Reihe von N Einzelmeßwerten in einer Stichprobe $x_1, x_2, ..., x_N$. Gesucht ist eine Schätzung für den Mittelwert μ der Grundgesamtheit, aus der die Stichprobe stammt.

Der Lösung dieser Grundaufgabe werden die folgenden drei Abschnitte gewidmet sein, in denen nacheinander Maßzahlen zur Kennzeichnung einer Stichprobe, Verteilungsgesetze zur Kennzeichnung einer Grundgesamtheit und eine Schätz-Ungleichung zur Verbindung von Stichprobe und Grundgesamtheit erarbeitet werden sollen. Schon hier seien jedoch zwei Merkregeln für die Anwendung statistischer Methoden formuliert, deren Richtigkeit sich aus dem bisher Gesagten zwanglos ergibt:

Merkregel I:

Eine statistische Bearbeitung einer Versuchsreihe beseitigt *niemals* systematische Fehler bei Erhebung oder Messung;

Merkregel II:

Eine statistische Erhebung kann *niemals* etwas über einen noch nicht untersuchten Einzelfall aussagen.

4.1 Kennzeichnung einer Stichprobe durch Maßzahlen

Zur Lösung der eben formulierten Grundaufgabe benötigt man von der Stichprobenseite her 3 Maßzahlen:
den Stichprobenumfang N,
das Stichprobenmittel $\bar{x}$
und die Standardabweichung der Stichprobe s.
 Zum Stichprobenumfang ist nichts weiter zu sagen. Als Stichprobenmittel wird, und das ist für die meisten verwendeten Testverfahren angemessen, der bereits früher eingeführte arithmetische Mittelwert (vgl. 2.3.34) gemäß

(4.1.1) $$\bar{x} = \frac{1}{N} \sum_{i=1}^{N} x_i = \frac{x_1 + x_2 + \cdots + x_N}{N}$$

verwendet. Man muß sich darüber im klaren sein, daß diese Wahl eines Mittelwertes zur späteren Schätzung von μ zunächst eine rein empirische Festsetzung ist; mit gleichem Recht hätte man eine der anderen Mittelwertbildungen der Mathematik (z. B. geometrische Mittel, harmonische Mittel) oder etwa den Meßwert, der am häufigsten vorkommt (häufigster Wert, Modus) oder schließlich den Wert, der bei einer linearen Anordnung aller Meßwerte nach steigender Größe auf dem mittleren Platz steht (Zentralwert oder Median), wählen können. Die Entscheidung zugunsten des arithmetischen Mittels beruht auf praktischen und theoretischen Gründen. Praktische Gründe sind unter anderen seine relativ leichte Berechenbarkeit. Von den theoretischen Gründen wird einer bei der Einführung der Standardabweichung klar, ein anderer bei der Besprechung der Schätz-Ungleichung angedeutet werden.

Liegen für jeden Merkmalsträger einer Stichprobe Meßwerte zweier verschiedener Größen x und y vor und bildet man aus ihnen mit Hilfe der konstanten Faktoren a und b gemäß

(4.1.2) $$z = ax + by$$

einen neuen zusammengesetzten Meßwert z, so gilt für den Mittelwert von z die einfache Beziehung

(4.1.3) $$\bar{z} = \overline{(ax+by)} = a\bar{x} + b\bar{y}.$$

Sie läßt sich beweisen unter Benutzung der Rechenregeln für algebraische Summen über

(4.1.4) $$\sum_{i=1}^{N}(ax_i + by_i) = \sum_{i=1}^{N}(ax_i) + \sum_{i=1}^{N}(by_i) = a\sum_{i=1}^{N} x_i + b\sum_{i=1}^{N} y_i,$$

woraus bei gliedweiser Division durch N (4.1.3) folgt.

Die einzelnen Meßwerte x_i werden teils größer, teils kleiner als $\bar{x}$ ausfallen, so daß es zunächst plausibel erscheint, das arithmetische Mittel aller dieser Differenzen $x_i = \bar{x}$ gemäß

(4.1.5) $$\overline{x_i - \bar{x}} = \frac{1}{N}\sum_{i=1}^{N}(x_i - \bar{x})$$

zu bilden und es einem Maß für die Genauigkeit des Schätzwertes $\bar{x}$ für μ zugrunde zu legen. Dieser Weg wird im Prinzip auch begangen, doch sind an (4.1.5) noch drei Verbesserungen anzubringen. Es ergibt sich nämlich, daß die Summe auf der rechten Seite stets 0 ist wegen (4.1.1) über

(4.1.6) $$\sum_{i=1}^{N}(x_i - \bar{x}) = \sum_{i=1}^{N} x_i - N\bar{x} = 0.$$

Um aus dieser Schwierigkeit herauszukommen, weiter den Einfluß der Vorzeichen zu kompensieren und gleichzeitig gerade die erheblich vom Mittel abweichenden Meßwerte bei der Bildung eines Maßes für die mittlere Abweichung stärker zu berücksichtigen, wird – einem Vorschlag von *Gauß* folgend – das arithmetische Mittel aus den quadrierten Abweichungen gebildet. Weiter wird im Nenner der Stichprobenumfang N durch $N-1$ ersetzt. Die Zweckmäßigkeit dieser Änderung läßt sich zwar mit Hilfe der mathematischen Schätztheorie beweisen, doch kann man sie auch durch folgende Überlegung einsehen: Wenn etwa alle N Abweichungen $x_i - \bar{x}$ vorliegen, so könnte eine beliebige von ihnen ausgelöscht werden. Da die Summe aller stets 0 ergeben muß, läßt sich der fehlende Wert sofort rekonstruieren. Es liegen damit in Wirklichkeit nur $N-1$, wie der Mathematiker sagt, unabhängige Werte vor, aus denen das Mittel zu bilden wäre. Mit dieser Zahl $N-1$ taucht zum erstenmal der Begriff des Freiheitsgrades auf. Man sagt: Bei der Bildung der Standardabweichung hat man $\nu = N-1$ Freiheitsgrade zu berücksichtigen.

Schließlich muß noch eine letzte Korrektur an unserem Ansatz angebracht werden, um die Dimensionsgleichheit von Abweichungsmaß und Mittelwert wiederherzustellen (wenn etwa die Einzelmessungen und damit der Mittelwert die Dimension einer Länge haben, so hätte durch die Quadrierung der Abweichungen das mittlere Abweichungsmaß die Dimension einer Fläche). Man muß daher aus dem ganzen Ausdruck die Quadratwurzel ziehen, wobei das doppelte Vorzeichen die beiden möglichen Richtungen der Abweichungen kennzeichnet.

Mit diesen drei Korrekturen ergibt sich aus (4.1.6) die endgültige Definition der Standardabweichung

(4.1.7) $$s = \pm\sqrt{\frac{\sum_{i=1}^{N}(x_i - \bar{x})^2}{N-1}}.$$

Ein entsprechendes Abweichungsmaß läßt sich natürlich für jeden anderen Mittelwert a gemäß

(4.1.8) $$s_a = \pm\sqrt{\frac{\sum_{i=1}^{N}(x_i - a)^2}{N-1}} = \sqrt{\frac{Q(a)}{N-1}}$$

definieren; doch wurde bereits gezeigt (vgl. 2.3.38), daß der Zähler des Radikanden $Q(a) = \sum_{i=1}^{N}(x_i - a)^2$ und damit auch s_a für $a = \bar{x}$ einen minimalen Wert annimmt.

Damit ist der erste theoretische Grund für die Bevorzugung des arithmetischen Mittels als Maßzahl klar.

Das Quadrat der Standardabweichung, s^2, wird in späteren Formeln häufig gebraucht, es hat sich dafür der Name Varianz eingebürgert. Den Zähler der Varianz kann man unter Benutzung der Rechenregeln für Summen in folgender Weise umformen (unter Verwendung von 4.1.1):

(4.1.9)
$$\begin{aligned}\sum_{i=1}^{N}(x_i-\bar{x})^2 &= \sum_{i=1}^{N} x_i^2 - 2\bar{x}\sum_{i=1}^{N} x_i + N\bar{x}^2 \\ &= \sum_{i=1}^{N} x_i^2 - 2\bar{x}\sum_{i=1}^{N} x_i + \bar{x}\sum_{i=1}^{N} x_i \\ &= \sum_{i=1}^{N} x_i^2 - \bar{x}\sum_{i=1}^{N} x_i.\end{aligned}$$

Der letzte Ausdruck empfiehlt sich für das praktische Rechnen, da die Zahl der notwendigen Einzelschritte bei großen Meßwertreihen erheblich verkürzt wird.

Nimmt man wieder bei einer Stichprobe zwei Reihen von Meßwerten x und y an, deren Mittelwerte $\bar{x}$ bzw. $\bar{y}$ und deren Standardabweichungen s_x bzw. s_y betragen, und bildet aus x und y wieder gemäß (4.1.2) z, so ergibt sich für die Standardabweichung von z, sie sei mit s_z bezeichnet, folgende Formel:

(4.1.10)
$$s_z^2 = a^2 s_x^2 + b^2 s_y^2.$$

Diese Formel gilt allerdings im Gegensatz zur Rechenregel für die Mittelwerte nur, wenn x und y voneinander unabhängige Werte sind. Die rechnerische Ableitung geht über folgende Schritte:

(4.1.11)
$$\begin{aligned}(N-1)s_z^2 &= \sum_{i=1}^{N}(z_i-\bar{z})^2 \\ &= \sum_{i=1}^{N}[(ax_i+by_i)-(a\bar{x}+b\bar{y})]^2 = \sum_{i=1}^{N}[a(x_i-\bar{x})+b(y_i-\bar{y})]^2 \\ &= a^2\sum_{i=1}^{N}(x-\bar{x})^2 - 2ab\sum_{i=1}^{N}[(x_i-\bar{x})(y_i-\bar{y})] + b^2\sum_{i=1}^{N}(y_i-\bar{y})^2 \\ &= (N-1)a^2 s_x^2 + (N-1)b^2 s_y^2 - 2ab\sum_{i=1}^{N}[(x_i-\bar{x})(y_i-\bar{y})],\end{aligned}$$

wobei, wie später gezeigt werden wird, die letzte Summe in der Endzeile bei Unabhängigkeit von x und y verschwindet.

Mit dieser Rechenregel läßt sich leicht ein Maß für die Standardabweichung des Mittelwertes selbst gewinnen: Jeder Meßwert x_i hat im Mittel eine Standardabweichung s, die Summe

$$\frac{1}{N}x_1 + \frac{1}{N}x_2 + \cdots + \frac{1}{N}x_N = \bar{x}$$

nach (4.1.10) $(a=b=\cdots=\frac{1}{N})$ die Standardabweichung

$$\sqrt{\frac{1}{N^2}s^2 + \frac{1}{N^2}s^2 + \cdots} = \sqrt{N\frac{1}{N^2}s^2} = \frac{s}{\sqrt{N}}.$$

Da aber die Summe den Mittelwert $\bar{x}$ darstellt, so ergibt der zweite Ausdruck seine Standardabweichung $s_{\bar{x}}$ zu

(4.1.12) $$s_{\bar{x}} = \frac{s}{\sqrt{N}}.$$

Aus dieser Formel ist bereits ersichtlich, daß ein Mittelwert immer ein genaueres Maß darstellt als ein Einzelwert, daß aber die Genauigkeit nicht proportional dem Stichprobenumfang, sondern nur proportional seiner Quadratwurzel wächst (um also die Genauigkeit eines Mittelwertes zu verdoppeln, muß man den Stichprobenumfang vervierfachen usw.).

Eine weitere Anwendung der Rechenregel für die Standardabweichung ergibt sich durch folgende Überlegung: Von zwei Stichproben seien die Meßwerte x_i und y_i mit ihren Mittelwerten $\bar{x}$ und $\bar{y}$ und deren Standardabweichungen $s_{\bar{x}} = \frac{s_x}{\sqrt{N_x}}$, $s_{\bar{y}} = \frac{s_y}{\sqrt{N_y}}$ bekannt. Bildet man dann

(4.1.13) $$D = \bar{x} - \bar{y},$$

so ergibt sich die Standardabweichung der Differenz zweier Mittelwerte nach (4.1.10) $(a=1, b=-1)$ zu

(4.1.14) $$s_D = \sqrt{s_{\bar{x}}^2 + s_{\bar{y}}^2} = \sqrt{\frac{s_x^2}{N_x} + \frac{s_y^2}{N_y}},$$

eine Formel, die besonders beim Vergleich zweier Stichproben gebraucht wird.

Bei den bisherigen Betrachtungen, insbesondere bei unserem Beispiel, kam der Unterschied zwischen Stichproben-Mittelwert $\bar{x}$ und Mittel der Grundgesamtheit μ durch zwei Faktoren, nämlich Wirkung der Stichprobenauswahl und Einfluß der zufälligen Meßfehler, zustande. Es gibt jedoch Fälle, bei denen dieses Abweichen nur oder überwiegend durch einen dieser beiden Faktoren bedingt ist. Variiert man etwa das Beispiel dahingehend, daß von einer genügend großen Blutprobe einer Versuchsperson N Bestimmungen der Erythrozyten zentral durchgeführt werden, so kommen die unterschiedlichen Ergebnisse nur durch Einfluß von Meßfehlern, nicht aber durch Wirkung einer biologischen Variabilität zustande. Umgekehrt ist es gelegentlich möglich, den Meßfehler entweder verschwindend klein zu halten oder ihn z.B. bei automatisierten Bestimmungsmethoden konstant zu halten. Die Verschiedenheit der dann erhaltenen Ergebnisse ist in diesem Fall lediglich auf die biologische Variabilität zurückzuführen.

Dis bisher eingeführten Größen behalten auch in diesen beiden Sonderfällen ihre Bedeutung bei, nur werden ihnen verschiedene Bezeichnungen unterlegt. Eine

Übersicht wird die bisher eingeführten Symbole mit dieser doppelten Bezeichnungsmöglichkeit in biologischer Statistik und Fehlertheorie erläutern:

Biologische Statistik		Fehlertheorie
Mittelwert der Grundgesamtheit	μ	Wahrer Wert der zu messenden Größe
Ergebnis einer Einzelbeobachtung	x_i	Ergebnis einer Einzelmessung
Mittelwert der Stichprobe	$\bar{x}$	Mittlerer Wert der zu messenden Größe
Standardabweichung der Stichprobe	s	Mittlerer Fehler der Einzelmessung
Standardabweichung des Stichprobenmittels	$s_{\bar{x}}$	Mittlerer Fehler des Mittelwertes

In der Praxis sind allerdings meist doch beide Faktoren wirksam. Es empfiehlt sich daher, in Vorversuchen den Einfluß des reinen Meßfehlers abzugrenzen und danach die Untersuchungen zur biologischen Variabilität anzuschließen.

4.2 Kennzeichnung einer Grundgesamtheit durch ein Verteilungsgesetz

Sowohl den Einfluß der biologischen Variabilität wie den der Meßfehler erklärt man sich durch ein Zusammenwirken einer großen Zahl von Elementarfaktoren bzw. Elementarfehlern, die sich mit verschiedenen Vorzeichen superponieren und dadurch den unterschiedlichen Ausfall einzelner Beobachtungen bzw. Messungen bedingen. Zu einem rechnerisch exakten Ansatz für diese Superposition von Elementarfaktoren gelangt man durch Benutzung der Hilfsmittel der Wahrscheinlichkeitstheorie. Dieser Weg wurde bereits von *Gauß* begangen, ist für uns jedoch zu schwierig. Es sei daher ein „experimenteller" Ansatz beschrieben, aus dem die Ergebnisse ebenfalls entnommen werden können. Als Versuchsanordnung dient das bekannte *Galton*-Brett (Abb. 81). Hierbei sind allerdings die Nägel, die die Kugeln in ihrer Laufrichtung beeinflussen sollen, völlig ungeordnet nach Abstand und Richtung zu denken. Jeder Nagel, der sich einer fallenden Kugel in den Weg stellt, repräsentiert einen Elementarfaktor und veranlaßt eine Zufallsalternative, nach welcher die Kugel entweder rechts von ihm zur Seite der Auffangkästchen mit den größeren Merkmalswerten x_1 abgelenkt wird oder umgekehrt. Bei jeder der beiden Möglichkeiten stellen sich der fallenden Kugel weitere hemmende Nägel in unterschiedlicher Verteilung in den Weg. Führt man diesen Versuch mit einer endlichen Kugelzahl durch, so füllen sich die einzelnen Auffangkästchen durchaus unterschiedlich. Eine geometrische Veranschaulichung des Füllungszustandes ergibt dann ein sogenanntes Histogramm oder Säulenpolygon, bei dem die Abszissenachse in äquidistante Abschnitte, die den gleichen Kästchenbreiten entsprechen, unterteilt ist und in der Ordinate die Höhen der einzelnen Rechtecke dem Füllungsniveau der Kästchen entsprechen. Jedem Kästchen entspricht, mit steigender Anordnung gedacht, ein bestimmter beobachteter x-Wert. Sind die Kugeln alle gleich, so bilden die Flächeninhalte der einzelnen Teilrechtecke ein Maß für die relative

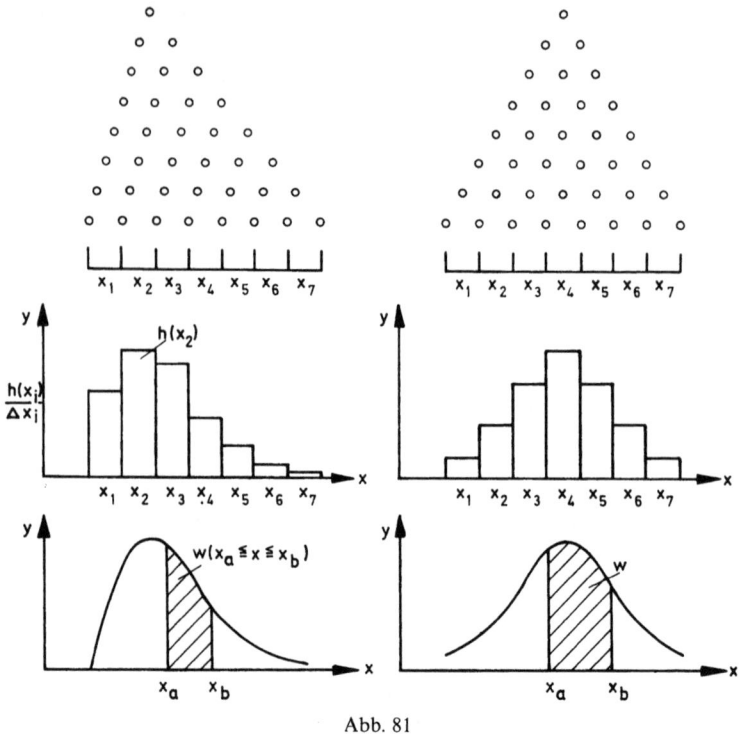

Abb. 81

Häufigkeit, mit der in der Stichprobe ein bestimmter Beobachtungswert x_i unter Einfluß der Menge von Elementarfaktoren zu erwarten ist. Bezeichnet man die Anzahl aller benutzten Kugeln mit N, diejenigen unter ihnen, die in das Kästchen x_i gefallen sind, mit N_i, so ist die relative Häufigkeit des Beobachtungswertes x_i gegeben durch

(4.2.1) $$h(x_i) = \frac{N_i}{N}.$$

Da in einem Kästchen mindestens 0, höchstens alle N-Kugeln liegen können, stellt die relative Häufigkeit einen echten Bruch mit Einschluß der Grenzen 0 und 1 dar,

(4.2.2) $$0 \leq h(x_i) \leq 1.$$

Gelegentlich ist die relative Häufigkeit, mit der eine Kugel in eines von verschiedenen vorgegebenen Kästchen fällt, von Interesse. Zum Beispiel bedeutet $h(x_4 \vee x_5 \vee x_6)$ ($\vee$ ist ein Symbol für „oder") die relative Häufigkeit, mit der eine Kugel entweder in das Kästchen 4, 5 oder 6 fällt. Sie ergibt sich ohne weiteres aus der Überlegung

$$h(x_4 \vee x_5 \vee x_6) = \frac{N_4 + N_5 + N_6}{N}$$

zu

(4.2.3) $$h(x_4 \vee x_5 \vee x_6) = \sum_{i=4}^{6} h(x_i).$$

Wenn die Zahl der Kugeln gegen ∞ geht, gleichzeitig die Zahl der Kästchen auf Kosten ihrer Breite stark vervielfacht wird, so geht das Histogramm, das den Füllungszustand der einzelnen Kästchen beschreibt, in eine stetige Kurve über. Diese Grenzkurve nennt man Wahrscheinlichkeitsverteilung, die Grenzwerte der relativen Häufigkeiten werden dann zur Wahrscheinlichkeit W, für ein Kästchen wegen der dann verschwindend kleinen Kastenbreite zur differentiellen Wahrscheinlichkeit $dW(x)$. Da die Zahl der Kugeln innerhalb gegebener Kästchengrenzen gleich der entsprechend begrenzten Teilfläche der Wahrscheinlichkeitsverteilung ist, läßt sich analog zu (4.2.3) definieren

(4.2.4) $$W(x_a \leqq x \leqq x_b) = \frac{\text{Teilfläche über } x_b - x_a}{\text{Gesamtfläche}} = \frac{\int_{x_a}^{x_b} f(x)\,dx}{\int_{-\infty}^{+\infty} f(x)\,dx},$$

wobei $W(x_a \leqq x \leqq x_b)$ die Wahrscheinlichkeit für eine Kugel angibt, in eines der Kästchen zwischen x_a und x_b zu fallen (die Wahrscheinlichkeit, daß in der unendlich großen Grundgesamtheit ein Merkmalwert zwischen den Grenzen x_a und x_b erwartet werden kann). $f(x)$ bedeutet in diesem Fall die Gleichung der Begrenzungskurve der Wahrscheinlichkeitsverteilung. Nimmt man für den gesamten Flächeninhalt zwischen Begrenzungskurve und x-Achse gemäß

(4.2.5) $$\int_{-\infty}^{+\infty} f(x)\,dx = A$$

den Wert A an und bildet eine neue Funktion über

(4.2.6) $$\varphi(x) = \frac{1}{A} f(x),$$

so läßt sich (4.2.4) einfacher als

(4.2.7) $$W(x_a \leqq x \leqq b) = \int_{x_a}^{x_b} \varphi(x)\,dx$$

schreiben. Die so eingeführte Funktion $\varphi(x)$ wird wegen der aus (4.2.7) folgenden Beziehung

(4.2.8) $$W(-\infty \leqq \xi \leqq x) = \int_{-\infty}^{x} \varphi(\xi)\,d\xi = W(x) \quad \text{oder} \quad \varphi(x) = \frac{dW(x)}{dx}$$

als Wahrscheinlichkeitsdichte bezeichnet, und die Grenzbedingung, daß eine Kugel in irgendeines der Kästchen auf jeden Fall fallen muß (da alle Merkmalwerte zwischen den Grenzen $-\infty$ und $+\infty$ liegen müssen), folgt mit diesen Beziehungen zu

(4.2.9) $$W(-\infty \leqq x \leqq +\infty) = \int_{-\infty}^{+\infty} \varphi(x)\,dx = 1.$$

In einer solchen Wahrscheinlichkeitsverteilung wird der Mittelwert μ über

(4.2.10) $$\mu = \int_{-\infty}^{+\infty} x\, dW(x) = \int_{-\infty}^{+\infty} x\varphi(x)\, dx$$

definiert (der Mittelwert ergibt sich so als Summe bzw. Integral aller möglichen Beobachtungswerte, jeweils multipliziert mit der ihnen zukommenden Wahrscheinlichkeit). In dieser Definition liegt eine Analogie zwischen dem früher eingeführten Stichprobenmittelwert $\bar{x}$, denn wenn man die relative Häufigkeit des Auftretens eines bestimmten Wertes x_i als $\frac{1}{N}$ (Gleichverteilung aller Werte, alle Beobachtungen sind gleichhäufig) annimmt, so läßt sich (4.1.1) in folgender Form schreiben:

(4.2.11) $$\bar{x} = \sum_{i=1}^{N} x_i \frac{1}{N} = \sum_{i=1}^{N} x_i h(x_i),$$

woraus durch Grenzübergang bei $N \to \infty$ weiter (4.2.10) wird. (Denn aus der Summe endlich vieler Glieder wird ein Integral, aus der relativen Häufigkeit eines Merkmals die differentielle Wahrscheinlichkeit). Weiter sei die Standardabweichung σ der Grundgesamtheit durch folgende Gleichung definiert:

(4.2.12) $$\sigma^2 = \int_{-\infty}^{+\infty} (x-\mu)^2\, dW(x) = \int_{-\infty}^{+\infty} (x-\mu)^2\, \varphi(x)\, dx.$$

Auch diese Definition ergibt sich aus der früher eingeführten Stichprobenvarianz s^2, denn (4.1.7) läßt sich umschreiben in

(4.1.7a) $$s^2 = \frac{N}{N-1} \sum_{i=1}^{N} (x_i - \bar{x})^2 h(x_i),$$

woraus bei $N \to \infty$ und Ersatz von relativer Häufigkeit durch die differentielle Wahrscheinlichkeit eben die obige Definition für σ^2 folgt.

Für diese beiden Größen μ und σ, die somit in der Grundgesamtheit die gleiche Rolle spielen wie $\bar{x}$ und s in der Stichprobe, gelten zwei Regeln: Der Verschiebungssatz und die Streuungsungleichung (*Tschebyscheff*sche Ungleichung). Der Verschiebungssatz ergibt sich aus der Möglichkeit, eine Varianz auch für jeden anderen Bezugswert a anstelle von μ zu definieren, etwa gemäß

(4.2.12a) $$\sigma_a^2 = \int_{-\infty}^{+\infty} (x-a)^2 \varphi(x)\, dx.$$

Aus dieser Gleichung folgt aber über

(4.2.12b) $$\sigma_a^2 = \int_{-\infty}^{+\infty} [(x-\mu)+(\mu-a)]^2 \varphi(x)\, dx = \sigma^2 + 2(\mu-a)\left[\int_{-\infty}^{+\infty} x\varphi(x)\, dx - \mu \int_{-\infty}^{+\infty} \varphi(x)\, dx\right]$$
$$+ (\mu-a)^2 \int_{-\infty}^{+\infty} \varphi(x)\, dx$$

wegen (4.2.9) und (4.2.10) sofort

(4.2.13) $$\sigma_a^2 = \sigma^2 + (\mu-a)^2 \geq \sigma^2,$$

eben der Verschiebungssatz.

Man kann ihn zur Rechenerleichterung benutzen, indem man statt des oft unbequemen wahren Mittelwertes μ einen abgerundeten Behelfswert a einführt. Man erkennt aber auch sofort, daß für jeden anderen Mittelwert a die Varianz notwendigerweise größer wird. Die Minimumseigenschaft des arithmetischen Mittels gilt daher auch in der Grundgesamtheit.

Die Ableitung der Streuungsungleichung erfordert etwas mehr Überlegung. Zerlegt man die Varianz in zwei Teilsummen bzw. Teilintegrale, wobei im ersten, wie die Unterschrift beim Integral angibt, alle Beobachtungswerte x enthalten sind, die absolut genommen um mindestens die k-fache Standardabweichung vom Mittelwert abweichen, und im zweiten Integral alle die Beobachtungen, die diese Bedingung nicht erfüllen,

(4.2.14) $$\sigma^2 = \int_{|x-\mu| \geq k\sigma} (x-\mu)^2 \varphi(x)dx + \int_{|x-\mu| < k\sigma} (x-\mu)^2 \varphi(x)dx,$$

so wird, da jedes der beiden Integrale notwendigerweise eine positive Größe darstellt, bei Fortlassen des zweiten Integrals aus dieser Gleichung die folgende Ungleichung:

(4.2.15) $$\sigma^2 \geq \int_{|x-\mu| \geq k\sigma} (x-\mu)^2 \varphi(x)dx.$$

Da gemäß Definition dieser Integrand stets größer als $k^2 \sigma^2$ ist, so folgt aus dieser Ungleichung eine weitere:

(4.2.16) $$\sigma^2 \geq k^2 \sigma^2 \int_{|x-\mu| \geq k\sigma} \varphi(x)dx.$$

Hier entspricht das Integral der Wahrscheinlichkeit, daß ein Beobachtungswert x um mehr als das k-fache der Standardabweichung, absolut genommen, vom Mittelwert abweicht, in Zeichen:

$$W(|x-\mu| \geq k\sigma) = W\left(\frac{|x-\mu|}{\sigma} \geq k\right).$$

Unter Benutzung dieses Symbols und Kürzen von σ^2 (σ^2 muß ungleich 0 sein, sonst wäre die Überlegung trivial) ergibt sich die Streuungsungleichung in folgender Form:

(4.2.17) $$W\left(\frac{|x-\mu|}{\sigma} \geq k\right) \leq \frac{1}{k^2}.$$

Da die Gegenwahrscheinlichkeit (für das Nichteintreten eines Ereignisses) sich mit der Wahrscheinlichkeit für das Eintreten stets zu 1 ergänzen muß (folgt aus dem Additionssatz für relative Häufigkeiten und damit auch für Wahrscheinlichkeiten), so ergibt sich die Wahrscheinlichkeit dafür, daß ein Meßwert um weniger als das k-fache der Standardabweichung vom Mittelwert abweicht, mit anderen Worten, daß ein Meßwert mindestens $\mu - k\sigma$ und höchstens $\mu + k\sigma$ ausfällt, zu

(4.2.18) $$W(\mu - k\sigma \leq x \leq \mu + k\sigma) \geq 1 - \frac{1}{k^2}.$$

Dies ist ebenfalls die Streuungsungleichung, in etwas anderer Form geschrieben.

Alle bisher abgeleiteten Gesetzmäßigkeiten gelten für beliebige Superpositionen von Elementarfaktoren (beliebige Anordnung der Nägel am *Galton*-Brett). Die ihnen zugrunde liegenden Wahrscheinlichkeitsverteilungen können daher Kurven beliebiger Gestalt sein, wenn sie nur stets oberhalb der x-Achse verlaufen und die von ihnen umschlossene Fläche das Maß 1 erhält.

Die Erfahrung lehrt jedoch, daß bestimmte Kurventypen in der Natur häufiger vorkommen. Unter ihnen ist am bekanntesten die glockenförmige Verteilungskurve (Abb. 72), die man daher als besonders „normale" Merkmalsvariabilität angesehen und als Normalverteilung bezeichnet hat. Ihre Theorie ist von *Gauß* ausführlich dargestellt worden. Zu ihr gelangt man in unserem Modellversuch des *Galton*-Brettes, indem die Nägel in parallelen Reihen jeweils versetzt mit gleichen Abständen untereinander angeordnet werden (vgl. Abb. 81). Der rechnerische Ausdruck für eine solche glockenförmige Kurve mit ihrem Maximum bei $x=a$, der Höhe des Maximums $y_{max}=A$, ist bereits früher (3.2.21) als Beispiel für die Zuordnung einer Formel zu einer empirischen Funktion gegeben worden. Es wurde dabei der Ansatz

$$(4.2.19) \qquad \varphi(x) = A e^{-h^2(x-a)^2}$$

erhalten. Um die Bedingung (4.2.9) zu erfüllen, muß die Gleichung

$$(4.2.20) \qquad A \int_{-\infty}^{+\infty} e^{-h^2(x-a)^2} dx = 1$$

gelöst werden. Durch die Substitution $\zeta = h(x-a)$ wird daraus

$$(4.2.21) \qquad \frac{A}{h} \int_{-\infty}^{+\infty} e^{-\zeta^2} d\zeta = \frac{A}{h} I_0 = 1,$$

woraus wegen (2.6.15)

$$(4.2.22) \qquad \frac{A}{h} \sqrt{\pi} = 1$$

folgt. Die Wahrscheinlichkeitsdichte der Normalverteilung nimmt damit die Form

$$(4.2.23) \qquad \varphi(x) = \frac{h}{\sqrt{\pi}} e^{-h^2(x-a)^2}$$

an. Berechnet man ihren Mittelwert μ gemäß (4.2.10), so ergibt sich über

$$(4.2.24) \qquad \mu = \frac{h}{\sqrt{\pi}} \int_{-\infty}^{+\infty} x e^{-h^2(x-a)^2} dx$$

und die folgenden Umformungen, wobei wieder die Hilfsgröße $\xi = h(x-a)$ eingeführt wird

(4.2.25)
$$\mu = \frac{h}{\sqrt{\pi}} \int_{-\infty}^{+\infty} (x-a) e^{-h^2(x-a)^2} dx + \frac{ah}{\sqrt{\pi}} \int_{-\infty}^{+\infty} e^{-h^2(x-a)^2} dx$$

$$= \frac{1}{h\sqrt{\pi}} \int_{-\infty}^{+\infty} \xi e^{-\xi^2} d\xi + \frac{a}{\sqrt{\pi}} \int_{-\infty}^{+\infty} e^{-\xi^2} d\xi = \frac{1}{h\sqrt{\pi}} I_1 + \frac{a}{\sqrt{\pi}} I_0$$

schließlich wegen (2.6.17) und (2.6.15)

(4.2.26) $$\mu = a.$$

Damit läßt sich weiter gemäß (4.2.12) die Varianz berechnen:

(4.2.27) $$\sigma^2 = \frac{h}{\sqrt{\pi}} \int_{-\infty}^{+\infty} (x-\mu)^2 e^{-h^2(x-\mu)^2} dx = \frac{1}{h^2 \sqrt{\pi}} \int_{-\infty}^{+\infty} \xi^2 e^{-\xi^2} d\xi = \frac{1}{h^2\sqrt{\pi}} I_2.$$

Sie ergibt sich damit wegen (2.6.16) zu

(4.2.28) $$\sigma^2 = \frac{1}{2h^2}.$$

Einsetzen von (4.2.26) und (4.2.28) in (4.2.23) ergibt die Wahrscheinlichkeitsdichte der Normalverteilung mit dem Mittelwert μ und der Standardabweichung σ zu

(4.2.29) $$\varphi(x) = \frac{1}{\sigma\sqrt{2\pi}} e^{-\frac{1}{2}\left(\frac{x-\mu}{\sigma}\right)^2}.$$

Damit wird für eine Normalverteilung die Wahrscheinlichkeit, daß ein Beobachtungswert x zwischen zwei Grenzen x_a und x_b liegt, dargestellt durch

(4.2.30) $$W(x_a \leq x \leq x_b) = \frac{1}{\sigma\sqrt{2\pi}} \int_{x_a}^{x_b} e^{-\frac{1}{2}\left(\frac{x-\mu}{\sigma}\right)^2} dx.$$

Für den Fall $x_a = \mu - c\sigma$, $x_b = \mu + c\sigma$ folgt daraus

(4.2.31) $$W(\mu - c\sigma \leq x \leq \mu + c\sigma) = \frac{1}{\sigma\sqrt{2\pi}} \int_{\mu-c\sigma}^{\mu+c\sigma} e^{-\frac{1}{2}\left(\frac{x-\mu}{\sigma}\right)^2} dx,$$

was mit einigen Umformungen schließlich

$$(4.2.32) \quad W(\mu - c\sigma \leq x \leq \mu + c\sigma) = \frac{1}{\sqrt{2\pi}} \int_{-c}^{+c} e^{-\frac{\xi^2}{2}} d\xi = \sqrt{\frac{2}{\pi}} \int_{0}^{c} e^{-\frac{\xi^2}{2}} d\xi = \Phi(c)$$

ergibt. Die dabei eingeführte Hilfsfunktion $\Phi(c)$ läßt sich numerisch auswerten (für den Sonderfall $c=1$ wurde bereits an früherer Stelle der zugehörige Wert $\Phi(1) = 0,68\ldots$ durch Entwicklung des Integranden in eine Potenzreihe und gliedweise Integration ermittelt (2.7.31). Ähnlich wie bei der allgemeinen Streuungsungleichung läßt sich auch die letzte Aussage in eine komplementäre Form bringen:

$$(4.2.33) \quad W\left(\frac{|x-\mu|}{\sigma} \geq c\right) = 1 - \Phi(c).$$

In (4.2.33) und in (4.2.17) liegen damit zwei Abgrenzungen vor, die erlauben, sowohl im Falle der Normalverteilung wie auch im Falle einer beliebigen Verteilung die Wahrscheinlichkeit anzugeben, mit der ein Beobachtungswert außerhalb gewisser Grenzen liegt. Diese sogenannte Irrtumswahrscheinlichkeit α (die Bezeichnung wird später klar werden) läßt sich für die allgemeine Streuungsungleichung als obere Grenze über (4.2.17), für die Normalverteilung über (4.2.33) errechnen. Eine Zusammenstellung der zu einigen Werten von α gehörigen Vielfachen der Standardabweichung bei Normalverteilung und bei beliebiger Verteilung (nach der Ungleichung von *Tschebyscheff*) gibt die folgende Tabelle:

Beim c-fachen der Standardabweichung	ist die Wahrscheinlichkeit α, daß ein Wert außerhalb dieses Bereiches $(\mu-c\sigma;\mu+c\sigma)$ liegt,	
	bei der Normalverteilung	bei beliebiger Verteilung
1	$=0,32$	≤ 1
2	$=0,045$	$\leq 0,25$
3	$=0,0027$	$\leq 0,11$
Um ein α von	muß bei der Normalverteilung das	muß bei einer beliebigen Verteilung mindestens das
0,05	1,96	4,5
0,01	2,58	10
0,001	3,29	33
zu erhalten,	-fache der Standardabweichung	-fache der Standardabweichung

genommen werden.

4.3 Verbindung von Stichprobe und Grundgesamtheit durch die Schätz-Ungleichung

Von der Stichprobe mit Umfang N liegen als Maßzahlen das Stichprobenmittel $\bar{x}$ und die Standardabweichung s bzw. die Standardabweichung des Stichprobenmittels $s_{\bar{x}}$ vor. Die entsprechenden Maßzahlen für die zugrunde liegende Grundgesamtheit sind μ und σ. Sie sollen aus den Stichprobenwerten geschätzt werden. Da, wie gezeigt, mit wachsendem N der Stichprobenmittelwert gegen μ strebt, so läge es nahe, $\bar{x}$ als Schätzung zu verwenden, d.h. $\bar{x}=\mu$ zu setzen. Dies wäre eine sehr genaue, eine sogenannte Punktschätzung für μ, die in dieser Genauigkeit fast sicher falsch sein wird. Vorsichtiger erscheint es daher zu sagen, μ liegt zwischen ... und ..., wobei man um das Stichprobenmittel nach oben und unten mit Hilfe der Standardabweichung des Stichprobenmittels einen Bereich abgrenzt, in dem μ mit einer gewissen Wahrscheinlichkeit zu vermuten ist, d.h. man formuliert die Schätz-Ungleichung

$$\bar{x}-ks_{\bar{x}} \leqq \mu \leqq \bar{x}+ks_{\bar{x}}.$$

Dabei stellt k gewissermaßen einen Sicherheitsfaktor dar. Er gibt nämlich an, um wieviel der Bereich der Standardabweichung erweitert werden muß, um μ mit einer gewissen Treffsicherheit einzuschließen. Trotzdem wird bei jedem vorgegebenen k immer noch eine gewisse Wahrscheinlichkeit für μ bestehen, außerhalb dieses Intervalls zu liegen, die sogenannte Irrtumswahrscheinlichkeit α. Dabei entsteht sofort folgendes Dilemma: Wählt man etwa, um diese Irrtumswahrscheinlichkeit möglichst klein zu halten, den Sicherheitsfaktor k groß, so wird die Schätzung für μ zwar sicherer, aber auch nichtssagender. (Unserem Beispiel entsprechend würde etwa die Aussage: die mittlere Erythrozytenzahl eines Menschen ist mindestens 0 und höchstens ∞, im mathematischen Sinne eine sichere Aussage mit der Irrtumswahrscheinlichkeit $\alpha=0$ sein, nur hat sie für den Arzt keinen Wert. Verschärft man die Aussage zu: μ liegt zwischen 3,5 und 6,5 Millionen Erythrozyten pro mm^3, so enthält diese Formulierung eine verwertbare Feststellung, allerdings auch ein endliches α.)

Es ergeben sich damit die folgenden zwei Aufgaben:

I. Eine Beziehung zu gewinnen zwischen dem Sicherheitsfaktor k und der zugehörigen Irrtumswahrscheinlichkeit α;

II. zu einer Vereinbarung zu kommen, welches α bei einer Fragestellung noch tragbar erscheint.

Zu I: Bei Vorliegen einer normalverteilten Grundgesamtheit wurde im vorangehenden Abschnitt bereits eine solche Beziehung hergeleitet. Sie lautet:

$$\mu-c\sigma \leqq x \leqq \mu+c\sigma,$$

wobei sich c nach der Formel

(4.3.1) $$\alpha = 1-\Phi(c)$$

aus α errechnen bzw. über eine Tabelle ablesen läßt. Für eine beliebig verteilte Grundgesamtheit lautet die entsprechende Ungleichung

$$\mu - k\sigma \leq x \leq \mu + k\sigma$$

mit

(4.3.2) $$k \geq \frac{1}{\sqrt{\alpha}},$$

d. h. in diesem Fall kann für k nur ein unterer Grenzwert angegeben werden. Wenn an die Stelle einer einzelnen Beobachtung x der Mittelwert $\bar{x}$ aus einer Stichprobe von N Beobachtungen tritt, muß die Standardabweichung s durch $s_{\bar{x}} = \frac{s}{\sqrt{N}}$ ersetzt werden. Analoges gilt, wie sich exakt beweisen läßt, auch für σ; die obigen Ungleichungen nehmen damit die Form

$$\mu - c\frac{\sigma}{\sqrt{N}} \leq \bar{x} \leq \mu + c\frac{\sigma}{\sqrt{N}}$$

$$\mu - k\frac{\sigma}{\sqrt{N}} \leq \bar{x} \leq \mu + k\frac{\sigma}{\sqrt{N}}$$

an. Beide lassen sich auf die Form

$$\bar{x} - c\frac{\sigma}{\sqrt{N}} \leq \mu \leq \bar{x} + c\frac{\sigma}{\sqrt{N}}$$

$$\bar{x} - k\frac{\sigma}{\sqrt{N}} \leq \mu \leq \bar{x} + k\frac{\sigma}{\sqrt{N}}$$

bringen.

Mit diesen beiden Ungleichungen wäre das Problem einer Schätzung für μ aus dem Stichprobenmittel und dem Stichprobenumfang gelöst, wenn die Standardabweichung der Grundgesamtheit σ bereits bekannt wäre. Da dies im allgemeinen nicht der Fall sein wird, muß auch für σ ein Schätzwert eingesetzt werden. Aus ähnlichen Überlegungen wie für μ liegt es nahe, σ durch die Standardabweichung der Stichprobe s wiederzugeben. Es läßt sich im Falle normalverteilter Grundgesamtheit zeigen, daß dieser Ersatz von σ durch s dann tragbar ist, wenn der Stichprobenumfang eine gewisse Größe, etwa $N \geq 200$, besitzt. Im Falle einer beliebig verteilten Grundgesamtheit gelten ähnliche Überlegungen. Damit liegen nun die Schätz-Ungleichungen für normalverteilte und beliebigverteilte Grundgesamtheiten in folgender endgültiger Form vor:

> Gegeben sei eine Stichprobe von $N \geq 200$ Einzelwerten. Sie habe den Mittelwert $\bar{x}$ und die Standardabweichung s. Dann liegt mit einer Irrtumswahrscheinlichkeit α der Mittelwert der zugrunde liegenden Grundgesamtheit zwischen den Grenzen

$$\bar{x} - c \frac{s}{\sqrt{N}} \leq \mu \leq \bar{x} + c \frac{s}{\sqrt{N}},$$

wobei sich im Falle normalverteilter Grundgesamtheit der Faktor c aus α gemäß

$$\alpha = 1 - \Phi(c)$$

berechnen, im Falle beliebig verteilter Grundgesamtheit durch

$$\alpha \leq \frac{1}{c^2}$$

abschätzen läßt.

Hieraus läßt sich auch entnehmen, daß mit genügend großem N das arithmetische Mittel aus den Stichprobenwerten sich beliebig wenig vom Mittelwert der Grundgesamtheit unterscheidet, d.h. $\lim_{N \to \infty} \bar{x} = \mu$. Damit liegt ein weiteres Argument zur Wahl von $\bar{x}$ als Mittelwert für die Stichprobe vor.

Nun wird es in der Medizin, besonders in ihren klinischen Disziplinen, oft nicht möglich sein, Stichprobenerhebungen solchen Umfanges durchzuführen. Es erhebt sich dabei die Frage, nach welcher Vorschrift der Sicherheitsfaktor in solchem Falle zu berechnen ist. Dieses Problem wurde von dem englischen Statistiker *Gosset* (im allgemeinen nur bekannt unter seinem Pseudonym „*Student*") gelöst, allerdings unter der Voraussetzung, daß die Grundgesamtheit normalverteilt ist. Die Rechnungen, die zu aufwendig sind, um sie hier wiederzugeben, führen zu einem Sicherheitsfaktor $t_{v;\alpha}$, wobei v die Zahl der Freiheitsgrade, in diesem Fall $N-1$, ist. Aus dem Verteilungsgesetz dieser „t-Verteilung nach *Student*" läßt sich, ähnlich wie bei der Normalverteilung, eine Tabelle der t-Werte, die zu einem gegebenen α gehören, aufstellen. Allerdings hängen hierbei die t-Werte über v noch vom Umfang der Stichprobe ab. In der folgenden Übersicht sind einige Werte für t zusammengestellt:

v \ α	0,20	0,10	0,05	0,01	0,001
1	3,08	6,31	12,71	63,66	636,62
2	1,89	2,92	4,30	9,92	31,60
3	1,64	2,35	3,18	5,84	12,92
5	1,48	2,02	2,57	4,03	6,87
10	1,37	1,81	2,23	3,17	4,59
50	1,30	1,68	2,01	2,68	3,50
200	1,29	1,65	1,97	2,60	3,34
∞	1,28	1,64	1,96	2,58	3,29

Man entnimmt dieser Übersicht, daß bei größerem N die t-Werte in die c-Werte der Normalverteilung übergehen.

Die praktische Durchführung einer Schätzung wird also nach der Schätz-Ungleichung von *Student*

$$\bar{x} - t_{v;\alpha} \frac{s}{\sqrt{N}} \leq \mu \leq \bar{x} + t_{v;\alpha} \frac{s}{\sqrt{N}} \quad \text{mit} \quad v = N - 1$$

erfolgen, wobei der zu einer vorgegebenen Irrtumswahrscheinlichkeit α gehörende Sicherheitsfaktor t aus einer Tabelle der t-Verteilung entnommen werden kann. Die Schätzung setzt allerdings eine normalverteilte Grundgesamtheit voraus. Dies wird meist stillschweigend zugestanden, obwohl diese Annahme sicher in manchen Fällen nicht berechtigt ist. Um bei kleinen Stichproben sicher nicht normalverteilter Grundgesamtheiten doch zu einer Schätzung für μ kommen zu können, müssen andere Wege begangen werden. Doch wäre deren Darstellung hier zu aufwendig.

Zum Problem II, welchen Wert für α man im Einzelfall als Grundlage für die Schätzung wählen sollte, ist zu sagen, daß es hier keine allgemeingültige Vorschrift gibt. Es haben sich im internationalen Schrifttum als üblicherweise benutzte Grenzwerte die folgenden drei $\alpha = 0{,}05$ (5%), $\alpha = 0{,}01$ (1%), $\alpha = 0{,}001$ (0,1%) eingebürgert; doch stellen diese drei Werte nur eine stillschweigende Vereinbarung dar. Gerade deshalb sollte es sich aber jeder, der statistische Methoden bei einer wissenschaftlichen Untersuchung anwendet, zur Pflicht machen, den von ihm benutzten Grenzwert für α nicht zu verschweigen, sondern bei seinen Ergebnissen mit anzugeben.

4.4 Die Prüfgleichung zum t-Test und ihre Anwendung

Die Schätzungleichung von *Student* läßt sich noch anders interpretieren: Mit einer Irrtumswahrscheinlichkeit α ist die Differenz zwischen $\bar{x}$ und μ höchstens $= +t_{v;\alpha} \frac{s}{\sqrt{N}}$ und mindestens $= -t_{v;\alpha} \frac{s}{\sqrt{N}}$, d. h. mit α ist der Extremwert der absoluten Abweichung $(x - \mu)$ über

$$(4.4.1) \qquad \frac{|\bar{x} - \mu|}{s_{\bar{x}}} = t_{v;\alpha} \quad \text{mit} \quad v = N - 1 \quad \text{und} \quad s_{\bar{x}} = \frac{s}{\sqrt{N}}$$

bestimmt. Aus dieser Prüfgleichung ist die Wahrscheinlichkeit α zu entnehmen, mit der zu erwarten ist, daß sich Stichprobenmittel $\bar{x}$ und Mittelwert der zugrunde liegenden Grundgesamtheit μ nur zufallsmäßig um die vorgegebene absolute Differenz unterscheiden. Über die beiden Nebenbedingungen und die tabellenmäßig dargestellte Verbindung von $t_{v;\alpha}$ mit v und α verknüpft (4.4.1) fünf Größen: den Stichprobenumfang N, das Stichprobenmittel $\bar{x}$, die Standardabweichung der Stichprobe s, den Mittelwert der Grundgesamtheit μ und die Wahrscheinlichkeit α. Wenn vier von diesen Größen bekannt sind, läßt sich aus der Prüfgleichung die fünfte berechnen. Im vorigen Abschnitt wurden $N, \bar{x}, s$ als bekannt vorausgesetzt, für α ein Wert vorgegeben (Sicherheitsschranke der Schätzung). Damit war μ berechenbar, d.h. ließ sich innerhalb von zwei Vertrauensgrenzen einschließen. Unter den vier anderen Möglichkeiten für eine gesuchte Größe ist von besonderer Wichtigkeit die folgende: Es mögen wieder als Ergebnis eines Stichprobenversuchs $N, \bar{x}$ und s vorliegen. Aus theoretischen Überlegungen oder auch aus früheren Erfahrungen werde für μ ein bestimmter Wert angenommen. Wie groß ist dann die Wahrscheinlichkeit, daß die Stichprobe aus dieser Grundgesamtheit stammt, oder etwas anders formuliert, wie groß ist die Wahrscheinlichkeit, daß – obwohl diese Stichprobe $N, \bar{x}, s$ aus der Grundgesamtheit μ stammt – die absolute Differenz $|\bar{x}-\mu|$ mindestens den vorgegebenen, von Null verschiedenen Wert hat? Auch diese Frage ist mit der Prüfgleichung lösbar, indem zunächst $t_{v;\alpha}$ numerisch berechnet, dann aus der t-Tabelle mit diesem Wert das zugehörige α ermittelt wird.

Zwei Fragen drängen sich auf: Wie gelangt man zu einer Aussage über μ, und wie interpretiert man den errechneten α-Wert? Zur ersten Frage wurde bereits gesagt, daß es oft Erfahrungen aus früheren großen Versuchsreihen sind, deren $\bar{x}$ allmählich so gesichert erscheint, daß man es als μ interpretiert. Ein rein theoretischer Wert ist nur in der Mathematik zu erwarten; wenn z. B. aus hundert gezeichneten Dreiecken die gemessenen Winkelsummen zu einer „Versuchsreihe" vereinigt werden, so folgt selbstverständlich aus den Axiomen der euklidischen Geometrie

$$\mu = 180°.$$

In diesem Fall würde ein Abweichen $|\bar{x}-\mu| = |\bar{x}-180°|$ auf Zeichen- und Meßungenauigkeit und evtl. auf die Fragwürdigkeit des Vorliegens der euklidischen Geometrie in der Natur hinweisen. Für die Medizin ist ein häufig gebrauchter Schätzwert für μ

$$\mu = 0.$$

Er folgt aus einer sogenannten „Nullhypothese".

Ein Beispiel mag diesen Begriff und das Vorgehen erläutern: N vergleichbare Versuchspersonen werden einer entsprechenden körperlichen Belastung ausgesetzt und die Pulsfrequenz vor und nach der Belastung gemessen. Die aus beiden Pulszahlen ermittelte Differenz, der Pulsanstieg, wird als Merkmal x der Auswertung zugrunde gelegt. Es läßt sich dann Mittelwert $\bar{x}$ und Standardabweichung s berechnen, wobei im allgemeinen $\bar{x}$ einen Wert größer als 0 besitzen wird. Die zu prüfende Frage lautet: wie kommt dieses positive $\bar{x}$ zustande? Zur Beantwortung verhilft eine Zusammenstellung aller möglichen Ursachen. Das sind in diesem Fall ein Einfluß der Belastung selbst (systematischer Faktor), ein Einfluß der biologischen Variabilität (völlig gleich werden sich nie zwei Versuchspersonen verhalten) und zufällige Meßfehler (Genauigkeit und vor allem Gleichzeitigkeit der Pulszählungen besonders nach Belastung). In Zeichen ergibt sich somit

(4.4.2) $$x_i = \mu \pm \Delta x_{i_{\text{Biol}}} \pm \Delta x_{i_{\text{Mess}}}.$$

Der zweite und dritte Summand wird stets vorhanden sein. Ob der erste $\neq 0$ ist, soll festgestellt werden. Dazu wird versuchsweise $\mu=0$ angenommen und mit den Werten $\bar{x}, s, N$ über die Prüfgleichung α bestimmt. α gibt dann die Wahrscheinlichkeit an, mit der trotz $\mu=0$ (d.h. trotz der Nullhypothese: „die Belastung habe keinen Einfluß auf die Pulszunahme") mindestens der tatsächlich gemessene Wert von

$\bar{x}$ zu erwarten ist. Nun bleibt die zweite Frage: Angenommen, $\alpha = 0{,}9999$, dann wird man intuitiv sagen, die Nullhypothese ist fast sicher gültig (sie ist „anzunehmen"). Angenommen aber, $\alpha = 0{,}00001$, in diesem Fall ist die Nullhypothese sicher ungültig (sie ist zu „verwerfen"). Im ersten Fall würde man somit schließen, körperliche Belastung beeinflußt die Pulsfrequenz nicht, im zweiten, körperliche Belastung führt sicher zum Pulsanstieg (oder etwas vorsichtiger formuliert: körperliche Belastung ist sicher mit einem Pulsanstieg verknüpft). Nun liegen die α-Werte meist nicht so extrem (durch zu extrem liegende α-Werte wird man eher angeregt, nach einem Rechenfehler zu suchen), wie interpretiert man dann aber etwa $\alpha = 0{,}05$, $\alpha = 0{,}1$ usw.? Natürlicherweise ist man geneigt, bei kleinem α die Nullhypothese zu verwerfen, bei großem α anzunehmen, doch ist dazu die Festlegung einer Grenze erforderlich. Ein solcher Grenzwert α_G trennt Annahme- und Verwerfungsbereich für die Hypothese gemäß der Vorschrift

a) $\alpha < \alpha_G$ (Nullhypothese ist zu verwerfen),
b) $\alpha > \alpha_G$ (Nullhypothese ist anzunehmen; besser: wird nicht verworfen),
c) $\alpha = \alpha_G$ (dieser Fall wird meist a) zugeordnet).

Eine solche Grenze kann nur durch Übereinkunft festgelegt werden. In der Medizin haben sich die Festsetzungen $\alpha = 0{,}05$, $= 0{,}01$, $= 0{,}001$ (5%, 1%, 0,1%) eingebürgert. Welche von ihnen gewählt wird, hängt von den Folgen der Entscheidung ab. Deshalb muß diese gewählte Grenze stets angegeben werden. Eine Angabe in einer wissenschaftlichen Arbeit: das Versuchsergebnis war „signifikant" von 0 verschieden, ist eine wertlose Behauptung, solange nicht hinzugesetzt wird, auf welches α_G sich diese Feststellung gründet. Daher sei an dieser Stelle eine III. Merkregel für die Anwendung statistischer Maßnahmen formuliert:

Merkregel III:
„Signifikanz" ist nur eine Vereinbarung über die Grenzwahrscheinlichkeit α_G.
Diese Vereinbarung muß stets mit angegeben werden!

Unabhängig von der Festlegung der Trenngrenze α_G muß man sich auf jeden Fall über die Fehlermöglichkeiten einer Aussage im klaren sein. Bei $\alpha \leq \alpha_G$, d. h. im Verwerfungsbereich, ist es trotzdem möglich, daß die Abweichungen zwischen Stichprobenmittel und Grundgesamtheit nur auf Zufall beruhen. Die Wahrscheinlichkeit, einen solchen „Fehler erster Art" zu begehen, d.h. irrtümlich eine Signifikanz anzunehmen, ist gerade durch α gegeben. Umgekehrt besteht beim Annehmen der Null-Hypothese ($\alpha > \alpha_G$) immer eine gewisse Wahrscheinlichkeit (mit β bezeichnet), einen „Fehler zweiter Art" zu begehen, d.h. eine in Wirklichkeit doch vorhandene Signifikanz unter den zufälligen Faktoren nicht zu erkennen. Zwischen α und β besteht im allgemeinen kein einfacher Zusammenhang, doch läßt sich auf jeden Fall feststellen, daß β mit verkleinertem α wächst und umgekehrt. Auf diesen Zusammenhang wird später noch einmal zurückzukommen sein.

Die Prüfgleichung für den t-Test läßt sich in vielfacher Weise verallgemeinern. Ohne auf mathematische Einzelheiten einzugehen, sei die Prüfgleichung in ihrer allgemeinsten Form dargestellt

(4.4.3) $$\frac{|G - \Gamma|}{s_G} = t_{v;\alpha}.$$

Dabei bedeutet G eine nach irgend einer Rechenvorschrift aus einer Versuchsreihe abgeleitete Größe, s_G einen ihr zugeordneten Wert (ihre Standardabweichung) und Γ den zu G gehörenden Wert in der zugrunde liegenden Grundgesamtheit. v gibt wieder die Zahl der Freiheitsgrade an, d. h. hängt mit dem Stichprobenumfang N zusammen, α ist die Wahrscheinlichkeit, daß $|G-\Gamma|$ nur zufällig von 0 verschieden ist, d. h. daß G von Γ nur zufällig abweicht.

α ist somit ein Maß für die Gültigkeit der Hypothese: Die Stichprobe mit der Meßgröße G stammt aus einer Grundgesamtheit mit dem entsprechenden Wert Γ. Von den vielen Möglichkeiten, G zu interpretieren (Differenz von Mittelwerten, Regressionskoeffizient, Korrelationskoeffizient usw.) sei hier nur die erste besprochen.

Es liegen zwei Stichproben
I. $(N_I, \bar{x}_I, s_I)$
II. $(N_{II}, \bar{x}_{II}, s_{II})$

vor, sie entstammen den Grundgesamtheiten mit den Mittelwerten μ_I bzw. μ_{II}.

Die Frage lautet: Folgt aus $\bar{x}_I \neq \bar{x}_{II}$ auch

$$\mu_I \neq \mu_{II},$$

d. h.: Ist der beobachtete Unterschied in den Stichprobenmitteln so erheblich, daß auf Verschiedenheit der Grundgesamtheiten geschlossen werden darf (ist der Unterschied „signifikant")? Wenn man in (4.4.3)

(4.4.4) $$G = \bar{x}_I - \bar{x}_{II} = D$$

sowie

(4.4.5) $$\Gamma = \mu_I - \mu_{II} = \Delta$$

setzt und $\Delta = 0$ annimmt (Null-Hypothese), so könnte aus

(4.4.6) $$\frac{|\bar{x}_I - \bar{x}_{II}|}{s_D} = t_{v;\alpha}$$

die Wahrscheinlichkeit für das Zutreffen dieser Null-Hypothese errechnet werden, wenn für v und s_D Rechenvorschriften aufgestellt werden könnten. Für s_D ist eine solche Vorschrift bereits abgeleitet worden (4.1.14). Für v liegt es nahe,

d. h.
$$v = v_I + v_{II},$$
$$v = N_I + N_{II} - 2$$

zu formulieren (der exakte Beweis für diese „Analogie" läßt sich erbringen, ist jedoch aufwendig). Nun gilt der Ansatz (4.1.14) für s_D in dieser Form

(4.4.7) $$s_D = \sqrt{\frac{s_I^2}{N_I} + \frac{s_{II}^2}{N_{II}}}$$

eigentlich nur, wenn s_I^2 und s_{II}^2 so verschieden sind, daß auch $\sigma_I^2 \neq \sigma_{II}^2$ angenommen werden kann. Da bei den Grundgesamtheiten ein gleicher Mittelwert $\mu_I = \mu_{II}$ vorausgesetzt worden ist (Null-Hypothese), so liegt es nahe, ist aber nicht notwendig, $\sigma_I^2 = \sigma_{II}^2$ anzunehmen, so daß sich s_I^2 und s_{II}^2 nur zufällig voneinander unterscheiden. In diesem Fall wird man besser aus s_I^2 und s_{II}^2 einen mittleren Wert $\overline{s^2}$ gemäß

$$(4.4.8) \qquad \overline{s^2} = \frac{v_I s_I^2 + v_{II} s_{II}^2}{v_I + v_{II}}$$

bilden (die Faktoren v_I und v_{II} berücksichtigen, daß ein s^2-Wert aus einer größeren Stichprobe auch mit größerem Gewicht zu $\overline{s^2}$ beiträgt). In (4.4.7) eingesetzt, ergibt sich

$$(4.4.9) \qquad s_D = \sqrt{\overline{s^2}\left(\frac{1}{N_I} + \frac{1}{N_{II}}\right)} = \sqrt{\frac{(N_I - 1)s_I^2 + (N_{II} - 1)s_{II}^2}{N_I + N_{II} - 2}} \sqrt{\frac{N_I + N_{II}}{N_I N_{II}}}.$$

Die Prüfgleichung (4.4.6) für den Fall der Differenz zweier Mittelwerte nimmt damit bei der Hypothese $\sigma_I^2 = \sigma_{II}^2$ die Form

$$(4.4.10) \qquad \frac{|x_I - x_{II}|}{\sqrt{\frac{(N_I - 1)s_I^2 + (N_{II} - 1)s_{II}^2}{N_I + N_{II} - 2}}} \sqrt{\frac{N_I N_{II}}{N_I + N_{II}}} = t_{v;\alpha} \quad \text{mit} \quad v = N_I + N_{II} - 2$$

an, während sie für $\sigma_I^2 \neq \sigma_{II}^2$ in der Form

$$(4.4.11) \qquad \frac{|x_I - x_{II}|}{\sqrt{\frac{s_I^2}{N_I} + \frac{s_{II}^2}{N_{II}}}} = t_{v;\alpha} \quad \text{mit} \quad v = f(N_I, N_{II})$$

anzusetzen wäre. Die beiden noch offenen Fragen: wie ist v im zweiten Fall zu berechnen und wie läßt sich aus s_I^2 und s_{II}^2 ermitteln, welcher der beiden Fälle vorliegt, sind lösbar, doch gehen die hierher gehörenden Überlegungen über den gestellten Rahmen hinaus. (Für gleichen Umfang beider Stichproben $N_I = N_{II}$ gehen übrigens die linken Seiten von (4.4.10) und (4.4.11) ineinander über.)

Es muß jedoch darauf hingewiesen werden, daß der t-Test in dieser Form als Prüfung des Unterschiedes zweier Mittelwerte auf Signifikanz in der klinischen Medizin von größter Bedeutung ist. Entsprechen etwa den Versuchspersonen, die zu beiden Stichproben I und II gehören, Patienten mit einer gemeinsamen Diagnose, und ist das einzige Merkmal, in dem sie sich wesentlich voneinander unterscheiden, eine unterschiedliche Therapie bei I und II, so kann damit, wenn als Merkmal x ein geeignetes Kriterium einer klinischen Wirkung verwendet wird, ein wirklicher von einem scheinbaren Unterschied im Therapieerfolg abgegrenzt werden. Doch muß auch hier wieder darauf hingewiesen werden, daß man bei einer Auswertung, d. h. der Festlegung einer Irrtumswahrscheinlichkeit, mit Fehlern erster und zweiter Art zu rechnen hat. Bei einem zu klein festgelegten α_G wird die Wahrscheinlichkeit, fälschlich eine der beiden Therapien als signifikant überlegen zu bezeichnen, sicher vernachlässigbar klein werden; doch ist dann im Falle $\alpha > \alpha_G$ die Wahrscheinlichkeit, daß sich die beiden Therapien doch signifikant unterscheiden, dieser Unterschied nur nicht erkannt worden ist (Fehler zweiter Art), erheblich größer. Auch bezogen auf ein anderes Beispiel, etwa die Abgrenzung von Gesunden und Kranken durch den Ausfall einer diagnostischen Meßgröße, muß man sich über den Einfluß beider Fehler klar sein. Hierbei würde α ein Maß für die Wahrscheinlichkeit abgeben, etwa einen Gesunden irrtümlich als krank zu bezeichnen, während β die Wahrscheinlichkeit darstellt, einen Kranken zu übersehen. Trägt man, das erste Beispiel wieder aufgreifend, die Verteilungen der Erythrozytenzahlen bei gesunden Versuchspersonen und Patienten mit Anaemie gegeneinander auf, läßt sich dieser Zusammenhang zwischen α und β gut darstellen (Abb. 82). Da die Verteilungskurven für haematologisch gesunde Versuchspersonen und Anaemie-Patienten sicher verschiedene Formen aufweisen werden, ist klar, daß kein einfacher rechnerischer Zusammenhang zwischen α und β zu erwarten ist.

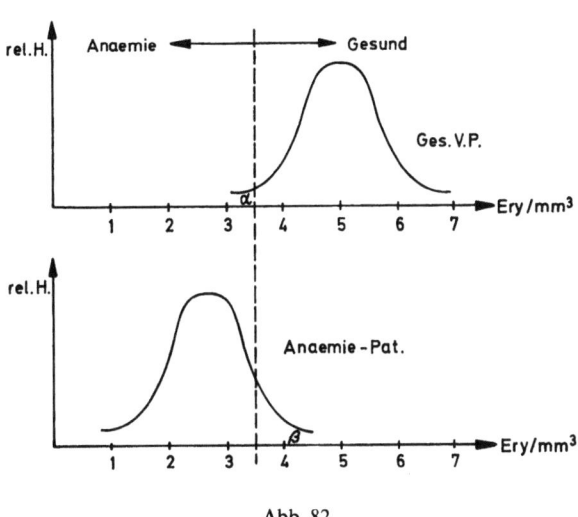

Abb. 82

Nachdem wir damit einen ersten Eindruck von der vielseitigen Verwendbarkeit des t-Tests (der Prüfgleichung) erhalten haben, muß daran erinnert werden, daß der t-Test in der Normalverteilung wurzelt, d.h. nur dann richtige Ergebnisse liefert, wenn die Voraussetzung, daß alle Stichproben hinsichtlich des beobachteten Merkmals angenähert normalverteilten Grundgesamtheiten entstammen, richtig ist. Dazu gibt es Verfahren, mit deren Hilfe das Vorliegen einer Normalität geprüft werden kann, oder es müssen Testverfahren entwickelt werden, die – ähnlich wie die Streuungs-Ungleichung – von dieser Voraussetzung frei sind (sogenannte verteilungsfreie Tests). Auf die erste Möglichkeit werden wir an späterer Stelle noch zurückkommen. Der zweiten Möglichkeit sei der folgende Abschnitt gewidmet.

4.5 Verteilungsfreie Tests als Ersatz für den t-Test
Zwei Beispiele

Um zu einem allgemeingültigen Ansatz zu gelangen, sei das Beispiel der Pulsdifferenz bei Belastung noch einmal betrachtet. Bei jeder der Versuchspersonen sind drei Fälle denkbar: der Puls kann unter Belastung ansteigen ($x>0$, Plus-Ergebnisse), der Puls kann unter Belastung zurückgehen ($x<0$, Minus-Ergebnisse) und der Puls kann gleichbleiben ($x=0$, unbestimmte Ergebnisse). Von der letzten Möglichkeit sei zunächst einmal abgesehen. Wenn unter N Ergebnissen etwa $n+ = \dfrac{N}{2}$ Plus-Ergebnisse beobachtet werden, würde man die Nullhypothese intuitiv annehmen. Wenn dagegen alle Ergebnisse ausschließlich Plus- oder Minus-Ergebnisse wären, würde man sie intuitiv verwerfen. Es bleibt die Frage, wie man verfährt, wenn allgemein n^+ Plus-Ergebnisse unter N Ergebnissen beobachtet worden sind. Dazu muß die Wahrscheinlichkeit errechnet werden, die bei nur zufälligem Zustandekommen von Plus- oder Minus-Ergebnissen (Null-Hypothese) zu einem beobachteten n^+ gehört. Experimentell ist diese Wahrscheinlichkeit zu ermitteln etwa durch Wurf von N Münzen auf den Boden, wobei man abzählen kann, wie häufig unter den Würfen solche sind, bei denen n^+ Münzen die Kopf-, der Rest $(N-n^+)$ die Wappenseite zeigen. Zum theoretischen Ansatz wird neben den bisher eingeführten Rechenregeln über Wahrscheinlichkeiten noch der Multiplikationssatz („Sowohl-als-auch-Satz") benötigt. Auch er wird aus den relativen Häufigkeiten verständlich. Zum Beispiel ergibt sich die relative Häufigkeit, mit zwei Würfeln eine Doppelsechs zu werfen, zu $H = \dfrac{a}{N} = \dfrac{1}{36} = \dfrac{1}{6} \cdot \dfrac{1}{6}$; denn unter $N=36$ möglichen Ergebnissen ist nur eines vorhanden ($a=1$), das das geforderte Merkmal trägt. Da die relative Häufigkeit, mit einem Würfel eine Sechs zu werfen, sich entsprechend zu $h=\tfrac{1}{6}$ ergibt, gilt hier

$$H(6 \wedge 6) = h_1(6) \cdot h_2(6)$$

($\wedge$ bedeutet das logische „und").

Verallgemeinert man diesen Satz und überträgt ihn bei wachsender Fallzahl auf die Wahrscheinlichkeiten, so lautet er für zwei Ereignisse E_1 und E_2

(4.5.1) $$W(E_1 \wedge E_2) = W(E_1) \cdot W(E_2).$$

Dabei ist zur Anwendung dieses Multiplikationssatzes Voraussetzung, daß die beiden Ereignisse voneinander unabhängig sind, eine Voraussetzung, deren Erfülltsein man sich besonders bei biologischen Größen genau zu überlegen hat.

Wenn die Wahrscheinlichkeit, unter Belastung einen echten Pulsanstieg zu zeigen, für alle Versuchspersonen gleich angenommen wird – ihr Wert sei p –, dann ist nach den bereits besprochenen Regeln über Wahrscheinlichkeiten die komplementäre, d.h. die Wahrscheinlichkeit, daß die Pulszahl unter Belastung abnimmt, gegeben durch $q=1-p$. Nach dem Multiplikationssatz ist dann die Wahrscheinlichkeit, daß unter N Versuchspersonen n^+ bestimmte unter ihnen einen Pulsanstieg und die restlichen $N-n^+$ eine Pulsabnahme zeigen, gegeben durch

$$p^{n^+}(1-p)^{N-n^+}.$$

Aus diesem Ausdruck ergibt sich die Wahrscheinlichkeit, daß n^+ beliebige unter ihnen einen Pulsanstieg zeigen, gemäß den Regeln der Kombinatorik zu

(4.5.2) $$W_N(n^+) = \binom{N}{n^+} p^{n^+}(1-p)^{N-n^+};$$

denn sie wird um so viel größer sein, wie es Möglichkeiten gibt, aus N Personen Gruppen zu n^+ zusammenzustellen. Diese Zahl an Möglichkeiten ist bei der Kombinatorik bereits abgeleitet worden (vgl. 1.1.21). Nimmt man nun im Sinne der Null-Hypothese an, daß Pulsanstieg und Pulsabnahme gleich wahrscheinlich sind, d.h. $p=q$, so folgt aus $p+q=1$ sofort $p=q=\frac{1}{2}$, und (4.5.2) wird zu

(4.5.3) $$W_N(n^+) = \binom{N}{n^+} \frac{1}{2^N}.$$

Hieraus ergibt sich nach dem bereits eingeführten Additionsgesetz für Wahrscheinlichkeiten („Entweder-oder-Regel") für die Wahrscheinlichkeit, daß unter N Versuchspersonen entweder n_a^+ oder $n_a^+ + 1$ oder ... oder n_b^+ Pulsanstiege beobachtet werden, zu

(4.5.4) $$W_N(n_a^+ \vee n_a^+ + 1 \vee \cdots \vee n_b^+) = \frac{1}{2^N} \sum_{x=n_a^+}^{nb^+} \binom{N}{x} = W(n_a^+ \leq n^+ \leq n_b^+) = 1 - \alpha.$$

Hierbei bedeutet α wieder die Wahrscheinlichkeit, daß trotz Gültigkeit der Null-Hypothese die beobachtete Zahl von positiven Ergebnissen außerhalb des vorgegebenen Bereiches $(n_a^+; n_b^+)$ liegt. Die Formel verknüpft damit den Bereich $(n_a^+; n_b^+)$ für ein gegebenes N mit α und ist in dieser Form tabelliert (Tabelle zum Zeichentest). Damit kann zu einer beobachteten Zahl von n positiven Ergebnissen unter N Beobachtungen die zugehörige Wahrscheinlichkeit ermittelt werden (Zeichentest). Falls nun unter den N Ergebnissen $n^{(0)}$ weder positives noch negatives Zeichen aufweisen, so ist die Differenz $N - n^{(0)}$ anstelle von N in Formel bzw. Tabelle zu benutzen. Da in diesem Test keine Voraussetzung über die Verteilung in der Grundgesamtheit benutzt worden ist, liefert der Zeichentest allgemein gültige Aussagen. Seine Anwendung ist außerdem nahezu ohne alle Rechenarbeit, da keine Parameter wie $\bar{x}$ oder s benötigt werden. Der Umfang der Stichprobe und die Anzahl der Ergebnisse gleichen Vorzeichens sind alles, was an Angaben verlangt wird.

Auch für den Vergleich zweier Stichproben läßt sich ein ähnlich allgemein aufgebauter Test durch folgende Überlegung gewinnen: Ordnet („Rangiert") man etwa alle Werte aus beiden Stichproben nur nach steigender bzw. fallender Größe, so sind auch hier zwei Extremfälle denkbar. Sie mögen bei einem Gedankenversuch von einer Reihe mit vier und einer mit drei Ergebnissen (Abb. 83) veranschaulicht werden. Der erste Extremfall liegt vor, wenn bei dieser Anordnung nach der Größe die beiden Stichproben sauber getrennt bleiben (z.B. wenn der kleinste Wert der Stichprobe I immer noch größer als der größte Wert der Stichprobe II ausfällt oder umgekehrt), der andere Extremfall ergibt sich, wenn die Vertreter beider Stichproben in alternierender Reihenfolge auftreten. Wieder würde man rein intuitiv im ersten Fall die Null-Hypothese verwerfen (einen signifikanten Unterschied beider

Zwei Reihen von Meßwerten

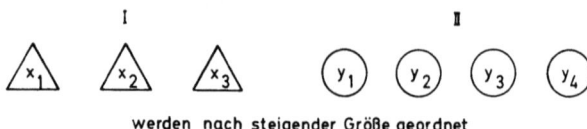

werden nach steigender Größe geordnet

Erster Fall:

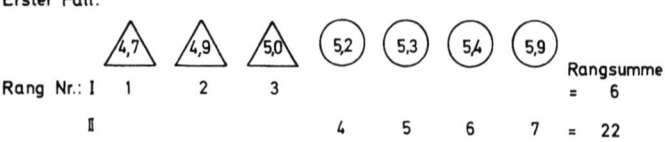

								Rangsumme
Rang Nr.: I	1	2	3					= 6
II				4	5	6	7	= 22

Zweiter Fall:

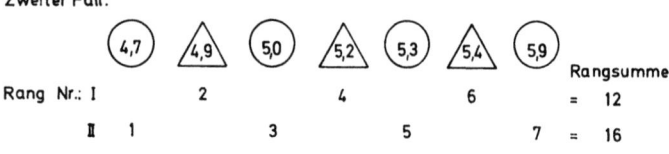

								Rangsumme
Rang Nr.: I		2		4		6		= 12
II	1		3		5		7	= 16

Dritter Fall:

								Rangsumme
Rang Nr.: I		2			5		7	= 14
II	1		3	4		6		= 14

Abb. 83

Stichproben annehmen), im zweiten Fall die Null-Hypothese beibehalten (die unterschiedlichen Ergebnisse beider Stichproben nur auf Zufälligkeiten zurückführen). Im allgemeinen werden die Ergebnisse zwischen diesen Extremfällen liegen, wie etwa Fall c in der Abbildung angibt. Auch hierbei kann man, wie die dritte Zeile des Schemas zeigt, jedem einzelnen Meßergebnis eine Rangnummer 0 zuordnen. Die Summe der Rangnummern aller Werte, die zur Stichprobe I gehören, gibt dann eine Maßzahl

$$T_1 = 0 \quad \text{(im Beispiel } T_1 = 2 + 5 + 7 = 14\text{).}$$

Allerdings ist bei der Zuordnung der Rangnummern noch eine Mehrdeutigkeit zu beseitigen, wenn nämlich zwei oder mehr aufeinanderfolgende Werte gleiche Größen aufweisen und verschiedenen Stichproben zugehören. Wenn etwa der 7., 8. und 9. Wert gleich groß sind, einer von diesen dreien der Stichprobe I, die beiden anderen der Stichprobe II zugehören, so würden folgende Möglichkeiten der Zuordnung von Rangnummern bestehen (Abb. 84):

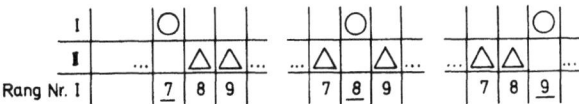

Abb. 84

(Bei der Berechnung von T_I würde jeweils die unterschiedliche Rangziffer verwendet werden.)

Wie diese Gegenüberstellung zeigt, würden damit verschiedene Werte von T_I resultieren. Um sie auszuschließen, verfährt man bei solchen sogenannten Bindungen zwischen den Zeilen folgendermaßen: Man bildet aus den laufenden Nummern aller zu einer Bindung gehörenden Meßwerte das arithmetische Mittel und ordnet dieses den einzelnen Werten zu. In unserem Beispiel würde damit jeder der drei Meßwerte die Ordnungszahl $\frac{7+8+9}{3} = 8$ erhalten, und damit wäre der Einfluß der Reihenfolge ausgeschaltet. Ähnlich wie beim Zeichentest läßt sich durch Überlegungen, die der Kombinatorik entstammen, hier allerdings verwickelter sind, zu jedem Paar von Werten N_I, N_{II} und einem beobachteten T_I ein zugehöriges α berechnen (*Wilcoxon*-Test). Diese Rechnung ist durchgeführt und ebenfalls in Tabellen niedergelegt. Zur praktischen Durchführung dieses *Wilcoxon*-Tests hat man danach die Werte beider Stichproben in der oben angegebenen Weise zu ordnen (zu „rangieren"), unter Berücksichtigung der Bindungen Ordnungszahlen einzuführen und aus ihnen die Summe aller Ordnungszahlen zu einer Stichprobe, etwa I, zu bilden. Unter Benutzung der Tabelle läßt sich dann aus dem Umfang beider Stichproben und dem errechneten T_I die Wahrscheinlichkeit α ermitteln, nach welcher das beobachtete Ergebnis unter nur zufälligen Bedingungen (bei Annahme der Null-Hypothese) höchstens zu erwarten wäre. Auch dieser Test, der nach seiner Methodik als Rangtest bezeichnet wird, setzt keinerlei Annahmen über die Gestalt der zugrunde liegenden Verteilung voraus. Seine Ergebnisse sind deshalb ebenfalls allgemein gültig, und die Rechenarbeit ist, obwohl etwas aufwendiger als beim Zeichentest, doch immer noch unvergleichlich geringer als etwa beim *t*-Test.

Es ergibt sich, nachdem als Ersatz für den *t*-Test bei Einzelwerten der Zeichentest und beim Vergleich von zwei Stichproben der *Wilcoxon*-Test als allgemein gültige und gleichzeitig erheblich einfacher zu handhabende Testverfahren gewonnen werden konnten, die Frage, warum der *t*-Test überhaupt noch benutzt werden muß. Dazu sei daran erinnert, daß bei jedem Test mit Fehlern erster und zweiter Art zu rechnen ist, die Fehler erster Art sind verknüpft mit der bisher allein betrachteten Wahrscheinlichkeit α; die Wahrscheinlichkeit aber, einen Fehler zweiter Art zu begehen, d. h. eine verborgene Signifikanz zu übersehen, wird durch β gegeben, und danach ergibt $1-\beta$ die Wahrscheinlichkeit, bei einem angewendeten Testverfahren eine verborgene Signifikanz doch noch zu erkennen. Diese Wahrscheinlichkeit wird als Macht M eines Tests bezeichnet. Mathematische Überlegungen, die hier nicht gebracht werden können, führen dabei zu dem Ergebnis, daß der Zeichen- wie auch der *Wilcoxon*-Test bei annähernd normalverteilten Grundgesamtheiten eine geringere Macht als der t-Test aufweisen, d. h. ein Ergebnis, das nach einem der beiden ersten Tests im Annahmebereich der Null-Hypothese liegen würde, könnte bei Anwendung des t-Tests, falls Normalverteilung vorliegt, doch noch zum Verwerfen der Null-Hypothese führen. Hiernach ergibt sich das praktische Vorgehen: Man wendet zunächst einen verteilungsfreien und möglichst einfachen Test an (Zeichentest, *Wilcoxon*-Test). Führt dieses Testverfahren bereits wegen $\alpha \leq \alpha_G$ zu einem Verwerfen der Null-Hypothese, so kann die statistische Auswertung als abgeschlossen gelten. Liegt dagegen der α-Wert oberhalb der verabredeten Grenze, so ist es zweckmäßig, mit einem zwar mehr Rechenaufwand erfordernden und mehr Annahmen über die Gestalt der zugrunde liegenden Verteilung voraussetzenden Test die Auswertung zu wiederholen. Es könnte sein, daß eine verborgene Signifikanz dann doch noch erkannt, d. h. $\alpha \leq \alpha_G$ erhalten wird. Unter allen Tests ist aber der t-Test der mächtigste.

4.6 Beurteilung von Häufigkeitsziffern

Bisher wurde stets vorausgesetzt, daß die Einzelergebnisse einer Stichprobenerhebung Meßwerte waren, d. h. benannte Zahlen, die als Endergebnis einer Meßvorschrift erhalten worden sind und aus denen nach den abgeleiteten Formeln ein Mittelwert und eine Standardabweichung gebildet werden konnten. Doch tauchen in der Medizin ebenso häufig Angaben auf, die nicht Messungen, sondern Zählungen entstammen, z.B. Erkrankungsziffern, Sterbeziffern, Heilerfolgsziffern, Anzahl der Menschen mit bestimmten physiologischen Merkmalen, Anzahl der Patienten mit bestimmten diagnostischen Kriterien usw. Bezogen auf den Umfang der Beobachtungsreihe N führen sie zum Begriff der relativen Häufigkeit in den Stichprobe h, z.B. als Stichprobenmorbidität, -letalität usw. Auch hierbei gehört jede Stichprobe zu einer Grundgesamtheit, in der dieser Angabe die relative Häufigkeit in der Grundgesamtheit, d. h. die Wahrscheinlichkeit des Auftretens p, entspricht (wahre Morbidität usw.). Es erhebt sich dabei das analoge Problem, aus Aussagen über die h zu Vermutungen über die p zu gelangen. Zwei Wege bieten sich an: Die Übertragung der bisher bei den Meßwerten erarbeiteten Ansätze auf die Häufigkeiten und damit Erschließung auch dieses Problems für den t-Test oder die Ausarbeitung besonderer, auf Häufigkeitsziffern angepaßter neuer Testverfahren. Der erste Weg sei kurz angedeutet, der zweite ausführlich erläutert.

Wenn in einer Beobachtungsreihe vom Umfang N eine Größe gemessen wird, so führt sie bei hinreichend großer Empfindlichkeit der Meßmethodik im allgemeinen auf N verschiedene Stichprobenwerte $x_1, x_2, ..., x_N$ (z.B. Messungen der

Körperlänge mit besonders empfindlicher Meßanordnung). Benutzt man gröbere Meßgeräte (in unserem Beispiel etwa eine Meßlatte, die nur alle 5 cm eine Markierung trägt), so werden weniger als N verschiedene Werte erhalten, ein gleiches Ergebnis taucht mehrfach auf. Diesen Gedanken kann man bis zum Extrem fortführen (z. B. eine Meßlatte, die nur noch eine Marke trägt). Es werden dann nur noch zwei verschiedene x-Werte erhalten, je nachdem ob die Körpergröße oberhalb oder unterhalb der Marke liegt. (Der Grenzfall kann durch Vorschrift einer der beiden Klassen zugeordnet werden). Da es auf die Bezeichnung des Meßwertes nicht ankommt (ob die Körpergröße in mm, cm oder Zoll angegeben wird, ist belanglos), sei den Merkmalsträgern der ersten Klasse das Größenmaß „1", denen der zweiten Klasse das Größenmaß „0" zugeordnet. Angenommen, unter den N Versuchspersonen sind a Träger des Merkmals „1", d.h. $N-a$ Träger des Merkmals „0", so ergibt sich nach (4.1.1) der Mittelwert zu

(4.6.1)
$$\bar{x} = \frac{\overbrace{1+1+\cdots+1}+\overbrace{0+0+\cdots+0}}{N} = \frac{a}{N} = h,$$

d. h. dem Mittelwert entspricht zahlenmäßig die relative Häufigkeit der Versuchspersonen mit dem Größenmaß „1" (allgemeiner ausgedrückt: die relative Häufigkeit der Träger des Merkmals „1"). Entsprechend führt die Anwendung der Formel (4.1.7) mit der Umformung (4.1.9) zu

(4.6.2) $\quad s = \sqrt{\dfrac{(1^2+\cdots+1^2+0^2+\cdots+0^2)-\bar{x}(1+\cdots+1+0+\cdots+0)}{N-1}}$

$= \sqrt{\dfrac{a-ha}{N-1}} = \sqrt{\dfrac{Nh(1-h)}{N-1}},$

woraus nach (4.1.12) schließlich

(4.6.3) $\quad\quad\quad s_{\bar{x}} = s_h = \sqrt{\dfrac{h(1-h)}{N-1}}$

folgt. Damit läßt sich aber der u-Test bei großem Stichprobenumfang anwenden und ergibt mit den entsprechenden Bezeichnungen die Prüfgleichung

(4.6.4) $\quad\quad\quad \dfrac{|h-p|}{\sqrt{\dfrac{h(1-h)}{N-1}}} = u_\alpha$

für Häufigkeiten. Mit Hilfe dieser Prüfgleichung läßt sich etwa die Wahrscheinlichkeit α errechnen, daß eine Stichprobenhäufigkeit h von einer Wahrscheinlichkeit p um den Betrag $|h-p| \geq \varepsilon$ abweicht, obwohl die Stichprobe aus dieser Grundgesamtheit stammt (Nullhypothese). Ähnlich lassen sich auch Probleme des Vergleichs zweier Stichproben lösen.

Zu einer über den t-Test hinausführenden Prüfvorschrift gelangt man durch einen anderen Ansatz. Er sei zunächst an einigen Beispielen erläutert.

Beispiel A. Unter 100 (N) Versuchspersonen mögen 38 (a_1) die Blutgruppe 0, 42 (a_2) die Blutgruppe A, 14 (a_3) die Blutgruppe B und 6 (a_4) die Blutgruppe AB aufweisen. Die Stichprobenverteilung hinsichtlich des Merkmals „Blutgruppe" gibt somit eine Einteilung in 4 Merkmalsklassen mit ihren Besetzungszahlen (auch absolute Häufigkeiten genannt) nach folgendem Schema:

Blutgruppe	0	A	B	AB	
beobachtet	38	42	14	6	100
	(a_1)	(a_2)	(a_3)	(a_4)	(N)

Es soll hierbei die Hypothese geprüft werden, daß alle Blutgruppen in der Grundgesamtheit gleich wahrscheinlich sind. Bei absoluter Gültigkeit dieser Hypothese müßten unter den 100 Versuchspersonen alle 4 Besetzungszahlen $\varepsilon = 25$ lauten. Die Aufgabe besteht damit darin, zu dem Zwei-Zeilen-Schema

Blutgruppe	0	A	B	AB	N
beobachtet (a_i)	38	42	14	6	100
erwartet (ε_i)	25	25	25	25	100

die Wahrscheinlichkeit α zu ermitteln, daß die beiden Zeilen trotz der Hypothese (Gleichverteilung des Merkmals) die durch Beobachtung und Rechnung festgelegten 8 Werte aufweisen.

Beispiel B. Bei einem Kreuzungsversuch an Mirabilis Jalapa seien die Blütenfarben rot, rosa und weiß bei einer Versuchsreihe von 100 mit den Besetzungszahlen

Blütenfarbe	rot	rosa	weiß	N
beobachtet	23	59	18	100

beobachtet worden. Bei Gültigkeit der *Mendel*schen Spaltungsregel würden aber die entsprechenden Besetzungszahlen 25, 50, 25 bei 100 Beobachtungen zu erwarten sein. Das entsprechende Schema der Klassenverteilung ergibt sich somit zu:

Blütenfarbe	rot	rosa	weiß	N
beobachtet (a_i)	23	59	18	100
erwartet (ε_i)	25	50	25	100

Wieder lautet die Aufgabe, zu diesen 6 Zahlen die Wahrscheinlichkeit α zu ermitteln, daß die beobachteten Unterschiede zwischen Experiment und Hypothese nur zufällig sind.

Beispiel C. Bei einer Klausurarbeit wurden von 50 Studenten die Bewertungsnoten 1 bis 6 in folgender Klassenverteilung erreicht:

Prüfungsnote (x_i)	1	2	3	4	5	6	N
beobachtet (a_i)	1	3	19	22	3	2	50

Es soll geprüft werden, wieweit diese Stichprobenverteilung noch als eine Normalverteilung angesehen werden darf. Zur Berechnung der Erwartungszahlen $\varepsilon_i = \varepsilon(x_i)$ kann die Formel (4.2.30) in etwas geänderter Gestalt

(4.6.5) $$W\left(x_i - \frac{\Delta x}{2} \leq x \leq x_i + \frac{\Delta x}{2}\right) = \frac{1}{\sigma\sqrt{2\pi}} e^{-\frac{1}{2}\left(\frac{x_i - \mu}{\sigma}\right)^2} \Delta x$$

herangezogen werden (x_i Merkmalsklasse, Δx Klassenbreite, d. h. der Unterschied zweier aufeinander folgender Merkmalswerte, in diesem Fall 1). Setzt man für μ und σ die aus den beobachteten Besetzungszahlen a_i zu errechnenden Werte $\bar{x}$ und s ein, wobei $\bar{x}$ über (4.2.11) nach

(4.6.6) $$\bar{x} = \sum_{i=1}^{6} x_i \frac{a_i}{N}$$

und weiter s über (4.2.13) nach

(4.6.7) $$s^2 = \frac{N}{N-1} \sum (x_i - \bar{x})^2 \frac{a_i}{N}$$

errechnet werden, ergibt sich wegen

(4.6.8) $$W\left(x_i - \frac{\Delta x}{2} \leq x \leq x_i + \frac{\Delta x}{2}\right) = \frac{\varepsilon_i}{N}$$

die Rechenvorschrift für ε_i zu

(4.6.9) $$\varepsilon_i = \frac{N}{s\sqrt{2\pi}} e^{-\frac{1}{2}\left(\frac{x_i - \bar{x}}{s}\right)^2}.$$

Bestimmt man nach dieser Formel die ε_i-Werte und stellt sie den beobachteten a-Werten gegenüber, so ergibt sich folgendes Zwei-Zeilen-Schema:

Prüfungsnote	1	2	3	4	5	6	N
beobachtet (a_i)	1	3	19	22	3	2	50
erwartet (ε_i)	0,5	5,4	17,6	19,3	6,5	0,7	50

Auch hierbei besteht das Problem, diesen 12 Zahlen ein α zuzuordnen.

Nun noch ein etwas komplizierter aufgebautes Beispiel.

Beispiel D. Es seien bei 250 Patienten mit Ulc. ventr., 127 Patienten mit Ca. ventr. und an 100 gesunden Versuchspersonen die Blutgruppen bestimmt worden.

Dabei haben sich folgende Besetzungszahlen ergeben:

Blutgruppe	0	A	B	AB	N_i	
ulc. ventr. (a_{1j})	119	77	38	16	250 ⎫	
Ca. ventr. (a_{2j})	42	62	15	8	127 ⎬ beobachtet (a_{ij})
gesunde VP (a_{3j})	38	42	14	6	100 ⎭	
insgesamt (a_j)	199 (a_1)	181 (a_2)	67 (a_3)	30 (a_4)	477 (N)	

Die zu prüfende Hypothese möge in diesem Fall lauten: Alle drei Personenkreise verhalten sich hinsichtlich der Blutgruppenverteilung völlig gleichwertig. Beobachtete Unterschiede in den relativen Häufigkeiten sind nur zufälliger Natur. Zu den Erwartungswerten ε_{ij} (ebenfalls ein Schema von drei Zeilen und vier Spalten) gelangt man durch folgende Überlegung: Wenn unter 477 (N) insgesamt 199 (a_1) Träger der Blutgruppe „0" sind, müssen bei Gültigkeit der Hypothese unter 250 (N_1) ulc.-ventr.-Patienten $\frac{199}{477} \cdot 250 = \varepsilon_{11}$ Träger der Blutgruppe „0" erwartet werden. Ähnlich errechnen sich alle anderen Werte nach der Vorschrift

$$\varepsilon_{ij} = \frac{a_j \cdot N_i}{N}.$$

Es steht damit dem Schema der a_{ij} ein gleichgestaltetes Schema hypothetischer Besetzungszahlen ε_{ij} mit gleichen Zeilen- und Spaltensummen gegenüber. Im vorliegenden Fall lautet es:

Blutgruppe	0	A	B	AB		
ulc. ventr. (ε_{1j})	104	95	35	16	250 ⎫	
Ca. ventr. (ε_{2j})	53	48	18	8	127 ⎬ erwartet (ε_{ij})
gesunde VP (ε_{3j})	42	38	14	6	100 ⎭	
	199	181	67	30	477	

In allen vier Beispielen sind eine Anzahl von beobachteten Besetzungszahlen a_{ij} mit denen aus Annahme einer Hypothese für den gleichen Stichprobenumfang folgenden erwarteten Besetzungszahlen ε_{ij} zu vergleichen. Die Zahl der Zeilen, d.h. der zu vergleichenden Stichproben kann 1 oder mehr, die der zu vergleichenden Merkmalsklassen 2 oder mehr betragen (im t-Test ist nur die Möglichkeit von zwei Merkmalsklassen und bis zu 2 Stichproben enthalten). Ein vergleichendes Maß wird durch folgendes Vorgehen nahegelegt: Man bildet eine weitere Zeile (Beispiele A bis C) oder ein weiteres Schema (Beispiel D) mit den Werten $\frac{(a_{ij} - \varepsilon_{ij})^2}{\varepsilon_{ij}}$.

Die Differenz als Maß des Abweichens zwischen Beobachtung und Hypothese ist plausibel, ihr Quadrat wird gewählt, um von den Vorzeichen abzukommen, und die Division durch die Erwartungswerte liefert vergleichbare Angaben (z. B. kann eine Differenz $a-\varepsilon=4$ durch $6-2$ oder durch $208-204$ zustande kommen. Sie besagt aber im ersten Fall erheblich mehr über ein Abweichen von Beobachtung und Hypothese). Um diese Einzelabweichungsmaße in einer Zahlenangabe zusammenzufassen, werden sie addiert, und diese Summe wird herkömmlicherweise mit dem Buchstaben χ^2 bezeichnet. Es gilt also

(4.6.10)
$$\chi^2 = \sum_{i=1}^{n} \sum_{j=1}^{k} \frac{(a_{ij}-\varepsilon_{ij})^2}{\varepsilon_{ij}}.$$

Für dieses χ^2 läßt sich nun unter der Voraussetzung, daß die einzelnen Stichproben annähernd normal verteilten Grundgesamtheiten entstammen, eine Verteilungsfunktion, die χ^2-Verteilung nach *Pearson* (von allerdings nicht einfacher Struktur) gewinnen $\chi^2 = \chi^2_{v;\alpha}$. Diese Verteilungsfunktion erlaubt, zu einem errechneten Zahlenwert für χ^2 unter Kenntnis der Freiheitsgrade eine Wahrscheinlichkeit α zu bestimmen. Diese Wahrscheinlichkeit gibt wie in früheren Abschnitten ein Maß für die Verträglichkeit der Hypothese mit den beobachteten Besetzungszahlen an. Die Verteilungsfunktion ist tabelliert, so daß nur noch eine Vorschrift zur Bestimmung der Freiheitsgrade v benötigt wird. Sie ergibt sich, auf die Einzelheiten der mathematischen Begründung kann hier nicht eingegangen werden, bei den Beispielen A bis C als Anzahl der Merkmalsklassen k vermindert um die Bedingungsgleichungen, die von den ε_i erfüllt werden müssen. Da in allen drei Fällen $\sum_{i=1}^{k} \varepsilon_i = N$ ergeben muß, besteht in jedem Fall zunächst eine Bedingungsgleichung. Beim Beispiel B ist der Mittelwert der ε-Verteilung (in diesem Fall liegt eine *Bernoulli*-Verteilung vor, die wir bereits beim Zeichentest (4.5.2) kennengelernt haben) auf den Mittelwert der a-Verteilung anzugleichen. Im Beispiel C müssen μ und σ der Normalverteilung mit dem $\bar{x}$ und s der beobachteten Verteilung übereinstimmen. Damit liegen weitere 1 bzw. 2 Bedingungsgleichungen vor. Die Zahl der Freiheitsgrade lautet somit im Beispiel A $v=4-1=3$,

im Beispiel B $\qquad v=3-2=1$
und im Beispiel C $\qquad v=6-3=3$

(allerdings vermindert sich hierbei die Zahl der Freiheitsgrade weiter, worauf noch einzugehen ist). Am plausibelsten erscheint die Rechenvorschrift für v beim Beispiel D. Da die ε_{ij} so gewählt werden müssen, daß sich die gleichen Zeilen- und Spaltensummen wie bei den a-Werten ergeben, ist gewissermaßen eine der Zeilen und eine der Spalten überflüssig. Sie könnten bei dem ε_{ij}-Schema ausgelöscht werden und wären doch sofort wieder zu ergänzen. Damit liegen also nur $n-1$ Zeilen und $k-1$ Spalten von unabhängigen Werten vor, d.h. $v=(n-1)(k-1)$ (beim Beispiel D also $v=(3-1)(4-1)=6$). Abschließend sei noch eine Bemerkung zur Praxis des χ^2-Tests angeführt. Es handelt sich bei allen seinen Varianten darum, eine oder mehrere Zeilen von a-Werten mit den Zeilen der hypothetischen ε-Werte zu vergleichen. Dazu müssen für jedes Paar zusammengehöriger Zeilen folgende drei Bedingungen erfüllt sein:

I. Sie müssen in den Klassenzahlen übereinstimmen.
II. Sie müssen von gleichem Umfang sein.
III. Die ε-Besetzungszahlen sollen möglichst nicht kleiner als 5 sein.

Bedingung I und II sind einleuchtend und auch leicht zu verwirklichen (gegebenenfalls Zusammenfassen von Klassen), Bedingung III ergibt sich aus der Theorie. Man muß also zu schwach besetzte ε-Klassen zusammenfassen. Im Beispiel C müssen daher die Merkmalsklassen 1 und 2 sowie 5 und 6 vereinigt werden. Damit bleiben dann nur noch 4 Klassen, d.h. ein Freiheitsgrad, übrig. Führt man die Rechnung durch, so erhält man bei den 4 Beispielen folgende Werte:

	χ^2	v	α	Zugrunde gelegte Hypothese wird bei $\alpha_G = 0{,}05$
Beispiel A	37,6	3	$< 0{,}0005$	verworfen
Beispiel B	3,74	1	$\gtrsim 0{,}05$	gerade noch nicht verworfen
Beispiel C	1,74	1	$\approx 0{,}18$	nicht verworfen
Beispiel D	13,14	6	$\approx 0{,}03$	verworfen

Im einzelnen läßt sich bei den Beispielen damit folgendes feststellen: Die Blutgruppen kommen nicht mit gleicher Häufigkeit vor (Beispiel A), die *Mendel*sche Spaltungsregel steht mit dem vorgelegten Kreuzungsergebnis nicht in Widerspruch (daß α nicht wesentlich größer ausgefallen ist, liegt an dem besonders für genetische Fragestellungen viel zu geringen Stichprobenumfang, Beispiel B). Die Prüfungsnoten sind mit ausreichender Wahrscheinlichkeit normal verteilt (Beispiel C). Die Verteilung einzelner Blutgruppen ist bei den drei Personenkreisen sicher unterschiedlich (Beispiel D). Gerade beim Beispiel D läßt sich weitergehend ein Hinweis gewinnen, welche der einzelnen Besetzungszahlen zu diesem Ergebnis wesentlich beigetragen haben. Es ergibt sich nämlich aus der Betrachtung des Schemas für die 12 Einzelsummanden zur χ^2-Größe, daß die großen Zahlen nur bei den Blutgruppen 0 und A bei ulc.- und Ca.-Patienten auftauchen. Man kann daher weiter folgern, daß eine abweichende Blutgruppenverteilung dieser beiden Patientengruppen dadurch zustande kommt, daß bei den ulc.-Patienten die Blutgruppe 0 häufiger, bei den Ca.-Patienten die Blutgruppe A häufiger auftritt, als bei zufälliger Verteilung zu erwarten wäre. Mit diesem Hinweis ist es dann im allgemeinen möglich, durch Zusammenfassen wenig unterschiedlicher Klassen bis zu Alternativen vorzudringen, auf die dann der u-Test oder ein zweiter χ^2-Test angewendet werden kann.

4.7 Beschreibung und Prüfung von Zusammenhängen

Häufig ist bei medizinischen Untersuchungen der Fall gegeben, daß in einer Stichprobe nicht nur ein, sondern zwei Merkmale (sie seien mit x und y bezeichnet) beobachtet bzw. gemessen werden. Jedem Einzelversuch der Stichprobe kommt damit ein Wertepaar $(x_i; y_i)$ zu. Neben die getrennte Beurteilung der Einzelmerk-

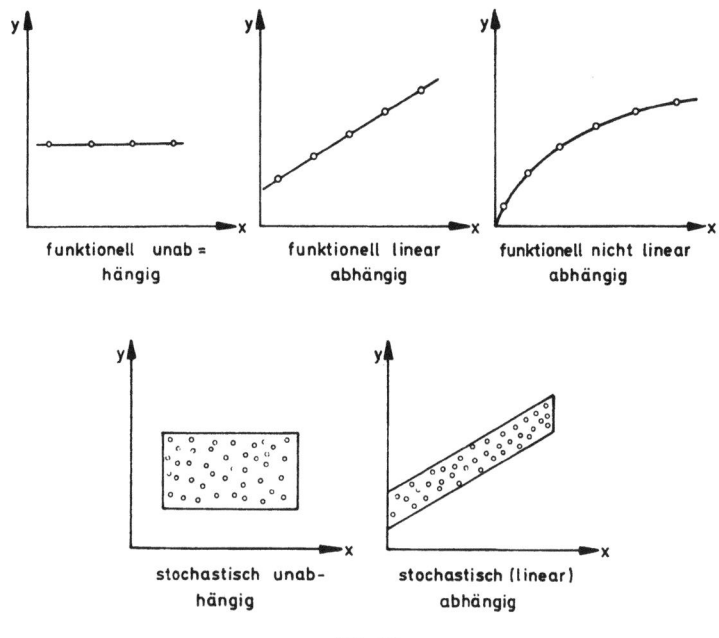

Abb. 85

male über die Bildung von Stichprobenmitteln $\bar{x}$ und $\bar{y}$ sowie deren Standardabweichungen s_x und s_y (in diesem Fall müssen die Standardabweichungen durch Indices besonders gekennzeichnet werden) tritt die zusätzliche Frage, ob eine Koppelung zwischen den beiden Merkmalen besteht, in dem Sinne, daß eine Änderung von x eine entsprechende Änderung von y nach sich zieht. Nehmen wir einmal vereinfachend an, alle zufälligen Faktoren, welche die Verschiedenheit der Einzelergebnisse beeinflussen, können ausgeschaltet werden. Dann würden, wenn die einzelnen Wertpaare als Punkte in einem x; y-Koordinatensystem aufgetragen würden, theoretisch die in der Abb. 85 dargestellten Möglichkeiten vorhanden sein. Der erste Fall (alle Punkte liegen auf einer der x-Achse parallelen Geraden, d.h. ihr Steigungsmaß sei 0) würde bedeuten, daß unabhängig davon, welchen Wert x annimmt, der zugehörige y-Wert seinen konstanten Wert beibehält, d.h. die Merkmale x und y sind voneinander unabhängig. In den anderen Fällen (die Punkte liegen auf einer nicht horizontalen Geraden mit einem von 0 verschiedenen Steigungsmaß oder die Punkte liegen auf irgendwelchen Kurven) besteht offensichtlich ein funktionaler Zusammenhang zwischen y und x, der im besonderen linear oder nicht linear sein kann. Im folgenden soll nur die Frage eines linearen Zusammenhanges behandelt werden, denn die Möglichkeiten, auch bei einem nicht linearen Zusammenhang zu einem rechnerischen Ansatz zu gelangen, gehen aus den Betrachtungen ohne weiteres hervor. Auch wird man in der Praxis bei nicht linearen

Zusammenhängen meist versuchen, durch geeignete Skalentransformation (Verwendung von Spezialkoordinatenpapier) die Darstellung der Punktreihe linear zu gestalten. Es kommt daher darauf an zu entscheiden, ob die Verbindungsgerade der Meßpunkte ein von 0 verschiedenes Steigungsmaß hat oder nicht.

Nun ist in der Medizin stets zusätzlich mit der Wirkung zufälliger Faktoren (biologische Variabilität und zufällige Meßfehler) zu rechnen, so daß die Diagramme der Meßpunkte im Falle der Unabhängigkeit bzw. linearen Abhängigkeit die unteren Bilder der Abbildung liefern. Hierbei wäre also zu entscheiden, ob der von den Meßpunkten erfüllte Bereich mehr einem achsenparallelen Rechteck oder mehr einem langgestreckten und nicht mehr der x-Achse parallelen Parallelogramm ähnelt. Wenn die Punkte so liegen, wie in der Abbildung angedeutet, fällt die Entscheidung nicht schwer. In praxi sind jedoch alle Übergangsformen möglich. Damit ergibt sich zunächst die Aufgabe, einem solchen Punkteschwarm die optimale Gerade, man bezeichnet sie als Regressionsgerade von y auf x, zuzuordnen. Nach einer schon häufiger zugrunde gelegten Forderung von *Gauß* wird unter allen möglichen Geraden, die durch einen gegebenen Punkteschwarm gelegt werden können, diejenige als optimal bezeichnet, bei der die Summe der Abweichungsquadrate zwischen den Punkte- und zugehörigen Geradenordinaten ein Minimum wird. Setzt man die Gleichung der Regressionsgeraden in der Form

(4.7.1) $$\eta = a + bx$$

an, wobei b das Steigungsmaß (in diesem Fall als Regressionskoeffizient bezeichnet) bedeutet, so werden die Ordinatendifferenzen d_i zwischen y_i und Geradenordinaten η_i, $d_i = y_i - \eta_i$ sich zu $d_i = y_i - a - b x_i$ ergeben. Die Summe ihrer Quadrate Q ist damit

(4.7.2) $$Q = \sum_{i=1}^{N} d_i^2 = \sum_{i=1}^{N} (y_i - a - b x_i)^2 = Q(a,b).$$

Sie stellt eine Funktion der beiden unbekannten Parameter a und b dar, die so zu bestimmen sind, daß Q ein Minimum annimmt. Diese Aufgabe ist bereits in einem früheren Abschnitt als Beispiel behandelt worden (2.4.36) und führte zu den Ergebnissen

(4.7.3) $$b = \frac{\sum_{i=1}^{N} x_i y_i - \bar{y} \sum_{i=1}^{N} x_i}{\sum_{i=1}^{N} x_i^2 - \bar{x} \sum_{i=1}^{N} x_i}$$

und

(4.7.4) $$a = \bar{y} - b \bar{x}.$$

Setzt man (4.7.4) in (4.7.1) ein, so erhält man die Gleichung der Regressionsgeraden in der Form

(4.7.5) $$\eta - \bar{y} = b(x - \bar{x}).$$

Aus ihr ist ersichtlich, daß die optimale Regressionsgerade stets durch den Mittelwertpunkt (Koordinaten $\bar{x}$ und $\bar{y}$) verlaufen muß, was ein erstes Hilfsmittel zu ihrer Konstruktion liefert. Der Regressionskoeffizient (4.7.3) läßt sich umformen zu

$$(4.7.6) \quad b = \frac{\sum_{i=1}^{N}[(x_i-\bar{x})(y_i-\bar{y})]}{\sum_{i=1}^{N}[(x_i-\bar{x})^2]} = \frac{\sum x_i y_i - \bar{y}\sum x_i - \bar{x}(\sum y_i - N\bar{y})}{\sum x_i^2 - 2\bar{x}\sum x_i + N\bar{x}^2} = \frac{\sum x_i y_i - \bar{y}\sum x_i}{\sum x_i^2 - \bar{x}\sum x_i},$$

wobei man erkennt, daß sein Nenner mit dem Zähler der Varianz der x-Werte übereinstimmt, während sein Zähler den Zähler eines gemischten Varianzmaßes (der sogenannten Kovarianz) zwischen x und y angibt. Mit dieser Formel ist auch gleichzeitig der offengelassene Beweis nachgeholt, daß bei der Rechenregel für Standardabweichungen (4.1.10) Unabhängigkeit der beiden Merkmale vorausgesetzt werden mußte, denn nur dann ist der Anstieg der Regressionsgeraden 0, und damit verschwindet die Doppelsumme im Zähler des Regressionskoeffizienten sowie im letzten Glied der Schlußzeile von (4.1.11). An dieser Stelle sei darauf hingewiesen, daß ganz gleich, wie der Punktschwarm beschaffen ist, d.h. die Meßergebnisse im einzelnen liegen, stets eine durch die *Gauß*sche Vorschrift definierte Regressionsgerade bestimmt und mit ihr den x, y-Werten ein Regressionskoeffizient b zugeordnet werden kann. Ein solcher, im allgemeinen von Null verschiedener Regressionskoeffizient einer Stichprobe beweist natürlich noch nicht, ob der der zugehörigen Grundgesamtheit zugeordnete Regressionskoeffizient β ebenfalls von Null verschieden ist. Dazu werde wieder der t-Test in seiner allgemeinen Form (4.4.3) angesetzt. Er lautet mit entsprechend geänderten Bezeichnungen

$$(4.7.7) \quad \frac{|b-\beta|}{s_b} = t_{v;\alpha} \quad \text{mit} \quad v = N-2.$$

Die Zahl der Freiheitsgrade ist hierbei um zwei geringer als die Anzahl der Meßpunkte, da zwei Punkte in jedem Fall eine Regressionsgerade bestimmen. Entscheidend ist aber, ob die $N-2$ übrigen auf ihr oder genügend nahe bei ihr liegen. Aus dieser Prüfgleichung läßt sich bei Annahme der Null-Hypothese ($\beta=0$) für ein aus der Stichprobe ermitteltes b und s_b die Wahrscheinlichkeit errechnen, die besteht, daß b, obwohl die Stichprobe aus einer Grundgesamtheit mit $\beta=0$ stammt, doch den vorgegebenen, von Null verschiedenen Wert besitzt. Nur wenn diese Wahrscheinlichkeit hinreichend klein ist (unterhalb einer als Signifikanzschranke vorgegebenen Grenzwahrscheinlichkeit α_G liegt), wird die Regression zwischen y und x angenommen. Es bleibt noch die Aufgabe, eine Rechenvorschrift für die Standardabweichung des Regressionskoeffizienten s_b zu erarbeiten. Dazu sei von dem quadratischen Abweichungsmaß Q zwischen den Punkten und der Geraden ausgegangen. Es lautet, wenn man (4.7.4) in (4.7.2) einsetzt, etwas umgeformt

$$(4.7.8) \quad Q = \sum_{i=1}^{N}[(y_i-\bar{y})-b(x_i-\bar{x})]^2.$$

Daraus ergibt sich nacheinander unter Benutzung von (4.7.6)

$$Q = \sum_{i=1}^{N}(y_i-\bar{y})^2 - 2b\sum_{i=1}^{N}[(x_i-\bar{x})(y_i-\bar{y})] + b^2\sum_{i=1}^{N}(x_i-\bar{x})^2$$

(4.7.9)
$$= \sum_{i=1}^{N}(y_i-\bar{y})^2 - 2b\sum_{i=1}^{N}[(x_i-\bar{x})(y_i-\bar{y})] + b\sum_{i=1}^{N}[(x_i-\bar{x})(y-\bar{y})]$$

$$= \sum_{i=1}^{N}(y_i-\bar{y})^2 - b\sum_{i=1}^{N}[(x_i-\bar{x})(y_i-\bar{y})],$$

was, wenn man für die Zähler der einzelnen Varianzen die folgenden abkürzenden Symbole

(4.7.10)
$$S_x = \sum_{i=1}^{N} x_i^2 - \bar{x}\sum_{i=1}^{N} x_i = \sum_{i=1}^{N}(x_i-\bar{x})^2$$

$$S_y = \sum_{i=1}^{N} y_i^2 - \bar{y}\sum_{i=1}^{N} y_i = \sum_{i=1}^{N}(y_i-\bar{y})^2$$

$$S_{xy} = \sum_{i=1}^{N} x_i y_i - \bar{y}\sum_{i=1}^{N} x_i = \sum_{i=1}^{N}[(x_i-\bar{x})(y_i-\bar{y})]$$

einführt,

(4.7.11)
$$Q = S_y - b S_{xy}$$

ergibt. Dieser Ausdruck durch die Zahl der Freiheitsgrade $N-2$ dividiert, würde ein Maß für die Varianz der Punktefolge um die Regressionsgerade darstellen; etwa analog wie man von s zu $s_{\bar{x}}$ durch Division mit $\sqrt{N}$ gelangt, läßt sich, die mathematischen Einzelheiten seien übergangen, nachweisen, daß sich für s_b die Formel

(4.7.12)
$$s_b = \frac{s}{\sqrt{S_x}} = \frac{1}{\sqrt{S_x}}\sqrt{\frac{Q}{N-2}} = \sqrt{\frac{S_y - b S_{xy}}{(N-2)S_x}}$$

ergibt. Damit ist der t-Test durchführbar.

Vier ergänzende Bemerkungen müssen noch nachgetragen werden:

1. Da in jedem Fall eine Regressionsgerade nach der gegebenen Vorschrift ermittelt werden kann, wäre es gut, einen Test zur Verfügung zu haben, um zu prüfen, wieweit die Durchführung einer linearen Regression sinnvoll ist, weil die Meßpunkte annähernd linear angeordnet sind, um damit reine Kunstprodukte von Regressionsgeraden (vgl. Abb. 86) von vornherein auszuschalten. Eine solche Testung einer Versuchsreihe auf Linearität ist, allerdings nur bei sogenannten gruppierten Stichproben (d.h. wenn zu einem x stets mehrere y-Werte gehören) möglich, doch führt ihre Beschreibung über die Grenzen dieses Buches hinaus.

2. Sind etwa Regressionskoeffizienten aus zwei verschiedenen Stichproben ermittelt worden (b_I und b_{II}), so taucht, ähnlich wie beim Vergleich zweier Stichprobenmittelwerte, die Frage auf, ob von einer Verschiedenheit dieser beiden b auch auf eine Verschiedenheit in den zugrunde liegenden Grundgesamtheiten geschlossen werden darf, wieweit also aus $b_I \neq b_{II}$ auf $\beta_I \neq \beta_{II}$ geschlossen werden darf. Diese

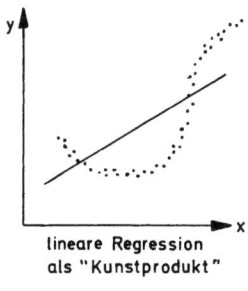

lineare Regression
als "Kunstprodukt"

Abb. 86

Fragestellung läßt sich ebenfalls mit Hilfe des t-Tests beantworten; ähnlich wie beim t-Test zur Prüfung der Differenz zweier Mittelwerte, ergibt sich hierbei ein etwas verwickelt aus s_{bI} und s_{bII} aufgebautes Abweichungsmaß.

3. Bisher wurde stillschweigend vorausgesetzt, daß eines der beiden beobachteten Merkmale als sogenannte unabhängige Größe x und das andere als davon abhängige Größe y anzusehen ist. Eine solche Zuordnung wird in vielen Fällen nahegelegt, z.B. wird man bei physiologischen Versuchsanordnungen immer der auslösenden Reizgröße x die ausgelöste biologische Antwortgröße y zuordnen, ähnlich bei Abhängigkeiten von Umweltfaktoren, vom Alter usw. Aber schon bei diesen letzten Beispielen wird es nicht immer eindeutig sein, ob damit die Größe y wirklich aus der Größe x folgt, wie überhaupt betont werden muß, daß ein signifikant von 0 verschiedener Regressionskoeffizient nur beweist, daß zwischen den beiden Merkmalen eine das Maß des Zufälligen überschreitende Verknüpfung besteht. Ob diese Verknüpfung auf einem kausalen Zusammenhang (x ist die Ursache von y) beruht, kann mit der Statistik allein nicht entschieden werden. Damit sei an dieser Stelle die vierte und letzte Merkregel formuliert:

Merkregel IV:
Ein stochastischer Zusammenhang ist noch kein Beweis für einen kausalen!

In vielen Fällen wird es bei medizinischen Wertepaaren x, y überhaupt unklar sein, ob man eine Regression von y auf x oder eine solche von x auf y durchführen soll. Es ergeben sich dann gemäß unseren Rechenvorschriften zwei verschiedene Regressionskoeffizienten. Sie mögen durch Indices unterschieden sein und lauten

(4.7.13) $$b_{yx} = \frac{s_{xy}}{s_x} \quad \text{und} \quad b_{xy} = \frac{s_{xy}}{s_y}.$$

Damit sind zwei verschiedene Regressionsgeraden

(4.7.14) $$\eta - \bar{y} = b_{yx}(x - \bar{x}) \quad \text{bzw.} \quad \xi - \bar{x} = b_{xy}(y - \bar{y})$$

möglich, die sich im Mittelpunkt des Punkteschwarms schneiden. Konstruiert man in solchen unklaren Fällen vorsichtigerweise beide Geraden, so wird man geneigt sein, den beiden Merkmalen ein um so größeres Maß an Verknüpfung zuzuordnen, je besser die beiden Geraden aufeinander liegen, d.h. je kleiner ihr Schnittwinkel ist. Führt man diese Überlegungen weiter aus, auch hier seien die Einzelheiten übergangen, so gelangt man zu einem Verknüpfungsmaß, das durch den geometrischen Mittelwert aus beiden möglichen Regressionskoeffizienten gemäß

$$(4.7.15) \qquad r = \sqrt{b_{yx} b_{xy}} = \frac{s_{xy}}{\sqrt{s_x s_y}}$$

gegeben ist und keine der beiden Größen mehr bevorzugt. Es ist unter dem Namen Korrelationskoeffizient bekannt und kann aus den gleichen Hilfsgrößen wie die Regressionskoeffizienten errechnet werden. Wie sich zeigen läßt, ist dieser Korrelationskoeffizient im allgemeinen ein positiver oder negativer echter Bruch, der seine beiden Grenzen $r = +1$ oder -1 im Falle streng linearer Abhängigkeit, den mittleren Wert $r = 0$ bei stochastischer Unabhängigkeit annimmt. Um eine signifikante Verknüpfung nachzuweisen, ist es somit auch hier erforderlich zu prüfen, wie groß die Wahrscheinlichkeit ist, daß bei einem Korrelationskoeffizienten in der Grundgesamtheit $\rho = 0$ trotzdem in der Stichprobe ein vorgegebenes $r \neq 0$ erhalten werden kann. Die Prüfgleichung für den t-Test lautet in diesem Falle

$$(4.7.16) \qquad \frac{|r - \rho|}{s_r} = t_{v;\alpha} \quad \text{mit} \quad v = N - 2,$$

wobei sich für s_r die Formel

$$(4.7.17) \qquad s_r = \sqrt{\frac{1 - r^2}{N - 2}}$$

ableiten läßt.

4. Als letzte Bemerkung sei erwähnt, daß auch für das Problem der Korrelation voraussetzungslose Rangtests existieren. Der bekannteste unter ihnen, die Rangkorrelation nach *Spearman*, sei in Prinzip und Vorgehen kurz beschrieben. Wenn man die Wertepaare einmal nach steigender Größe der x_i, zum anderen nach steigender Größe der y_i linear anordnet (rangiert), so ergeben sich für jedes Wertepaar zwei Rangziffern $0_{x:i}$ $0_{y:i}$. Dabei sind wieder folgende Extremfälle denkbar: a) beide Anordnungen sind identisch, d. h. die beiden Rangziffern eines Wertepaares sind stets gleich, ihre Differenz 0. b) die beiden Anordnungen sind streng gegenläufig, auch dann bestehen bestimmte Gesetzmäßigkeiten für die Zuordnung der Rangziffern bzw. für ihre Differenzen. c) die Anordnungen sind völlig unabhängig voneinander, ordnet man sie nach einer Rangziffer an, so sind die anderen als Permutationen zufallsmäßig verteilt. Damit ist das Prinzip dieser Rangkorrelation und das weitere Vorgehen einleuchtend. Es muß für die Abweichung der beiden Rangnummern ein numerisches Maß definiert werden und unter Annahme der Null-Hypothese für jede Größe dieses Maßes die zugehörige Anzahl möglicher Permutationen der Rangziffern ermittelt werden. Ihre Anzahl gibt dann ein Maß für die Wahrscheinlichkeit α ab. Ohne auf Einzelheiten einzugehen, sei hier nur der sogenannte *Spearman*sche Rangkorrelationskoeffizient R definiert

$$(4.7.18) \qquad R = 1 - \frac{6}{N^3 - N} \sum_{i=1}^{N} D_i^2 \quad \text{mit} \quad D_i = 0_{x:i} - 0_{y:i},$$

wobei D_i für jedes Wertepaar die Differenz der beiden Rangziffern bedeutet. Auch dieser Rangkorrelationskoeffizient variiert als echter Bruch zwischen den beiden Extremwerten $+1$ und -1. Sein Abweichen von 0 bildet ein Maß für die Größe und damit Signifikanz einer Korrelation. Die zu einem N bei vorgegebenem α gehörenden zulässigen Maximalgrößen für R sind in Tabellen zusammengestellt, so daß auch dieser Test neben der Voraussetzungslosigkeit keine größere Rechenarbeit erforderlich macht. Allerdings muß auch hier wie bei den anderen Rangtests gegenüber dem t-Test mit einem Verlust an Macht gerechnet werden. Das praktische Vorgehen bei der Anwendung wird daher nach ähnlichen Regeln, wie sie beim *Wilcoxon*-Test beschrieben sind, erfolgen.

5. Zur Anwendung mathematischer Methoden in der medizinischen Datenverarbeitung

5.0 Vorbemerkung

Als Daten können in der Medizin numerische und nichtnumerische Angaben auftreten. Numerische Angaben, d. h. Zahlen, kommen in den Formen

Anzahlen
(unbenannte Zahlen als Ergebnis von Zählungen),
Maßzahlen
(benannte Zahlen als Ergebnis von Messungen) und
Ordnungszahlen
(symbolische Kennzeichnung von Kategorien durch Ziffern)

vor. Nichtnumerische Angaben bestehen aus Wörtern und Sätzen und werden durch sogenannte alpha-numerische Zeichenreihen schriftlich dargestellt.

Eine Datenverarbeitungsanlage, mag sie ein elektronisches System, ein Maschinenlochkarten-System oder ein Handlochkarten-System darstellen, muß imstande sein, diese Daten in konzentrierter Form zu speichern, auf Wunsch einzelne Daten wieder herauszusuchen, nach vorgegebenen Anweisungen Daten bestimmter Kennzeichnung zu Gruppen zusammenzustellen und schließlich aus den gespeicherten Daten nach vorgegebenen Anweisungen neue Daten zu ermitteln. Diese Ermittlung neuer Daten bedeutet bei den Zahlen, durch Rechenvorschriften aus ihnen neue Zahlen zu gewinnen; bei den nichtnumerischen Angaben die Herstellung bestimmter logischer Relationen zwischen ihnen. Im folgenden wird zwar im wesentlichen auf die elektronische Datenverarbeitung Bezug genommen, doch gelten die hier behandelten Gesetzmäßigkeiten ganz allgemein für jede technische Verwirklichung einer Datenverarbeitung. Da das Bearbeiten von numerischen Daten, d. h. das „elektronische Rechnen", leichter zu verstehen ist als die „elektronische Logik" und außerdem die hier abgeleiteten Regeln auch für die nichtnumerische Datenverarbeitung eine Grundlage bilden, so sei das elektronische Rechnen vorangestellt.

Vorbedingung ist jedenfalls die Umwandlung der herkömmlicherweise in Sprache und Schrift fixierten Daten in eine system-adaequate Form. Nun können Daten von einem System nur erkannt bzw. gespeichert werden, wenn sie die einfachste Form einer Alternative, d. h. eine Ja-Nein-Entscheidung besitzen. Diese Ja-Nein-Entscheidung kann je nach dem verwendeten technischen System in verschiedenster Weise realisiert werden: eine bestimmte Stelle auf einem Magnetband ist magnetisiert oder entmagnetisiert, ein Transistor steht auf Sperr- oder auf Durchlaßbereich, eine Röhre kann „brennen" oder nicht brennen, ein Relais kann ein- oder ausgeschaltet sein; schließlich kann eine Maschinenlochkarte an einer bestimmten Lochstelle gelocht oder ungelocht sein, eine Nadellochkarte gekerbt oder ungekerbt sein. Diese Beispiele mögen genügen. Es ist daher notwendig, die verschiedenen verwendeten umgangssprachlichen Zeichen (Ziffern, Buchstaben, Satzzeichen usw.) in Folgen solcher Alternativangaben umzuwandeln. Die Erarbeitung von solchen Zuordnungsvorschriften und von Regeln zur Zeichenumwandlung werden daher die erste Aufgabe des folgenden Abschnitts sein.

Als nächste Aufgabe müssen die elementaren Rechenoperationen mit diesen binären Zeichenreihen erklärt und die zugehörigen Rechenregeln aufgestellt werden. Schließlich wird zu zeigen sein, wie auch kompliziertere Rechenvorschriften, z. B. die Ermittlung eines bestimmten Integrals, die Bestimmung der Lösung von Gleichungs- und Differentialgleichungssystemen, auf eine Folge von Grundoperationen zurückgeführt werden können.

Im übernächsten Abschnitt wird dann zunächst die Zuordnungsvorschrift auf Buchstaben und Sonderzeichen zu erweitern sein. Danach wird gezeigt werden, wie es möglich ist, logische Zusammenhänge zwischen einzelnen Begriffen in die Form algebraischer Gleichungen zu kleiden, und wie schließlich mit Hilfe dieser Gleichungen das Herstellen und Umformen logischer Zusammenhänge auf eine Art „Begriffsrechnen" zurückgeführt werden kann (*Boole*sche Algebra).

Schon hier mag darauf hingewiesen sein, daß diese beiden Abschnitte keine Einführung in die automatische Datenverarbeitung geben können; doch sollen sie die Verbindung zwischen den mathematischen Grundkenntnissen und den hierbei erforderlichen formalen Begriffen herstellen und damit das Hineinfinden in die entsprechenden Fachlehrbücher erleichtern.

5.1 Mathematische Grundlagen des elektronischen Rechnens

Wir sind gewohnt, Zahlen im dekadischen Zahlensystem darzustellen und in diesem System zu rechnen. Die dekadische Darstellung einer Zahl ergibt sich durch ihre Zerlegung in eine Reihe von Zehnerpotenzen. So läßt sich z. B. die Zahl 1968 darstellen als

$$1968 = 8 \cdot 10^0 + 6 \cdot 10^1 + 9 \cdot 10^2 + 1 \cdot 10^3.$$

Allgemein ergibt sich die dekadische Ziffernfolge einer beliebigen Zahl N über

(5.1.1) $$N_{(10)} = a_0 10^0 + a_1 10^1 + a_2 10^2 + \cdots,$$

wobei a_0 die Einerziffer, a_1 die Zehnerziffer usw. bedeuten. Es ist ohne weiteres ersichtlich, daß man zur dekadischen Darstellung Ziffern für die Zahlen von 1–9 sowie für die 0, also insgesamt 10 Zeichen braucht. Das Rechnen mit dekadischen Zahlen beruht auf zwei Grundtabellen für die Addition bzw. für die Multiplikation zweier Ziffern. Die Tabelle für die Ziffernaddition (das sogenannte kleine „Einsundeins") lautet

(5.1.2)

+	0	1	2	3	.....	9
0	0	1	2	3	.....	9
1	1	2	3	4	.....	10
2	2	3	4	5	.....	11
3	3	4	5	6	.....	12
..	.	.	.	.	.....	.
9	9	10	11	12	.....	18

Sie ergibt sich aus dem Elementarprozeß des Zählens. Aus dieser Tabelle läßt sich durch wiederholte Addition die Tabelle der Ziffernmultiplikation (das sogenannte kleine „Einmaleins") gewinnen:

(5.1.3)

·	0	1	2	3	.....	9
0	0	0	0	0	.....	0
1	0	1	2	3	.....	9
2	0	2	4	6	.....	18
3	0	3	6	9	.....	27
..	.	.	.	.	.....	.
9	0	9	18	27	.....	81

Mit Hilfe der in Abschnitt 1.1 dargestellten – übrigens für jedes beliebige Zahlensystem gültigen – fünf Grundgesetze des Rechnens lassen sich alle Aufgaben des Zahlenrechnens auf eine Folge nacheinander auszuführender Elementaradditionen und Elementarmultiplikationen zurückführen und damit mit Hilfe der Tabellen (5.1.2) und (5.1.3) lösen.

Die Wahl der Zahl 10 als Grundzahl eines Stellensystems hat im wesentlichen historischen Ursprung (in der Zeit- und Winkelrechnung haben sich noch Reste eines Zahlensystems mit der Grundzahl 60 erhalten); doch kann grundsätzlich jede beliebige positive ganze Zahl $g \neq 1$ zur Grundzahl einer Zahlendarstellung gemacht werden:

(5.1.4) $$N = a_0 + a_1 g + a_2 g^2 + \cdots.$$

Es ist sofort einzusehen, daß mit größerer Grundzahl g zwar die Zahlen in kürzerer Form geschrieben werden können (die Stellenzahl wird kleiner), doch werden mehr, nämlich g unterschiedliche Ziffernzeichen, benötigt, und schließlich werden die beiden Tabellen für die Ziffernaddition und Ziffernmultiplikation umfangreicher. Umgekehrt ergeben mit kleinerem g die Zahlen zwar längere Ziffernfolgen, doch wird die Anzahl der benötigten Ziffernzeichen sowie der Umfang der beiden Elementartabellen kleiner. Es war schon immer eine reizvolle Aufgabe, sich mit dem Dualsystem, d. h. dem System mit der kleinstmöglichen Grundzahl $g = 2$

zu beschäftigen. Man benötigt hierbei nur die beiden Zahlzeichen 0 und 1, und die beiden Elementartabellen lauten hier

(5.1.5)

+	0	1
0	0	1
1	1	10

·	0	1
0	0	0
1	0	1

Allerdings werden die Zahlen in diesem System wesentlich länger. So läßt sich etwa die Zahl 1968 in diesem System darstellen als

(5.1.6)
$$1968 = 0\cdot 2^0 + 0\cdot 2^1 + 0\cdot 2^2 + 0\cdot 2^3 + 1\cdot 2^4 + 1\cdot 2^5 + 0\cdot 2^6 + 1\cdot 2^7$$
$$\quad\quad\quad\quad\quad\quad\quad\quad\quad\quad\quad\quad\quad (16)\quad (32)\quad\quad\quad (128)$$
$$+ 1\cdot 2^8 + 1\cdot 2^9 + 1\cdot 2^{10} = 11\ 110\ 110\ 000.$$
$$(256)\ (512)\ (1024)$$

Es wird somit eine 11ziffrige Dual- anstelle der 4ziffrigen Dezimalzahl erhalten. Man kann nun jede Rechenaufgabe in Dezimalzahlen dadurch lösen, daß man die Zahlen der Aufgabe entsprechend der Anweisung (5.1.6) in Dualzahlen verwandelt, mit diesen Dualzahlen unter Verwendung der beiden Elementartabellen (5.1.5) und der Grundgesetze des Rechnens die Aufgabe in diesem Zahlensystem durchführt (zwar umständlicher, aber mit sehr wenigen verschiedenen Rechenoperationen) und zum Schluß das Ergebnis wieder in eine Dezimalzahl zurückverwandelt.

Da bei einer elektronischen Anlage die Ziffern 0 und 1 auf verschiedene Weisen als Alternativen technisch verwirklicht werden können – Einzelheiten wurden im vorigen Abschnitt erwähnt –, hat dieser Umweg, Rechenaufgaben im Dualsystem zu lösen, praktische Bedeutung bekommen.

Um eine Rechenaufgabe mit beliebigen Zahlen damit elektronisch lösen zu können, müssen folgende Einzelaufgaben durchgeführt werden:

1. Umwandlung der gegebenen Zahlen in duale Ziffernfolgen,
2. Übertragung dieser Dualzahlen in elektronische Zustände des Systems („Eingabe"),
3. Zerlegung des durchzuführenden Rechenganges in eine Folge von Elementaradditionen bzw. Elementarmultiplikationen (Aufstellung eines „Programmes"),
4. Übersetzung der einzelnen Programmschritte sowie der Elementar-Rechenoperationen in technisch durchführbare Anweisungen an die Anlage (Übersetzung in „Maschinenbefehle"),
5. nach Durchführung der einzelnen Maschinenbefehle Entnahme des Ergebnisses aus dem elektronischen Endzustand in dualer Form,
6. Rückverwandlung der Dualzahl in eine Dezimalzahl.

Überblickt man dieses Anweisungsschema, so enthält es zwei Arten von Vorarbeiten: Einmal die Übertragung von Zahlen und Anweisungen in Schaltbefehle, d.h. in eine maschinenlesbare Darstellungsform (bei den Zahlen die Umwandlung in duale Ziffernfolgen, bei den Rechenschritten die Zergliederung in Folgen von

Elementar-Operationen); ferner die Zerlegung einer mehr oder weniger summarisch gehaltenen Rechenvorschrift in eine meist recht ausgedehnte Folge von Elementar-Anweisungen (Aufstellung eines maschinenlesbaren Programms). Beide Aufgaben werden beim heutigen Stand der Computertechnik aber wesentlich vereinfacht, wenn nicht gar erspart. Die Eingabe von Zahlen kann durchaus in der dekadischen Ziffernfolge stattfinden (Eingabetastatur bzw. Ausfüllen bestimmter, dem System angepaßter Formulare). Es werden dabei die dekadischen Ziffern in Dualzahlenfolgen umgewandelt. Da von den Zweierpotenzen erst $2^4 > 10$ ist, sind für jede dekadische Ziffer 4 Dualzeichen erforderlich. Sie ergeben sich analog zu (5.1.6) aus den dualen Zerlegungen der Zahlen von 0 bis 9, so z. B.

(5.1.7) $\qquad 6 = 0 \cdot 2^3 + 1 \cdot 2^2 + 1 \cdot 2^1 + 0 \cdot 2^0 \;\to\; 0110.$

Entsprechend ergibt sich die folgende Tabelle:

(5.1.8)

0	0000	5	0101
1	0001	6	0110
2	0010	7	0111
3	0011	8	1000
4	0100	9	1001

Wird die Zahl 1968 in dieser Form, d.h. Ziffer für Ziffer dual umgewandelt, so ergibt sich die Ziffernfolge

(5.1.9)
$$\underbrace{0001}_{1}\ \underbrace{1001}_{9}\ \underbrace{0110}_{6}\ \underbrace{1000}_{8}$$

Diese sogenannten dezimal-dualen Zahlen benötigen zwar noch mehr Stellen als in der rein dualen Form, dafür ist die Umwandlung wesentlich einfacher durchzuführen (von Mensch und Maschine).

Die zweite Schwierigkeit, die Herstellung von maschinenlesbaren Programmen, kann heute dadurch umgangen werden, daß es vereinfachte Programmiersprachen gibt, die einerseits der üblichen umgangssprachlichen Formulierung der Aufgaben angepaßt sind, andererseits aber von der Datenverarbeitungsanlage selbst in eine Folge von Maschinenanweisungen (ein Maschinenprogramm) umgewandelt werden können. Eine dieser problemorientierten Sprachen ist FORTRAN (Formula Translation), und es werden anschließend vier Beispiele von mathematischen Problemen in den Anweisungen dieser Sprache formuliert werden. Dabei wird sich zeigen, daß die einzelnen Anweisungen weitgehend den einzelnen Rechenschritten des herkömmlichen Rechenganges entsprechen und daß ihre Formulierung sich ebenfalls weitgehend der herkömmlichen Formelschreibweise anpaßt. Jede dieser sogenannten FORTRAN-Anweisungen wird über eine Tastatur in maschinenlesbare Datenträger (Lochkarten, Lochstreifen, Magnetband) umgesetzt. Dabei wird nach einem vereinbarten Code (Abb. 87) jedem verwendeten Zeichen eine Lochkombination in einer Lochspalte, somit jeder Anweisung (Zeichenreihe) eine Lochkarte zugeordnet. Ein auf diese Weise erhaltener Stapel an Lochkarten zum Beispiel kann von der

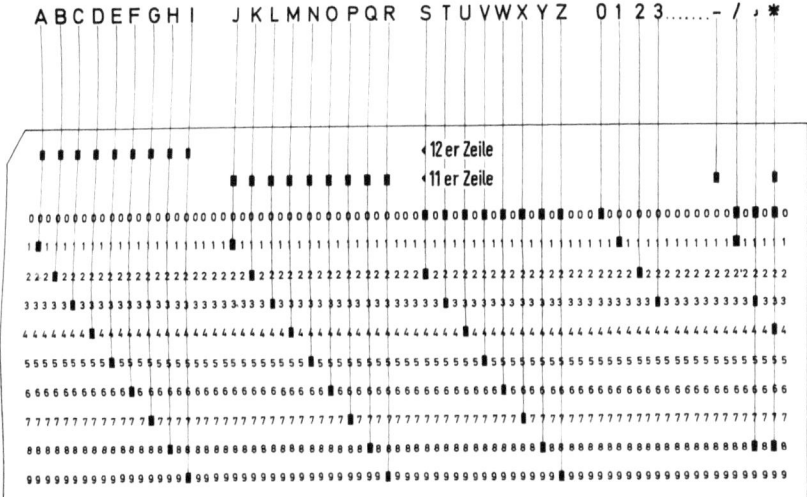

Abb. 87

Maschine über einen Kartenleser automatisch eingelesen werden und wird gemäß einer ebenfalls in Form eines Lochkartenstapels vorliegenden Übersetzungsanweisung in ein maschinenlesbares Programm (Maschinenprogramm) übertragen.

Da man nun in der angewandten Mathematik seit langem Verfahren erarbeitet hat, wie Probleme der höheren Mathematik (z. B. Berechnung von bestimmten Integralen, Berechnung von Funktionen durch Potenzreihen, Bildung von Differentialquotienten gegebener Funktionen sowie Lösungen von Differentialgleichungen) auf algebraische Aufgaben zurückgeführt werden können, ist es damit möglich,

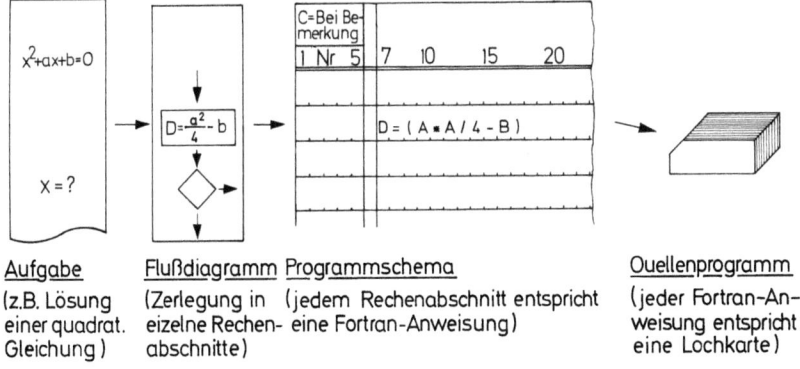

Aufgabe (z.B. Lösung einer quadrat. Gleichung)

Flußdiagramm (Zerlegung in eizelne Rechenabschnitte)

Programmschema (jedem Rechenabschnitt entspricht eine Fortran-Anweisung)

Quellenprogramm (jeder Fortran-Anweisung entspricht eine Lochkarte)

Abb. 88

auch diese und ähnliche mathematische Probleme elektronisch zu lösen. Im einzelnen seien die dazu notwendigen Arbeitsschritte noch einmal zusammengefaßt:

1. Übertragung des Problems der Analysis in einen algebraischen Algorithmus zur Gewinnung einer Näherungslösung mit vorgegebener Genauigkeit;
2. Übertragung dieses algebraischen Algorithmus in eine Folge von FORTRAN-Anweisungen;
3. Übertragung der FORTRAN-Anweisungen in eine Folge von Lochkarten über die Tastatur eines Kartenlochers (Abb. 88) (Quellenprogramm);
4. Übertragung der Daten der Aufgabe in eine Folge von Lochkarten, ebenfalls über den Kartenlocher;
5. Übersetzung des FORTRAN-Quellenprogramms mit Hilfe eines Übersetzungsprogramms in ein Maschinenprogramm (die Kartenstapel von Quellen- und Übersetzungsprogramm werden vom Kartenleser der Rechenanlage eingelesen, und das Maschinenprogramm wird als dritter Kartenstapel vom Kartenstanzer ausgegeben (Abb. 89);

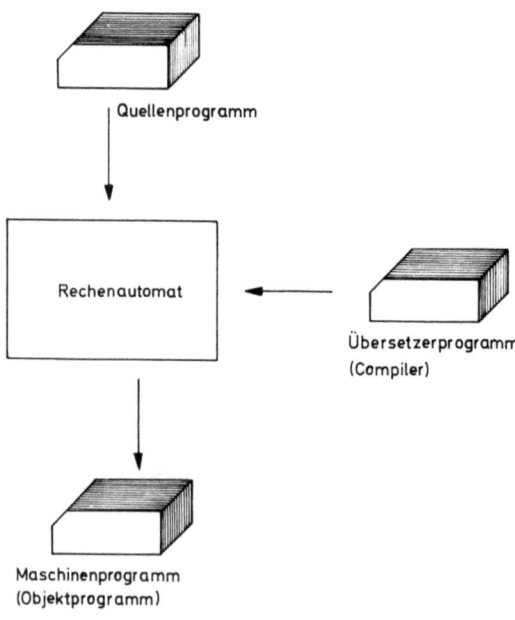

Abb. 89

6. Über den Lochkartenleser der Rechenanlage werden nacheinander das Maschinenprogramm, evtl. benötigte Bibliotheks-Unterprogramme (z. B. Kartenstapel, die veranlassen, einzelne Logarithmen oder Sinus-Werte zu berechnen) und die Eingabedaten eingelesen. Die Anlage führt jetzt die gewünschte Rechnung an

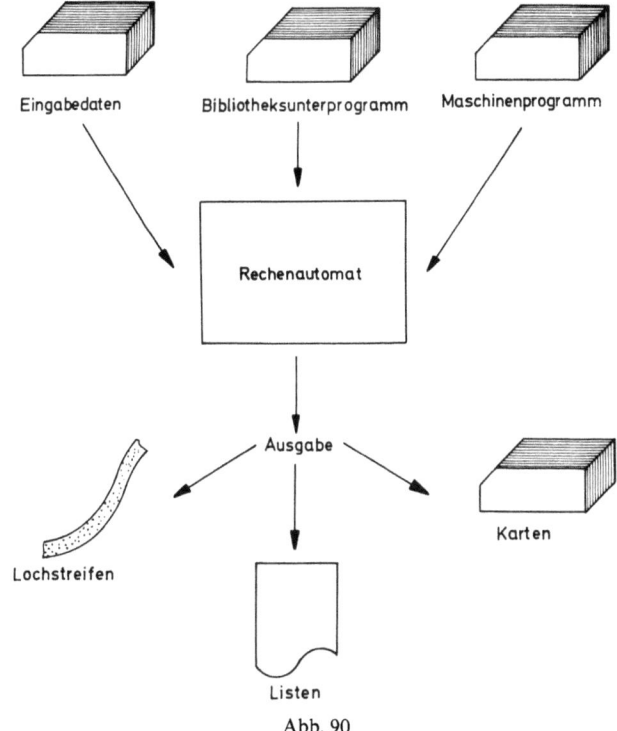

Abb. 90

den eingegebenen Zahlen aus und gibt das Ergebnis zusammen mit gewünschten Zwischenergebnissen in einer wählbaren Form (als Lochkarte über einen Kartenstanzer, als Lochstreifen über einen Lochstreifenstanzer oder als Klartext über einen Schnelldrucker oder ein Sichtgerät) (Abb. 90).

Die Arbeitsschritte 3–6 sind für alle Probleme mehr oder weniger gleich; die Arbeitsschritte 1 und 2, d.h. die Aufstellung eines algebraischen Algorithmus sowie des zugehörigen FORTRAN-Programms seien im folgenden an vier ausgewählten Beispielen dargestellt und erläutert.

Beispiel 1. Ermittlung der Wurzeln einer in Normalform gegebenen quadratischen Gleichung.

Gemäß (1.1.11) hat die quadratische Gleichung $x^2+ax+b=0$ die beiden Wurzeln $x_{1,2} = -\dfrac{a}{2} \pm \sqrt{\dfrac{a^2}{4} - b}$. Zur schrittweisen numerischen Berechnung läßt sich folgender Algorithmus aufstellen:

A 1. Notiere die Zahlenwerte für a und b

A 2. Bilde aus a α gemäß $\alpha = -\dfrac{a}{2}$

A 3. Bilde aus α und b D gemäß $D = \alpha^2 - b \, (= -\dfrac{a^2}{4} - b)$

A 4. Wenn $D < 0$ bzw. $= 0$ bzw. > 0, verfahre weiter nach A 5 bzw. A 7 bzw. A 8

A 5. Bilde $\beta = \sqrt{-D}$

A 6. Schreibe als Lösungen auf

$$x_1 = \alpha + i\beta$$
$$x_2 = \alpha - i\beta \qquad \text{Ende!}$$

A 7. Schreibe als Lösungen auf

$$x_1 = x_2 = \alpha \qquad \text{Ende!}$$

A 8. Bilde $\beta = \sqrt{D}$

A 9. Bilde

$$x_1 = \alpha + \beta$$
$$x_2 = \alpha - \beta$$

A 10. Schreibe als Lösungen auf

$$x_1 \quad \text{und} \quad x_2 \qquad \text{Ende!}$$

Überträgt man diese von einer mathematisch nicht besonders vorgebildeten Hilfskraft leicht durchführbare Anweisung in die FORTRAN-Programmiersprache, so ergibt sich folgendes Schema von Anweisungen:

```
F  1        READ(2,1)A,B
F  2      1 FORMAT(2F10.4)
F  3        WRITE(1,2)
F  4      2 FORMAT('    A=        B=
F  5        WRITE(1,1)A,B
F  6        A=-A/2
F  7        B=A*A-B
F  8        IF(B)11,12,13
F  9     11 B=SQRT(-B)
F 10        WRITE(1,3)A,B,A,B
F 11      3 FORMAT('X1=',F10.4,'+IM*',F10.4,/'X2=',F10.4,'-IM*',F10.4)
F 12        GOTO 99
F 13     12 WRITE(1,4)A
F 14      4 FORMAT('X1=X2=',F10.4)
F 15        GOTO 99
F 16     13 B=SQRT(B)
F 17        X1=A+B
F 18        X2=A-B
F 19        WRITE(1,5)X1,X2
F 20      5 FORMAT('X1=',F10.4,10X,'X2=',F10.4)
F 21     99 CONTINUE
F 22        CALL EXIT
F 23        END
```

Anmerkung: Die unmittelbar vor manchen Anweisungen stehenden Zahlen gehören zum Programm und helfen dem Computer, die richtigen Anweisungen aufzufinden (markierte Anweisungen). Die ausgerückten Zahlen F 1 bis F 23 gehören nicht zum Programm, sondern sind nur zur Hilfe für den Leser beigefügt.

Vergleicht man die FORTRAN-Anweisungen mit den Anweisungen A 1 bis A 10, so erkennt man ohne Schwierigkeiten gewisse Zuordnungen. So entspricht die erste FORTRAN-Anweisung F 1 der Anweisung A 1: Die Maschine soll die beiden Größen A und B (es werden nur große Buchstaben verwendet) über ein bestimmtes Eingabegerät einlesen. Von den beiden ganzzahligen Angaben in der Klammer gibt die Ziffer vor dem Komma die Nummer des zu benutzenden Eingabegerätes an, z.B. einen Lochkartenleser, die zweite Ziffer bezieht sich auf die nächstfolgende Formatanweisung (F 2). Hier wird festgelegt, daß für die beiden Größen A und B je 10 Speicherstellen einschließlich je einer Stelle für Dezimalpunkt und Vorzeichen reserviert werden. Von den verbleibenden 8 Stellen für Ziffern sollen 4 hinter dem Dezimalpunkt liegen (in den Maschinenanweisungen gibt es nur einen Dezimal*punkt*). F 3 bis F 5 verlangen das Aufschreiben der Zahlenwerte in Klarschrift. Wieder gibt die erste Ziffer in der Klammer die Nummer des Ausgabegerätes, z.B. Schnelldrucker, die zweite Ziffer die zugehörige Formatanweisung an.

Die Anweisungen F 6 und F 7 entsprechen den Rechenvorschriften A 2 und A 3. Da jedoch die ursprünglichen Größen A und B im folgenden nicht mehr benötigt werden, so brauchen zum Unterschied vom menschbezogenen Rechenschema keine neuen Buchstabensymbole eingeführt zu werden. Die Anweisung F 6 ist daher zu lesen „ersetze A durch $\frac{A}{2}$". (Im übrigen wird der Multiplikationspunkt durch einen Stern ersetzt, ein zweifacher Stern bedeutet entsprechend Potenzierung. Zum Beispiel wird A^2 dargestellt entweder als $A*A$ oder $A**2$.)

Der wichtigen Entscheidungsanweisung A 4 entspricht die FORTRAN-Anweisung F 8. Sie bedeutet: Ist der Wert der Größe $B<0$, so springe zur markierten Anweisung 11. Ist $B=0$, springe zur markierten Anweisung 12. Ist schließlich $B>0$, so springe zur markierten Anweisung 13.

F 9 entspricht A 5 (SQRT = square root = Quadratwurzel).

Schließlich wird die Anweisung A 6 durch den Schreibbefehl F 10, die Schreibweise durch die Format-Anweisung F 11 und der Sprungbefehl zum Programmende durch F 12 wiedergegeben. Entsprechend gehört zu A 7 F 13 bis F 15, zu A 8 und A 9 F 16 und F 17 bis F 20. Die letzten drei Anweisungen F 21 bis F 23 enthalten die üblichen Abschlußbefehle.

Beispiel 2. Berechnung der Zahl e nach der Formel $e = 1 + \frac{1}{1!} + \frac{1}{2!} + \frac{1}{3!} + \cdots$ bis zu einer vorgegebenen Genauigkeit.

Die Rechenanweisung würde hier lauten:

A 1. Setze $e_1 = 2 = 1 + \frac{1}{1!}$

A 2. Berechne das nächstfolgende Glied $\frac{1}{(n+1)!}$ aus dem zuletzt zugefügten $\frac{1}{n!}$ für $n = 1, 2, \ldots$

A 3. Bilde daraus einen verbesserten Wert für e gemäß $e_{n+1} = e_n + \dfrac{1}{(n+1)!}$

A 4. Prüfe, ob das zuletzt zugefügte Reihenglied $\dfrac{1}{(n+1)!} \geqq$ der vorgegebenen Genauigkeitsschranke ε ist. Wenn ja, Fortsetzung des Verfahrens; wenn nein, Benutzung des letzten Wertes als Ergebnis.

Das FORTRAN-Programm hat die folgende Form:

```
F 1         E=2
F 2         F=.1E-07
F 3         N=1
F 4         X=1
F 5      11 N=N+1
F 6         X=X*N
F 7         E=E+1/X
F 8         IF(F-1/X)11,11,12
F 9      12 WRITE(1,1)E
F 10      1 FORMAT('ERGEBNIS    E=',F10.8)
F 11     99 CONTINUE
F 12        CALL EXIT
F 13        END
```

Dabei entspricht F 1 A 1, F 2 gibt mit F die geforderte Genauigkeitsschranke an (die Ziffern-Symbolik bedeutet $0,1 \cdot 10^{-7}$), F 3 und F 4 geben Anfangswerte für die Berechnung der Reihenglieder, F 5 und F 6 entsprechen der Anweisung A 2, d.h. der Bildung von $(n+1)!$ aus $n!$, und schließlich bezieht sich F 7 auf A 3. In F 8 ist die Prüfbedingung A 4 formuliert, denn wenn das letzte Reihenglied $\dfrac{1}{X}$ noch größer als die Genauigkeitsschranke F ist, wird der Klammerinhalt eine negative Zahl, und die Rechenvorschrift verlangt ein Zurückspringen auf die markierte Anweisung 11. Ist die Bedingung dagegen erfüllt, so liegt in F 9 die Anweisung zum Ausschreiben des Ergebnisses, in F 10 die zugehörige Formatanweisung vor. F 11 bis F 13 enthalten wieder die Abschlußanweisungen.

Die Durchführung dieser Rechnung auf einem Computer hat übrigens für e den Zahlenwert 2,71828093 geliefert. Man wird sich fragen, warum bei einer Genauigkeitsschranke von 10^{-8} nur die ersten 5 Dezimalstellen richtig erhalten worden sind. Dies rührt einmal von der unexakten Festlegung der Fehlergrenze her – richtiger wäre ε über (2.1.17) festzulegen; zum andern wurde mit 8 Dezimalstellen das Maximum der Stellenkapazität des benutzten Computers erreicht, und in diesem Fall wird die letzte Stelle ungenau.

Beispiel 3. Berechnung des bestimmten Integrals $\displaystyle\int_0^1 \dfrac{dx}{1+x^2}$ als untere Rechtecksumme gemäß

$$\int_0^1 \frac{dx}{1+x^2} = 0{,}01 \left[\frac{1}{1+(0\cdot 0{,}01)^2} + \frac{1}{1+(1\cdot 0{,}01)^2} + \frac{1}{1+(2\cdot 0{,}01)^2} + \cdots + \frac{1}{1+(99\cdot 0{,}01)^2} \right]$$

$$= 0{,}01 \left[1 + \sum_{I=1}^{99} \frac{1}{1+(I\cdot 0{,}01)^2} \right]$$

bei Zugrundelegung einer Unterteilung des Integrationsbereiches in 100 gleich große Abschnitte der Länge 0,01.

Da der Algorithmus übersichtlich ist, sei sofort das entsprechende FORTRAN-Programm aufgeschrieben:

```
F  1        S=0
F  2        DO 101 I=1,99
F  3        X=I*.01
F  4        Y=1/(1+X**2)
F  5        S=S+Y
F  6    101 CONTINUE
F  7        S=(S+1)*.01
F  8        WRITE(1,1)S
F  9      1 FORMAT('INTEGRAL(DX/(1+X**2)) VON X=0 BIS X=1=',
                                                         F10.4)
F 10     99 CONTINUE
F 11        CALL EXIT
F 12        END
```

F 1 gibt den Eingangswert für die Summe und F 2 die Anweisung, daß für den Summationsindex I nacheinander die ganzen Zahlen von 1 bis 99 zu setzen sind und für jeden einzelnen I-Wert die folgenden Anweisungen bis zur markierten Anweisung 101 durchgeführt werden sollen. Diese Anweisungen bestehen zunächst in der Bildung des Produkts $I\cdot 0{,}01$ (F 3), dann in der Bildung des Reihengliedes (F 4) sowie in der Addition dieses letzten Reihengliedes zur bisher berechneten Summe (F 5). Sind die 99 einzelnen Summanden auf diese Weise zur Gesamtsumme S summiert worden, so wird gemäß F 7 die Summe aller Rechteckflächen, d.h. der Näherungswert für das Integral berechnet. F 8 stellt wieder den Schreibbefehl für dieses Ergebnis und F 9 die näheren Anweisungen für die Darstellungsform dar. (Die in der Klammer einer Formatanweisung jeweils in Anführungsstrichen eingefaßten Ausdrücke werden vom Computer als Klartextausdrücke Zeichen für Zeichen gelesen und auch so ausgedruckt.) F 10 bis F 12 sind wieder die Abschlußanweisungen.

Beispiel 4. Berechnung von Mittelwert $\bar{x}$ und Standardabweichung s aus einer Reihe von N beobachteten Werten $x_1, x_2, ..., x_N$.

Der Algorithmus erfordert zunächst die Bildung der beiden folgenden Summen:

$$S = \sum_{v=1}^{N} x_v \qquad Q = \sum_{v=1}^{N} x_v^2.$$

Aus ihnen ergeben sich Mittelwert und Standardabweichung gemäß

$$\bar{x} = \frac{S}{N} \qquad s = \sqrt{\frac{Q - \bar{x}S}{N-1}}$$

Das zugehörige FORTRAN-Programm lautet dann folgendermaßen:

```
F  1         DIMENSION X(1000)
F  2         READ(2,1)N,(X(I),I=1,N)
F  3       1 FORMAT(I4/(8F10.4))
F  4         WRITE(1,2)
F  5       2 FORMAT('EINGELESENE WERTE     N    X(I)'/)
F  6         WRITE(1,1)N,(X(I),I=1,N)
F  7         S=0
F  8         Q=0
F  9         DO 101 I=1,N
F 10         S=S+X(I)
F 11         Q=Q+X(I)**2
F 12     101 CONTINUE
F 13         XM=S/N
F 14         SX=SQRT((Q-XM*S)/(N-1))
F 15         WRITE(1,3)XM,SX
F 16       3 FORMAT('MITTELWERT XM=',F10.4,'    STANDARD-
                    ABWEICHUNG SX=',F10.4)
F 17      99 CONTINUE
F 18         CALL EXIT
F 19         END
```

F 1, die sogenannte Dimensionsanweisung, gibt an, daß für die einzelnen Beobachtungswerte maximal 1000 Einzelwerte aufgenommen werden können. F 2 ist wieder die Anordnung zum Einlesen der Anzahl N aller Beobachtungen und ihrer einzelnen Werte, F 3 gibt nähere Anweisungen über den Stellenumfang dieser einzelnen Angaben. So bezieht sich die Angabe I4 in der Klammer auf die Zahl N und bedeutet, daß die Zahl N als ganze Zahl mit maximal 4 Ziffern eingelesen wird. Die Anweisungen F 4 bis F 6 schreiben dem Computer vor, alle eingelesenen Werte der Aufgabe in Klartext wieder in vorgegebener Form auszudrucken (dieses Ausdrucken der Aufgabenwerte ist immer zweckmäßig, um Eingabefehler leichter feststellen zu können). F 7 und F 8 stellen Anfangswerte für die beiden Hilfssummen dar. F 9 bis F 12 beschreiben die schrittweise Verlängerung der beiden Summen um jeweils einen neuen Meßwert bzw. sein Quadrat. F 13 und F 14 enthalten die Vorschriften zur Berechnung von Mittelwert und Standardabweichung gemäß den oben aufgeschriebenen Formeln. F 15 enthält den Schreibbefehl, F 16 die näheren Formatanweisungen zum Ausschreiben der Ergebnisse und F 17 bis F 19 die Abschlußanweisungen.

Diese vier Beispiele können natürlich kein Leitfaden zum Erlernen der FORTRAN-Programmiersprache sein, sie sollen aber einen ersten Einblick in diese Art des Programmierens vermitteln. Sie stellen nur einen kleinen Ausschnitt aus der

Fülle der vielseitigen Möglichkeiten, mathematische Probleme mit Hilfe von Computern zu lösen, dar. Sie sind alle aus didaktischen Gründen bewußt einfach gehalten und lassen sich selbstverständlich sämtlich erweitern. Jede einzelne Zeile stellt eine Anweisung dar, die über die Tastatur eines Lochkartenschreibers, der alle in den Programmen auftauchenden Symbole als Tasten enthält, in eine Maschinenlochkarte eingestanzt wird. Zu diesem so erhaltenen Kartenstapel eines Programms kommen noch Kommentarkarten und Steuerkarten. Die Kommentarkarten enthalten klartextliche Erläuterungen zum einzelnen Programm, gewissermaßen die Überschrift. Die Steuerkarten sind von der verwendeten Maschinenausstattung abhängig und müssen von Fall zu Fall zugefügt werden. Man wird auf diese Weise relativ schnell sich selbst eine mehr oder weniger umfangreiche eigene Programm-Bibliothek erarbeiten und sie gleich vom Computer in Maschinenprogramme umsetzen lassen. Im übrigen werden bereits von den Herstellerfirmen umfangreiche Sammlungen fertiger Programme bereitgehalten.

5.2 Mathematische Grundlagen der elektronischen Verarbeitung allgemeiner Daten

Im vorigen Abschnitt bestand das Problem darin, aus gegebenen Zahlen mit Hilfe gegebener Rechenanweisungen durch Verknüpfung gesuchte Zahlen zu erhalten. Dabei mußten die Zahlen in Computerschrift, d.h. Binärfolgen, dargestellt werden, die Rechenanweisungen mußten in einzelne Elementaranweisungen zerlegt werden (Algorithmus), diese Elementaranweisungen mußten in computerverständliche Anweisungen übersetzt werden (z.B. FORTRAN-Sprache), und schließlich mußten diese computerverständlichen Anweisungen in Computerschrift dargestellt werden (Lochkarten-Code).

Jetzt seien an Stelle von Zahlen Aussagen beliebiger Art gegeben, etwa Aussagen wie

Patient XY lag von ... bis ... in der Chirurgischen Abteilung,
in der Inneren Abteilung wurden im letzten Jahr ... Fälle von Hepatitis beobachtet,
in der Literaturstelle NN sind Angaben über Kaliumwerte von Ratten vorhanden.

Aus diesen Aussagen sollen durch gegebene logische Verknüpfungen neue Aussagen gewonnen werden. Um auch diese Aufgabe einem Computer übertragen zu können, ist analog zum elektronischen Rechnen folgendes erforderlich:

1. Der Zeichenvorrat muß so erweitert werden, daß außer Ziffern auch Buchstaben und grammatische Sonderzeichen in Binärfolgen übertragbar sind.
2. Für die elementaren Verknüpfungen von Aussagen sind Tabellen aufzustellen (das „Einmaleins der Logik").
3. Für die Zusammensetzung dieser Elementarverknüpfungen sind allgemeingültige Gesetze zu formulieren (die „Rechengesetze der Logik").
4. Es ist für jede Aufgabe der Aussagenverknüpfung ein entsprechender „Logik-Algorithmus" aufzustellen, d.h. sie ist in eine Folge von einfachen Schritten zu zerlegen.

5. Alle einzelnen so erhaltenen Anweisungen sind in maschinenverständlicher Form auszudrücken und in maschinenverständlicher Schrift festzulegen.

Zu 1. Um auch die 26 Buchstaben des Alphabets in Binärfolgen (Bit-Folgen) auszudrücken, braucht man fünfgliedrige Folgen ($2^5 > 26$). Zweckmäßiger ist es, von vornherein sechsgliedrige Folgen zu wählen; denn mit $2^6 = 64$ verschiedenen Bit-Folgen lassen sich 10 Ziffern, 26 Buchstaben und 28 Sonderzeichen darstellen, und das wird im allgemeinen ausreichend sein. Man kann damit irgendwelche Aussagen in unverschlüsselter Klartextform Zeichen für Zeichen in Binärfolgen übersetzen oder nach einem Begriffscode den einzelnen Aussagen verabredete Kurzsymbole zuordnen und diese übersetzen. (Im folgenden mögen Symbole wie a_1, a_2, b Aussagen bedeuten.)

Zu 2. Es sind folgende fünf logische Elementarverknüpfungen in Gebrauch:

a) Die Negation einer Aussage a, in Zeichen: $\neg a$. Wenn wir annehmen, daß die Aussage a wahr oder falsch sein kann (den Wahrheitsgehalt W bzw. F besitzt), so ergibt sich für ihre Negation folgende Wahrheitstabelle:

(5.2.1)

a	$\neg a$
W	F
F	W

b) Die Verknüpfung zweier Aussagen a und b durch „und", in Zeichen: $a \wedge b$, liefert die folgende Wahrheitstabelle:

(5.2.2)

a \ b	W	F
W	W	F
F	F	F

c) Die Verknüpfung zweier Aussagen durch „oder" (im nicht ausschließenden Sinne), in Zeichen: $a \vee b$:

(5.2.3)

a \ b	W	F
W	W	W
F	W	F

d) Die Verknüpfung „wenn a, dann b", in Zeichen: $a \to b$:

(5.2.4)

a \ b	W	F
W	W	F
F	W	W

e) Die Verknüpfung „genau dann, wenn a zutrifft, trifft auch b zu", in Zeichen: $a\leftrightarrow b$:

(5.2.5)

a \ b	W	F
W	W	F
F	F	W

Diese fünf Wahrheitstabellen stellen gewissermaßen das „Einmaleins" der formalen Logik dar; denn sie erlauben, sofort den Wahrheitsgehalt des Ergebnisses einer Elementarverknüpfung abzulesen, wenn der Wahrheitsgehalt der Bestandteile bekannt ist.

Zu 3. Der Satz „Wenn der Patient Masern oder Scharlach hat, und er hat nicht die Masern, so hat er Scharlach" ist auf jeden Fall wahr unbeschadet des Zutreffens der beiden Teilaussagen Masern und Scharlach. Bezeichnet man die beiden Teilaussagen mit p bzw. q, so läßt er sich unter Benutzung der eben eingeführten Verknüpfungssymbole folgendermaßen schreiben:

(5.2.6) $$((p \vee q) \wedge \neg p) \to q.$$

Eine solche Beziehung, die auf jeden Fall wahr ist, unabhängig vom Wahrheitsgehalt der Bestandteile, nennt man ein Gesetz der Aussagenlogik oder eine Tautologie. Man kann diesen Satz beweisen, indem man für p und q sämtliche möglichen Wahrheitswerte hinschreibt und dann unter Benutzung der Tafeln (5.2.1) bis (5.2.5) den Wahrheitsgehalt der Zwischenverknüpfungen nacheinander feststellt. Das Vorgehen sei im folgenden Schema noch einmal erläutert:

p	q	$(p \vee q)$	$\neg p$	$((p \vee q) \wedge \neg p)$	$((p \vee q) \wedge \neg p) \to q$
W	W	W	F	F	W
W	F	W	F	F	W
F	W	W	W	W	W
F	F	F	W	F	W

Wie man aus der letzten Spalte ersieht, ist die Verknüpfung (5.2.6) stets wahr, unabhängig vom Wahrheitsgehalt von p und q.

Im folgenden seien einige auf ähnliche Weise zu beweisende Gesetze der Aussagenlogik aufgeschrieben:

(5.2.7)
$p \vee \neg p$ (tertium non datur)
$\neg(p \wedge \neg p)$ (principium contradictionis)
$p \to q \leftrightarrow p \wedge \neg q \to r \wedge \neg r$ (reductio ad absurdum)
$(p \to q) \wedge (q \to r) \to (p \to r)$ (modus barbara)

Sokrates → ist Mensch/Mensch → sterblich/Sokrates → sterblich.

Man erkennt hieraus, daß beliebige Aussagenverknüpfungen in Gleichungsform dargestellt werden können, und es ist auch – ähnlich wie in der normalen Algebra – möglich, diese Gleichungen gewissen Umformungen zu unterziehen. Ja, man kann sogar einzelne der fünf Elementarverknüpfungen durch die anderen ausdrücken. So läßt sich z. B. über

(5.2.8) $(p \leftrightarrow q)$ ist aequivalent $(p \rightarrow q) \wedge (q \rightarrow p)$

zeigen, daß die fünfte Grundrelation auf die vier anderen zurückzuführen ist. Weiter ergibt sich über

(5.2.9) $(p \rightarrow q)$ ist aequivalent $\neg (p \wedge \neg q)$,

daß auch die vierte Grundrelation durch die drei anderen ausdrückbar ist. Schließlich ergibt sich aus

(5.2.10) $(p \wedge q)$ ist aequivalent $\neg(\neg p \vee \neg q)$

noch die Möglichkeit, die „und"-Verknüpfung auf die Negation und das „oder" zurückzuführen. Man kann daher die Zahl der Verknüpfungen bis auf zwei reduzieren und alle benutzten Gleichungen mit Hilfe der Negation und des „oder" ausdrücken. Dies ist nur eine Möglichkeit zur Zeichenreduktion, es gibt noch weitere, ja man kann sogar mit einem einzigen Verknüpfungszeichen auskommen, doch seien die Einzelheiten übergangen.

Zu 4. Hier möge ein Beispiel aus der Befunddokumentation eingeführt werden. In einer Epikrise e mögen drei Aussagen durch „und" miteinander verknüpft sein: die Aussage, daß ein bestimmter Patient p_i in einer bestimmten Krankenhausabteilung a_j mit einer Diagnose d_k gelegen hat, in Zeichen:

(5.2.11) $e_{i,j,k} \equiv p_i \wedge a_j \wedge d_k.$

Dabei ist die Namensaussage p_i eine unter der Menge bereits im Krankenblattarchiv aufgetretener Kennzeichnungen $\mathfrak{P}$ (p_i ist ein Element der Menge $\mathfrak{P}$, in Zeichen: $p_i \in \mathfrak{P}$). Entsprechend liege im Archiv bereits die Menge verschiedener Abteilungsangaben $\mathfrak{A}$ mit $a_j \in \mathfrak{A}$ und die Diagnosenmenge $\mathfrak{D}$ mit $d_k \in \mathfrak{D}$ vor. Um nun aus dem Archiv, d. h. der Menge $\mathfrak{E}$ aller $e_{i,j,k}$ z. B. alle Epikrisen eines bestimmten Patienten p_{85} herauszusuchen, muß durch Vergleichen von p_{85} mit den einzelnen p_i eine Untermenge $\mathfrak{E}_{i=85}$ gebildet werden. Sie stellt die Menge der gewünschten Epikrisen dar.

Etwas schwieriger ist die folgende Suchanfrage: Es sollen aus dem Archiv sämtliche Epikrisen herausgesucht werden, die aus der Abteilung a_2 stammen und entweder die Diagnose d_7 oder die Diagnose d_{11}, im letzten Fall aber auf keinen Fall noch zusätzlich die Diagnose d_4 tragen sollen. Es sind daher folgende Epikrisen herauszusuchen:

(5.2.12) $e'_{i,j,k} \equiv p_i \wedge a_2 \wedge (d_7 \vee (d_{11} \wedge \neg d_4)).$

Der Suchvorgang würde sich hierbei in folgende Einzelschritte zerlegen lassen:

1. Vergleichen von a_j mit a_2 und Bildung der Untermenge $e_{i,2,k}$ aus $e_{i,j,k}$.

2. Vergleichen von d_k mit d_{11} und Bildung der Untermengen $e_{i,2,11}$ und $e_{i,2,\neg 11}$ aus $e_{i,2,k}$.

3. Vergleichen der weiteren Diagnosen d_k mit d_4 in $e_{i,2,11}$ und Bildung der Untermenge $e_{i,2,11 \land \neg 4}$.

4. Vergleichen der weiteren Diagnosen d_k mit d_7 in $e_{i,2,\neg 11}$ und Bildung der Untermenge $e_{i,2,7 \land \neg 11}$.

5. Vereinigung der beiden Untermengen $e_{i,2,7 \land \neg 11}$ und $e_{i,2,11 \land \neg 4}$ zu $e_{i,2,7 \lor (11 \land \neg 4)}$.

Zu 5. Da das Vergleichen, nachdem alle Aussagen in Binärfolgen dargestellt sind, für die Maschine nur darauf hinausläuft, jeweils zwei Binärfolgen zu subtrahieren und zu prüfen, ob ihre Differenz = oder $\neq$ 0 ist, lassen sich die einzelnen Anweisungsschritte von einem Computer durchführen.

Zur Illustration, wie sich eine solche Suchaufgabe mit Hilfe der Programmiersprache FORTRAN ausdrücken läßt, sei ein letztes Beispiel eines Programmausschnittes gegeben. Es sollen – so laute die Aufgabe – aus allen gespeicherten Krankenblattextrakten die Namen der Patienten mit einer bestimmten Hauptdiagnose – etwa Hepatitis epidemica – herausgesucht und in einer Liste zusammengestellt werden. Dabei sei vorausgesetzt, daß von jedem Patienten, gekennzeichnet durch eine Nummer I (z.B. die Aufnahmenummer), sich die folgenden Daten in einem Speichermedium der Anlage befinden:

    Name   NAME(I)

    Diagnose   NDIAG(I)

    sonstige Angaben SONST(I)

Der Name sei in Klartext gespeichert, und es sind für ihn $6 \cdot 4 = 24$ Stellen für Buchstaben vorgesehen. Die Diagnose sei anhand eines 6stelligen Diagnoseschlüssels als 6stellige Zahl numerisch verschlüsselt. Die Diagnose NSUCH, nach der gesucht werden soll, sei ebenfalls als 6stellige Ziffernfolge gegeben. Der zentrale Abschnitt des zugehörigen FORTRAN-Programms lautet dann folgendermaßen:

.
.
.

```
1        READ(2,11)NSUCH
2    11  FORMAT(I6)
3        DO 20 I=1,IMAX
4        IF(NSUCH-NDIAG(I))20,1,20
5    1   WRITE(1,12)I,NAME(I)
6    12  FORMAT(I8,6X,6A4)
7    20  CONTINUE
```

.
.
.

203

Dabei enthalten Zeile 1 und 2 die Anweisung zum Einlesen der Bezugsdiagnose als ganze Zahl mit 6 Stellen. Die Zeile 3 enthält den Befehl, nacheinander mit den Angaben zum Patienten mit der Nummer $I=1$, $I=2$, ... bis zum Patienten mit der letzten Aufnahmenummer IMAX die nächsten Anweisungen bis zur Anweisung 20 (Zeile 7) durchzuführen. Dazu gehört (Zeile 4) die formale Bildung der Differenz aus vorgegebener Diagnosenummer und der Nummer, die zum Patienten I gehört. Ist diese Differenz Null, so wird die folgende Anweisung 1 ausgeführt. Ist sie von Null verschieden, wird das Verfahren mit dem nächstfolgenden Patienten wiederholt. Die Anweisung 1 in Verbindung mit der folgenden Formatanweisung 12 enthält den Befehl, den so herausgesuchten Patientennamen sowie die zugehörige Patientennummer herauszuschreiben. In der Formatanweisung 12 bedeuten die einzelnen Symbole in der Klammer die Möglichkeit, bis zu 8ziffrige Aufnahmenummern auszudrucken (I8), dann folgen zur besseren Lesbarkeit 6 Leerstellen (6X), und schließlich wird der Name in 6·4, d.h. 24 Buchstabenfeldern in Klartext ausgedruckt (6A4).

An diesem Beispiel läßt sich leicht ermessen, in welcher Weise die FORTRAN-Anweisungen bei komplizierteren Such- und Ordnungsaufgaben zu ergänzen bzw. abzuändern wären.

Ähnliche Beispiele werden in der medizinischen Literaturdokumentation auftauchen, wenn nach Publikationen gesucht wird, in denen bestimmte Sachverhalte (Aussagen) vorkommen und andere nicht. Da die Computer jedoch meist die einzelnen logischen Grundverknüpfungen in ihrer Eingabetastatur enthalten, braucht im allgemeinen ein solches Suchprogramm nicht in alle diese Einzelschritte unterteilt zu werden.

Es sei noch darauf hingewiesen, daß die fünf Elementarverknüpfungen durchaus über die Anweisungen der Schaltalgebra in direkte Maschinenbefehle zu übersetzen sind. Die Reduktion auf wenige, evtl. nur zwei zulässige logische Verknüpfungssymbole wird nur Bedeutung, wenn man lediglich auf konventionelle Lochkartenmaschinen zurückgreifen kann.

Diese sehr summarischen und lückenhaften Ausführungen mögen genügen, um einen ersten Einblick in die Fülle der Möglichkeiten bei der elektronischen Datenverarbeitung zu geben. Die Kenntnis der Schreibweisen und Grundgesetze der mathematischen Logik ist jedenfalls eine der Vorbedingungen für das Verständnis einschlägiger Werke, auf deren Lektüre verwiesen werden muß, wenn der Leser sich in dieses interessante und auch für den Arzt wichtiger werdende Grenzgebiet der Mathematik einarbeiten will.

Ratschläge zur Weiterbildung des Lesers

Die im Teil 1 und 2 vermittelten mathematischen Grundkenntnisse werden im allgemeinen auch für einen theoretisch-wissenschaftlich arbeitenden Mediziner ausreichend sein. Insbesondere setzen sie den Leser in den Stand, ein Lehrbuch der physikalischen Chemie, z.B.

Jost u. Troe: Lehrbuch der physikalischen Chemie. Darmstadt 1973 (Steinkopf)

ein Lehrbuch der Biophysik, z.B.

Hoppe-Lohmann-Markl-Ziegler: Biophysik, Berlin-Heidelberg-New York 1977 (Springer)

oder ein größeres Lehrbuch der Physik, z.B.

Pohl: Einführung in die Physik. Band 1-3. Stuttgart 1975 (Hirzel)

durchzuarbeiten. Im übrigen wird der Interessierte nun nicht mehr vor dem Studium eines größeren mathematischen Lehrbuches zurückschrecken. Für den Selbstunterricht geeignet sind u.a.

v. Mangoldt-Knopp: Einführung in die höhere Mathematik, Band 1-4. Stuttgart 1975 (Hirzel) und

Smirnow: Lehrgang der höheren Mathematik, Band 1-5. Berlin 1979 (VEB Deutscher Verlag der Wissenschaften)

Zur Ergänzung der Grundkenntnisse von Teil 3 sei die Lektüre von

D.S. Riggs: The mathematical approach to physiological Problems. Baltimore 1963 (Williams & Wilkins)

empfohlen. Ergänzend dazu

Röpke-Riemann: Analog Computer in Chemie und Biologie. Berlin-Heidelberg-New York 1969 (Springer)

Im übrigen wird sich hier vermutlich das Interesse sehr bald in Einzelgebiete aufspalten.

Mit den Kenntnissen von Teil 4 wird es dem Leser jetzt leichterfallen, ein größeres Lehrbuch der Medizinischen Statistik, z.B.

Immich: Medizinische Statistik. Stuttgart-New York 1974 (Schattauer)

oder ein Methodenbuch der Statistik, z.B.

Sachs: Angewandte Statistik. Berlin-Heidelberg-New York 1978 (Springer)

durchzuarbeiten. Gleichzeitig wird er jetzt imstande sein, ein Lehrbuch der mathematischen Statistik von einem mittleren mathematischen Niveau zu lesen, z.B.

Kreyßig: Statistische Methoden und ihre Anwendungen. Göttingen 1977 (Vandenhoeck & Ruprecht)

Ergänzend dazu sei die Lektüre der beiden folgenden, weiterführenden Lehrbücher empfohlen:

H. Seal: Multivariate statistical analysis for biologists. London 1964 (Methuen) und

K. Überla: Faktorenanalyse. Berlin-Heidelberg-New York 1977 (Springer)

Zum Teil 5 sei für Leser, die sich in das junge Wissenschaftsgebiet Informatik einarbeiten wollen, das Studium von

Bauer u. Goos: Informatik I, II. Berlin-Heidelberg-New York 1971 (Springer)

empfohlen. Für den, der nur über Prinzip, Aufbau und Arbeitsweise des Computers Genaueres wissen möchte, stehen viele Einführungsbücher zur Verfügung, z. B.

Wolters u. a.: Der Schlüssel zum Computer. Düsseldorf-Wien 1969 (Econ)

Wem es nur um die fachbezogene Erlernung einer Programmiersprache geht, sei auf

IBM: Fortran für Medizin u. Biologie. 1971

und

Alteneder u. Offelder: Basic-Praktikum. 1972 (Siemens)

hingewiesen.

Sachverzeichnis

Abhängige Größe 183
Ableitung 44
— höherer Ordnung 55
—, linksseitige 44
—, rechtsseitige 44
absoluter Betrag 4
Abweichung, quadrierte 148
Additionsgesetz für Wahrscheinlichkeiten („Entweder-oder-Regel") 169
Additionstheorem 17
algebraisch irrationale Zahlen 1
algebraischer Ausdruck 3
Alternative 186
Analysis, Grundbegriffe der 28
analytische Geometrie 19
— — der Geraden 23
— — des Raumes 24
Anfangsbedingungen 118
Annahme- und Verwerfungsbereich für die Hypothese 164
Anordnungsprobleme 7
Ansatz nach Bernoulli für lineare Differentialgleichungen 107
— — — für partielle Differentialgleichungen 117
Anzahlen 186
Arbeit als Linien-Integral 87
arithmetische Folge 5
arithmetisches Mittel 54
assoziatives Grundgesetz 1
Aussagen beliebiger Art 199
Aussagenlogik, Gesetze der 201

Befunddokumentation, Beispiel aus der 202
Begriffsrechnen 187
Berechnung algebraischer Größen durch Messung 25
— von algebraischen Ausdrücken durch geometrische Konstruktion 25
Bernoullische Ungleichung 10
beschränkt 31
Besetzungszahlen (absolute Häufigkeit) 174

Besetzungszahlen, hypothetische 176
Bestimmungsgleichungen 3
Beweis algebraischer Sätze durch Konstruktion 25
— geometrischer Sätze durch Rechnung 23
Bibliotheks-Unterprogramm 192
Bilanzbetrachtungen 141
Bilanzgleichung 115
Bildung einer Untermenge 202
Bindungen zwischen den Zeilen 171
binomische Reihe 93
binomischer Satz 10
Bogenlänge eines Kurvenabschnitts 77
Bogenmaß 17
Bolzano, Satz von 39
Boolesche Algebra 187
Bruchregeln 1
Buchstaben als Binärfolgen 199
Bunsen-Roscoesches Gesetz 141

χ^2 177
χ^2-Verteilung nach Pearson 177
Cauchy, Konvergenzkriterium von 30
— -Riemannsche Differentialgleichung 69
charakteristische Gleichung 107
chemischen Umsetzungen, Theorie der 141
Code 190

Daten 186
Datenverarbeitung, medizinische 186
Datenverarbeitungsanlage 186
Definitionsbereich 33, 36
Diagnosenmenge 202
Differential 60, 96
Differentialform 69
Differentialgleichung 55
—, gewöhnliche 96
— I. Ordnung, partielle 116
—, partielle 97, 114
— I. Ordnung, inhomogene lineare 100
— II. Ordnung 106

Differentialgleichung II. Ordnung, gewöhnliche, allgemeine Sätze 106
— — —, homogene 105
— mit zwei unabhängigen Veränderlichen, partielle 115
—, Ordnung einer partiellen 114
Differential- und Integralrechnung, Hauptsatz der 48
Differenzengleichungen 139
Differenzenquotient 51, 60
differenzierbar 44
Diffusionskonstante 116
distributives Grundgesetz 1
divergent 29
Doppelintegral 81
Druckgefälle 142
Dualsystem 188

e, Berechnung von 36
Ebene im Raum, Gleichung einer 24
Ecke 44
Eigenwerte 107
—, konjugiert komplexe 108
—, reell, verschiedene 111
Einheitskreis 16
Einzelmessung, Ergebnis einer 151
elektronische Logik 186
elektronisches Rechnen 186
— System 186
Element einer Menge 202
Elementarfaktor 151
Elementarfehler 151
Ellipse, Flächeninhalt einer 75
—, Mittelpunktsgleichung der 20
Ellipsoidfläche, Gleichung einer 24
empirische Kurve 61
Entropie 70
Erhaltungssatz 115
Erhaltungssätze 141
Erkrankungsziffern 172
Erzeugung von Energie 142
Erzeugungs- bzw. Verbrauchsrate pro Volumeneinheit 142
Euklid, Sätze von 14
Eulersche Gleichung 95
explicite Form 36
Exponentialfunktion, natürliche 37
Extrapolation 121
Extremwert 57
Extremwerte 65

Fakultät 8
Fehler erster Art 122, 164
— zweiter Art 122, 164
—, systematische 144
—, zufällige 145
Fehlerfortpflanzungsgesetz 71
Fehlerrechnung 61
Fehlertheorie 151
Ficksches Gesetz der Diffusion, zweites 116
Flächenanstieg 67
Flächenbestimmung 41
Flächeninhalt 42
— ebener Figuren 10
Flußgleichung 142
Flußgröße (Transportgröße) 142
Folge 31
FORTRAN 190
—-Quellenprogramm 192
Freiheitsgrad 148
Freiheitsgrade, Bestimmung der 177
Funktion 36
—, algebraisch-irrational 37
—, ganze rationale 37
—, negative 57
—, Nullstelle einer 57
—, periodische 108
—, positive 57
—, rationale 37
—, Steigen oder Fallen einer 57
—, transzendente 37
Funktionen, Einteilung der 37
—, in einem abgeschlossenen Bereich stetige 37
—, Klassen von 37
—, Sätze über stetige 37
— zweier Veränderlicher 63
Funktionsgleichung 3, 36, 121
— zweiten Grades 20
Funktionstheorie 96

Galton-Brett 151
Gammafunktion 85
ganze rationale Funktion n-ten Grades, Ableitung der 52
— — — n-ten Grades, höhere Ableitungen 52
Gauß 54, 148, 156
Gaußsche Normalverteilung 141
Gaußsches Fehlerintegral 94

gekerbt oder ungekerbt 187
gelocht oder ungelocht 187
geometrische Eigenschaften aus dem Bau der Kurvengleichung 23
— Folge 6
— Konstruktion durch Rechnung 22
— Reihe 28
geometrischer Ort 19
geometrisches Mittel 147
Gerade 19
Gosset 161
grammatische Sonderzeichen in Binärfolgen 199
Graph 37
graphisches Bild 121
— Differenzieren 61
Grenzwert 30
Grundformeln 50
Grundfunktionen 50
Grundgesamtheit 144, 181
Grundintegrale 72
Grundkonzeption der Statistik 145
Grundregeln 51

Häufigkeit, relative 151
Häufigkeitsziffern 172
Handlochkartsystem 186
harmonische Analyse 131
— Analysatoren 131
harmonisches Mittel 147
Heilerfolgsziffern 172
Hilfsfunktion 158
Histogramm 151
Höhensatz 40
homogene Gleichung 101
Hyperbel, Mittelpunktsgleichung der 20
Hyperbelgleichung 21
Hypothese 164

identische Gleichungen 3
imaginäre Einheit 4
implicite Form 37
— —, Ableitung einer 68
inhomogen 101
Injektion eines liquorgängigen Pharmakons, Differentialgleichungen 101
— — — Pharmakons i. v., Lösung durch Differentialgleichungen 110
—, intralumbal, Differentialgleichung 115
—, intramuskulär, Differentialgleichung 102

Injektion, intravenös, Differentialgleichung 99
Integral 44, 81
—, Konvergenz von 81
—, oberes 44
—, partikuläres 97
—, unbestimmtes 72
—, uneigentliches 80
—, unteres 44
Integrals, Berechnung eines bestimmten (FORTRAN-Programm zur Lösung) 196
Integration durch Substitution 74
— — Zerlegung 73
Integrationsgrenze 46
integrierbar (im Riemannschen Sinne) 44
Interpolation 121
Intervall, beiderseits abgeschlossen 33
—, — offen 33
inverse Form 36
— —, Ableitung einer 51
Irrtumswahrscheinlichkeit 145

Ja-Nein-Entscheidung 186

Kartenleser 191
Kartenstanzer 193
kartesische Koordinaten, rechtwinklige 19
Kegelschnitte 20
Kettenregel 51
Kombination 9
Kombinatorik 7
Kommentarkarten 199
kommutatives Grundgesetz 1
Komplanation von Kurven 79
komplexe Zahl 4
konkav 57
konservative Kräfte 87
Konvektion 142
konvergent 29
konvergente Folgen, Sätze über 32
Konvergenzkriterium, zweites 30
Konvergenzradius 88
Konvergenzverhalten 57
konvex 142
Konzentrationsdifferenz 142
Koordinatenpapier, doppelt-logarithmisches 135
—, einfach-logarithmisch geteiltes 135
—, Polar 135
—, Spezial 135, 180

Koordinatensystem 19
Korrelationskoeffizient 184
Kovarianz 181
Kraft, treibende 142
Kreis, Flächenberechnung 76
Kreisgleichung 21
Kreiskegel, Volumen 79
Kreis, Umfang 77
Kreiszylinder 78
Kubatur von Kurven 78
Kugel, Mittelpunktsgleichung 24
Kugeloberfläche 80
Kurvengleichung aus dem geometrischen Bild einer Kurve 25

Leibniz 46
Leistung eines Wechselstromes 71
Leitung 142
Letalität, Stichproben- 172
linear 100
lineare Gleichung 4, 19
Linearität, Testung auf 182
Linearkombination 116
Linien-Integral 86
Literaturdokumentation, medizinische 204
Lochkartenmaschinen, konventionelle 204
Logarithmen 2
—, dekadische 2
—, duale 2
—, natürliche 2
Logarithmenregeln 2
logarithmische Reihe 92
Logik-Algorithmus 199
Logik, Einmaleins der 199
—, Rechengesetze der 199
logische Elementarverknüpfungen 200

Macht eines Tests 172
Magnetband 186
Mantelfläche 79
Maschinenbefehl 189
Maschinenlochkarte 186
Maschinenlochkarten-System 186
Maßzahlen 145, 186
Matrix 19
Maximum 57, 65
McLaurinsche Formel 90
Median 147
Menge 202
Merkmal 178

Merkmale, Kopplung zwischen 179
Merkmalsträger 173
—, zwei 178
Merkregel zur Statistik I 145
— — — II 145
— — — III 164
— — — IV 183
Meßfehler, systematische 145
Meßgröße 122
Messung geometrischer Größen durch Rechnung 21
Minimum 57
Mittelwert 144, 154
— in der Grundgesamtheit 144
— und Standardabweichung, FORTRAN-Programm zur Berechnung 197
mittlerer Fehler der Einzelmessung 151
— — des Mittelwertes 151
— Wert der zu messenden Größe 151
Modus 147
„modus barbara" 201
Moivrescher Satz 95
monoton steigend bzw. fallend 31
Morbidität, Stichproben 172
—, wahre 172

Näherungsformeln 200
Näherungsparabel $(n-1)$-ten Grades 122
Nebenbedingungen 97
Negation einer Aussage 200
Newton 46
Nichtnumerische Angaben 186
„normale" Merkmalsvariabilität 156
Normalverteilung 54, 156
—, Wahrscheinlichkeitsdichte der 156, 157
Nullfolge 33
Nullhypothese 163

Oberfläche von Rotationskörpern 79
„oder", Symbol für 152
Optimalbereich 141
Ordnungsrelation 4
Ordnungszahlen 186
organisches Wachstum, Gesetz des 141
Ortsvektor 19

π, Berechnung durch Reihen 92
π, Zahlenwert von 17

Parabel, Scheitelgleichung 20
Parameterdarstellung einer Funktion 37
Parameter-Integral 80
—, uneigentliches 80
Parameter, Methoden zur Festlegung 135
partielle Ableitung 63
— — höherer Ordnung 63
— Integration 73
partieller Differentialquotient 71
Permutation 7
Polarkoordinaten, ebene 19
Pole 57
Potentialdifferenz 142
Potentialgefälle, elektrisches 142
Potenzregeln 1
Potenzreihen 88
„principium contradictionis" 201
Prinzip der optimalen Einfachheit 122
problemorientierte Sprache 190
Programm 189
—, maschinenlesbares 190
Prüfgleichung 162
— in ihrer allgemeinsten Form 164
Pulsfrequenz vor und nach der Belastung 163
Punkt 24
Punktschätzung 159
Pyramide 16
Pythagoras, Satz des 12

quadratische Gleichung 4
— —, FORTRAN-Programm zur Lösung 193
Quadratur 41
— von Kurven 75

radioaktiver Zerfall 141
Randbedingungen 118
Rangkorrelation nach Spearman 184
Rangkorrelationskoeffizient R 184
Rangnummer 170
Rangziffern, Differenz der beiden 185
— eines Wertepaares 184
Rechenoperationen, elementare 187
Rechenregeln für binäre Zeichenreihen 187
Rechts- bzw. Linkssystem 24
„reductio ad absurdum" 201
Regressionsgerade 180
Regressionskoeffizient 180, 181
—, Standardabweichung des 181
Reihe 92

Reizdauer und Reizstärke 141
Rektifikation von Kurven 77
Rekursionsformel 81
Resonanzfall 114
Röhre 186
Rotationskörper 78

Säulenpolygon 151
Satz von Schwarz 63
Schätzung 147
Schätz-Ungleichung 145
— — von Student 162
—-Ungleichungen für normalverteilte und beliebigverteilte Grundgesamtheiten 160
Schaltalgebra 204
Scheitelwinkel 12
Schnittwinkel zweier Geraden 22
Schwarzschildsches Gesetz 141
Schwingung, erzwungene elektrische 112
—, freie gedämpfte elektrische 108
Signifikanz 164
Skalentransformation 180
spezifische Wärme 70
Spiegellineal 61
Sprungstelle 44
Stammfunktion 48
Standardabweichung 148, 154
— der Differenz zweier Mittelwerte 150
— des Mittelwertes 149
Steigerungsmaß 20
Sterbeziffern 172
Stetigkeit 37
Steuerkarten 199
Stichprobe 144
Stichprobenauswahl 150
Stichprobenmittel 145
Stichproben, Vergleich zweier 169
Stirlingsche Formel 85
stochastischer Zusammenhang 183
Störgröße 122
stoffliche und energetische Größen 141
Strahlung 142
Strecke, Länge einer 21
Streuungsungleichung (Tschebyscheffsche Ungleichung) 154
Strömung 142
„Student" 161
Suchaufgabe als FORTRAN-Programm (Ausschnitt) 203

Summe der Abweichungsquadrate 54
— der ersten n natürlichen Zahlen 6
— der ersten n Quadratzahlen 6
Summenzeichen 7
Superposition von Elementarfaktoren 151
system-adäquate Form von Daten 186
System von zwei gekoppelten Differentialgleichungen erster Ordnung 105

Tangente, Anstieg der 42
Tangentenneigung 41
Tautologie 201
Teilsummenfolge 30
Temperaturdifferenz 142
„tertium, non datur" 201
Thermodynamik, Hauptsatz der 70
totaler Differentialquotient 68
totales Differential 66, 71, 87
Transistor 186
Transport, passiver 142
Trenngrenze 164
Trennung der Veränderlichen 99
trigonometrischen Funktionen, Ableitung von 53
t-Verteilung nach Student 161
Typen empirischer Funktionen 123

Übersetzungsanweisung 191
Umfang einer Stichprobe 144
Umkehrfunktionen, Ableitung von 52
Umrechnungsformel 2
Umsetzungsprozeß, chemischer 142
Umwandlung von Energieformen 142
unabhängige Größe 183
Unendlichkeitsstelle 57
Ungleichung 4

Variabilität, biologische 122, 150
Varianz 149
„Variation der Konstanten", Methode der 101
Veränderliche 33
—, abhängige 36
—, unabhängige 36
Verknüpfung durch „oder" 200
— — „und" 200
—:„genau dann, wenn a zutrifft, trifft auch b zu" 201
—:„wenn a, dann b" 200
Verknüpfungsgesetz, formales 121

Verknüpfungsgesetz, kausales 121
—, reales (kausales) 139
Verschiebungssatz 154
Verteilungsgesetz 145, 151
Volumenformel 78
Volumenformeln, einfacher Körper 15

Wärmefluß durch Konvektion 142
Wärmetönung 142
wahrer Wert der zu messenden Größe 151
Wahrscheinlichkeit 153
—, differentielle 153
Wahrscheinlichkeitsdichte 153
Wahrscheinlichkeitspapier, lineares und logarithmisches 135
Wahrscheinlichkeitstheorie 151
Wahrscheinlichkeitsverteilung 153
—, Gleichung der Begrenzungskurve 153
Weierstraß, Satz von 39
Wendepunkt 57
Wendepunktstangente 57
Wertepaar 178
Wertetabelle 37
Wertevorrat 36
Wilcoxon-Test 171
Winkelbeziehung 18
Winkelfunktionen 15
Winkelsumme im Dreieck 12
Wurzelausdrücke 2

Zahlen 1
—, dezimal-duale 190
—, gebrochene rationale 1
—, natürliche 1
—, negative ganze 1
—, reelle 1
—, transzendente 1
Zahlenfolge 5
Zahlensystem, dekadisches 187
Zahlensystems, Grundzahl eines 188
Zahlentripel, geordnete 24
Zeichenregeln 1
Zeichentest 169
Zeichenumwandlung, Regeln zur 187
Ziffernaddition, Tabelle für 187
Ziffernfolge, dekadische 187
Ziffernmultiplikation, Tabelle der 188
Ziffernzeichen, unterschiedliche 188
zufälliger Meßfehler, Einfluß der 150
Zustandsfunktion 124

Springer
Biomathematik

J. Bortz
Lehrbuch der Statistik
Für Sozialwissenschaftler

Korrigierter Nachdruck. 1979. 69 Abbildungen, 213 Tabellen.
XI, 871 Seiten
DM 68,–; approx. US $ 37.40
ISBN 3-540-08028-7

Inhaltsübersicht: Einleitung. – Elementarstatistik: Deskriptive Statistik. Wahrscheinlichkeitstheorie und Wahrscheinlichkeitsverteilungen. Stichprobe und Grundgesamtheit. Formulierung und Überprüfung von Hypothesen. Verfahren zur Überprüfung von Unterschiedshypothesen. Verfahren zur Überprüfung von Zusammenhangshypothesen. Varianzanalytische Methoden: Einfaktorielle Versuchspläne. Mehrfaktorielle Versuchspläne. Versuchpläne mit Meßwiederholungen. Kovarianzanalyse. Unvollständige, mehr faktorielle Versuchspläne. Theoretische Grundlagen der Varianzanalyse. – Multivariate Methoden: Multiple Korrelation und Regression. Faktorenanalyse. Multivariate Mittelwertsvergleiche. Diskriminanzanalyse und kanonische Korrelation. – Anhang Lösungen der Übungsaufgaben. – Tabellen. – Literaturverzeichnis. – Namenverzeichnis. – Sachverzeichnis.

Biomathematik für Mediziner
Begleittext zum Gegenstandskatalog
Herausgegeben vom **Kollegium Biomathematik NW**

2., verbesserte Auflage. 1976. 55 Abbildungen, 53 Tabellen.
XXVIII, 251 Seiten
(Heidelberger Taschenbücher, Band 164, Basistext Medizin)
DM 19.80; approx. US $ 10.90
ISBN 3-540-07742-1

Inhaltsübersicht: Deskriptive Statistik. – Wahrscheinlichkeitsrechnung. – Zufallsvariable, Verteilungen. – Spezielle Verteilungen. – Versuchsplanung. – Schätz- und Testverfahren. – Spezielle Tests. – Medizinische Informatik. – Tabellen 1–11. – Literatur. – Sachwortregister.

D. Varjú
Systhemtheorie
für Biologen und Mediziner
1977. 80 Abbildungen.
VIII, 285 Seiten
DM 24,80; approx. US $ 13.70
ISBN 3-540-08086-4

Inhaltsübersicht: Einleitung. – Theorie Linearer Filter. – Nicht Lineare Systeme. – Literatur.

Springer-Verlag
Berlin
Heidelberg
New York

L. Sachs

Angewandte Statistik
Statistische Methoden und ihre Anwendungen

Zugleich 5., neubearbeitete und erweiterte Auflage der „Statistischen Auswertungsmethoden" mit neuer Bibliographie

5., neubearbeitete und erweiterte Auflage. 1978. 59 Abbildungen, 190 Tabellen. XXIV, 552 Seiten
DM 59,80; approx. US $ 32.90
ISBN 3-540-08813-X

Inhaltsübersicht: Vorbemerkungen. – Statistischhe Entscheidungstechnik. – Die Anwendung statistischer Verfahren in Medizin und Technik. – Der Vergleich unabhängiger Stichproben gemessener Werte. – Weitere Prüfverfahren. – Abhängigkeitsmaße: Korrelation und Regression. – Die Auswertung von Mehrfeldertafeln. – Varianzanalytische Methoden. – Benutztes Schrifttum und weiterführende Literatur. – Übungsaufgaben. – Auswahl englischer Fachausdrücke. – Namenverzeichnis. – Sachverzeichnis.

L. Sachs

Statistische Methoden
4., neubearbeitete Auflage. 1979. 5 Abbildungen, 1 Klapptafel, 25 Tabellen.
XIII, 105 Seiten
DM 10,80; approx. US $ 6.00
ISBN 3-540-09226-9

Inhaltsübersicht: Grundlagen und Ziele statistischer Methoden. – Mittelwerte und Variabilität, unklassifizierte Beobachtungen. – Häufigkeitsverteilung und Summenhäufigkeitsverteilung. – Normalverteilung. – Vertrauensbereiche. – Statistische Tests. – Wieviel Beobachtungen werden benötigt? – Korrelation und Regression. – Anhang: Schnellverfahren für den Vergleich mehrerer Mittelwerte.

Springer-Verlag
Berlin
Heidelberg
New York

MIX
Papier aus verantwortungsvollen Quellen
Paper from responsible sources
FSC® C105338

If you have any concerns about our products,
you can contact us on
ProductSafety@springernature.com

In case Publisher is established outside the EU,
the EU authorized representative is:
**Springer Nature Customer Service Center GmbH
Europaplatz 3, 69115 Heidelberg, Germany**

Printed by Libri Plureos GmbH
in Hamburg, Germany